# 膨胀岩(土)试验与应用技术研究

主　编　李东森
副主编　马全力　皇甫伟
编　写　冯光亮　刘建伟　颜　猛
主　审　龙振球
核　稿　张　梅　梁　娟

黄河水利出版社
·郑州·

## 内 容 提 要

本书介绍了南水北调中线膨胀岩(土)工程研究现状及技术的最新成果。全书共分六章,主要内容为:渠基土岩体工程地质条件及评价,膨胀岩(土)试验段工程现场试验研究,膨胀岩(土)应用技术研究(施工技术方案研究),渠道混凝土衬砌机械化施工技术,膨胀岩(土)渠道的安全监测及膨胀岩(土)段渠道工程质量检验方法和标准。

本书融理论试验、工程实践于一体,可操作性强,可供从事岩土工程、水利工程和道路工程的技术人员参考。

**图书在版编目(CIP)数据**

膨胀岩(土)试验与应用技术研究/李东森主编.—郑州:黄河水利出版社,2011.6

ISBN 978-7-5509-0064-6

Ⅰ.①膨… Ⅱ.①李… Ⅲ.①膨胀性-岩石试验 Ⅳ.①TU45

中国版本图书馆 CIP 数据核字(2011)第 104632 号

出 版 社:黄河水利出版社

地址:河南省郑州市顺河路黄委会综合楼 14 层 邮政编码:450003

发行单位:黄河水利出版社

发行部电话:0371-66026940、66020550、66028024、66022620(传真)

E-mail:hhslcbs@126.com

承印单位:黄河水利委员会印刷厂

开本:787 mm×1 092 mm 1/16

印张:12.25

字数:310 千字 印数:1—1 000

版次:2011 年 6 月第 1 版 印次:2011 年 6 月第 1 次印刷

定价:36.00 元

# 前　言

南水北调工程是中华民族史上一项造福当代、惠泽后人的伟大工程，是事关我国未来经济社会发展全局的战略性基础设施。加快工程建设，不仅对优化水资源配置，缓解北方水资源短缺，改善受水区生态环境，促进经济社会可持续发展具有重要而深远的意义。同时，对于应对当前国际金融危机，扩大内需，拉动经济增长具有重要的现实意义。

南水北调中线工程施工过程中，采用了大量新工艺、新方法和新材料。在河南新乡段工程开工之前，为了使膨胀岩（土）地区的工程建设做到技术先进，经济合理，保证建筑物的安全和正常使用，相关单位进行了膨胀岩（土）的试验技术研究，得到了大量工程实践资料，从中分析讨论出最佳施工应用方案。具体领导和组织实施本研究项目的李东森高级工程师等项目参与人员，吃住在试验现场，精心操作，付出了智慧和心血。本书是对该项目研究过程与成果的一个系统总结。

全书突出工程应用，重点是阐述南水北调中线河南新乡段工程中膨胀岩（土）问题的施工方法与新技术。本书由李东森担任主编，由马全力、皇甫伟担任副主编，参与编写的还有冯光亮、刘建伟、颜猛，由龙振球担任主审，由张梅、梁娟核稿。

大型渠系膨胀岩（土）工程是一个正在发展的工程领域，属国内首创，工程项目无论是基础理论、试验方法还是施工新技术均还有待进一步深入研究，加之作者水平有限，书中定会有许多不足之处，敬请读者批评指正。

作　者

2011 年 1 月

# 目　录

前　言
第一章　渠基土岩体工程地质条件及评价 ……………………………………（1）
　第一节　渠道工程地质概况 ……………………………………………（1）
　第二节　渠道水文地质概况 ……………………………………………（7）
　第三节　岩（土）体工程特性及危害 ……………………………………（7）
　第四节　渠基土岩体工程地质条件及评价 ……………………………（12）
　第五节　膨胀性岩（土）的施工注意事项和施工要点 ………………（12）
　第六节　膨胀岩（土）场地与工程地基的要求 …………………………（14）
　第七节　膨胀岩（土）地区建筑与结构的技术要点 ……………………（20）
第二章　膨胀岩（土）试验段工程现场试验研究 …………………………（25）
　第一节　项目的目的和任务 ……………………………………………（25）
　第二节　项目研究的内容 ………………………………………………（25）
　第三节　项目的技术路线 ………………………………………………（27）
　第四节　现场试验的实施 ………………………………………………（30）
　第五节　现场碾压试验 …………………………………………………（40）
第三章　膨胀岩（土）应用技术研究（施工技术方案研究） ……………（52）
　第一节　施工导流、降排水 ……………………………………………（52）
　第二节　膨胀岩（土）地区建筑物施工的一般规定 ……………………（54）
　第三节　渠道土石方开挖施工技术要求 ………………………………（55）
　第四节　渠道填筑施工技术要求 ………………………………………（61）
　第五节　土工格栅＋回填料处理层施工方案 …………………………（66）
　第六节　复合土工膜处理层施工技术要求 ……………………………（69）
　第七节　土工袋处理层施工技术要求 …………………………………（74）
　第八节　复合土工膜处理层施工方案 …………………………………（77）
　第九节　混凝土框格＋植草处理层施工技术方案 ……………………（79）
　第十节　砌石拱处理层施工方案 ………………………………………（85）
　第十一节　干渠护坡喷护处理层施工方案 ……………………………（88）
　第十二节　改性水泥施工技术简介 ……………………………………（91）
第四章　渠道混凝土衬砌机械化施工技术 …………………………………（93）
　第一节　渠道混凝土衬砌机械化施工准备 ……………………………（93）
　第二节　渠道混凝土浇筑系统的施工设计 ……………………………（96）
　第三节　渠道混凝土衬砌机械化施工设备的要求 ……………………（97）
　第四节　渠道混凝土衬砌机械化施工方法 ……………………………（99）

第五节　渠道混凝土衬砌机械化特殊气候施工与混凝土养护 ……………… (114)
第六节　衬砌混凝土伸缩缝的施工要求 …………………………………… (117)
第七节　渠道膨胀岩(土)衬砌机械化施工技术混凝土质量控制措施 ……… (118)
第八节　安全文明生产的要求 ……………………………………………… (123)
**第五章　膨胀岩(土)渠道的安全监测** ………………………………………… (126)
第一节　安全监测的目的、项目和仪器设备 ……………………………… (126)
第二节　安全监测的基本要求 ……………………………………………… (131)
第三节　安全监测施工技术规程的制定 …………………………………… (132)
第四节　膨胀岩(土)渠道安全监测仪器设备埋设的技术要求 …………… (135)
第五节　安全监测的质量控制 ……………………………………………… (143)
第六节　安全监测现场观测技术要求与数据分析 ………………………… (145)
**第六章　膨胀岩(土)段渠道工程质量检验方法和标准** ……………………… (149)
第一节　组织程序 …………………………………………………………… (149)
第二节　基本规定 …………………………………………………………… (149)
第三节　各项目单元工程质量标准与检查方法 …………………………… (151)
第四节　水泥土施工质量控制 ……………………………………………… (180)
第五节　膨胀土与构造物相互作用的物理模型试验 ……………………… (181)
第六节　标准吸湿含水率的试验装置与方法 ……………………………… (183)
第七节　改进的 CBR 试验方法及其应用 ………………………………… (184)
第八节　加筋膨胀土挡土结构模拟试验 …………………………………… (186)

# 第一章　渠基土岩体工程地质条件及评价

南水北调中线一期总干渠穿越膨胀岩(土)的渠段有340 km,处理技术的难度及处理的工程量和投资都比较大,是南水北调中线工程面临的重大技术难题之一,也是国家"十一五"科技支撑项目。

南水北调中线一期总干渠明渠段潞王坟膨胀岩(土)试验段工程开工后,长江水利委员会、长江科学院、南水北调中线工程总干渠膨胀岩(土)试验科研代表处和河南省水利勘测设计研究有限公司、南水北调潞王坟试验段项目部,对潞王坟膨胀岩(土)试验段开展了有关室内和现场的专项试验研究工作。该工作有利于指导和优化膨胀岩(土)段的设计和施工,对于确保南水北调中线一期工程的顺利进行具有重要的意义,同时为今后对大型水利工程所遇膨胀土工程建设的处理技术提供很好的借鉴。

## 第一节　渠道工程地质概况

南水北调中线潞王坟试验段属软岩丘陵地区,该地区内中沟发育,沟深10~15 m,沟宽10~20 m,另外有人工开挖的深坑一般深20 m左右,其长度约600 m,区内堆集有粉煤灰和垃圾。

地层岩性:区内钻孔揭露深度范围内主要有奥陶系灰岩及上第三系上新统泥灰岩、黏土岩、砂(砾)岩,在沟谷及缓坡处多被第四系上更新统坡洪积成因的黄土状重粉质壤土和中更新统残坡积成因的重粉质壤土所覆盖。

渠段内分布的膨胀岩(土)主要为上第三系潞王坟组滨湖相河湖相,陆源碎屑沉积的软岩,分布连续,所属地貌单元为软岩丘陵。

渠段内上第三系泥灰岩具有弱膨胀潜势,桩号SY0+000—SY0+850黏土岩主要位于一级马道以下,只有中膨胀潜势,局部具弱强膨胀潜势,桩号SY0+850—SY1+500黏土岩主要位于一级马道以下,以弱膨胀潜势为主,局部具中膨胀潜势。

### 一、膨胀土的判别方法

在各类工程建设的勘察、设计和施工中最先遇到的,最迫切需要解决的问题就是对膨胀土的判别问题。其判别结果对于正确选定勘察试验方法以及确定合理的设计、施工方案均有十分重要的意义。

实践证明,认真对待膨胀土的判别,不会造成工程的巨大经济损失。所以,对膨胀土胀缩等级的分类研究极为重要,一直受到广大工程建设者的重视,也是治理膨胀土的重要任务之一,因此准确地判别膨胀土是保证膨胀土地区建筑物修筑质量的关键环节之一。

### (一)膨胀土的初判条件

膨胀土初判的条件如表 1-1 所示。

表 1-1 膨胀土初判的条件

| 项目 | 特点 |
|---|---|
| 地貌 | 具垄式地貌景观，常呈垄岗与沟谷相间，地形平坦、开阔，无自然陡坎，且沟槽发育 |
| 颜色 | 多呈棕黄褐色，见夹白，灰绿色条带，或薄膜灰白色、灰绿色，多呈透镜体或夹层出现 |
| 结构 | 多具裂隙结构，方向不规则，裂面光滑，可见擦痕，裂隙中常充填灰白色、灰绿色黏土 |
| 土质 | 细腻具滑感，土中常含有钙质或铁锰质结核或豆石，局部可富集成层 |
| 自然土质现象 | 坡面常见浅层溜坍、滑坡、地面裂隙，当坡面有数层土时，其中膨胀土层往往成凹形坡，新开挖的坑壁易发生坍塌 |
| 自由膨胀率 | $\delta_{ef} \geqslant 40\%$ |

### (二)膨胀土的初判

目前常用的方法现介绍如下。

1. 水利、建筑等系统提出的临界判别值

自由膨胀率：$\delta_{ef} \geqslant 40\%$，液限：$\omega_L \geqslant 40\%$。

2. 利用塑性图判别膨胀土的方法

在我国土分类国家标准 GBJ 145—90 中规定以塑性指数为纵轴，以液限为横轴。因此，运用塑性图联合使用塑性指数与液限来判别膨胀土，不仅能反映直接影响胀缩性能的物质成分，而且能在一定程度上反映控制形成胀缩性能的浓差渗透吸附结合水的发育程度，即在塑性图上膨胀土的集中分布区是 $\omega_L \geqslant 40\%$ 以右，A 线 $[I_P = 0.63(\omega_L - 20)]$ 以上。

3. 铁路系统的判别值方法

液限 $\omega_L \geqslant 40\%$，自由膨胀率 $\delta_{ef} \geqslant 30\%$。

4. 几种常见的膨胀土判别参考指数

(1)缩性指标：$I_S = \omega_L - \omega_S$，$I_S \geqslant 20\%$ 为膨胀土。

(2)总胀缩率：(线总胀缩率)$e_{ps}$(%)是土在 50 kPa 下的膨胀率与可能收缩率之和，$e_{ps} \geqslant 0.7\%$ 为膨胀土。

(3)活动性指标：$K_A = \dfrac{\omega_L - \omega_P}{A}$，当 $K_A \geqslant 0.8$ 时为膨胀土，式中 $A$ 为小于 0.002 mm 的黏粒含量百分数。

(4)膨胀性指标：$K_e = \dfrac{e_1 - e}{1 + e}$，当 $K_e \geqslant 0.4$ 时为膨胀土，式中 $e$ 和 $e_1$ 分别为天然状态与液限状态的孔隙比。

(5)蒙脱石含量占岩土体的比例大于或等于 7% 时为膨胀土。

### （三）膨胀土的详判

膨胀土的详判介于定性与半定性判别之间，目前膨胀土的详判方法主要有以下三种：

（1）综合指标判别。自由膨胀率 $\delta_{ef} \geqslant 30\%$，黏粒含量 $A_{0.005} > 8\%$，胀缩总率（线总胀缩率）$e_{ps} \geqslant 0.7\%$。

（2）判别函数。应用多变量数学分析，建立多因子的判别函数式来判别膨胀土，可提高正判率，即多元线性函数判别法及应用数学地质的主成分和点群分析建立的因子判别函数式。

多元线性函数判别法：采用数学法进行主因子分析与逐步回归分析提出了综合指标的分类。

$$Z = 0.29\omega_L + 0.32\omega_S + 0.38\delta_{ef} + 0.12d_L - 0.33\omega_0 + 10.9e_0 \tag{1-1}$$

式中 $\omega_L$——液限（%）；

$\omega_S$——缩限（%）；

$\delta_{ef}$——自由膨胀率（%）；

$d_L$——土中小于 0.002 mm 颗粒含量百分数（%）；

$\omega_0$——天然含水率（%）；

$e_0$——天然孔隙比。

当 $Z > 22$ 时为膨胀土。

（3）应用数学地质的主成分和点群分析建立的因子判别函数式

$$Z = 0.113A_{粉} + 0.195A_{黏} - 1.157I_P + 1.075\omega_L \tag{1-2}$$

式中 $A_{粉}$——土中 0.05 ~ 0.005 mm 的粉粒含量百分数（%）。

当 $Z > 28.89$ 时为膨胀土。

膨胀土详判：采用自由膨胀率、蒙脱石含量、阳离子交换量三项指标，当符合表 1-2 中的两项指标时，即应判定为膨胀土。

**表 1-2　膨胀土的详判指标**

| 指　标 | 数　据 |
| --- | --- |
| 自由膨胀率 $\delta_{ef}$（%） | $\delta_{ef} \geqslant 40$ |
| 蒙脱石含量 $m$（%） | $m \geqslant 7$ |
| 阳离子交换量 CEC（$NH_4^+$）（mol/kg） | CEC（$NH_4^+$）$\geqslant 170$ |

## 二、膨胀土的分类标准

国内外膨胀土的分类方法很多，所选用的指标和标准也不相同。对于膨胀土的分类有三种不同的基本方法：第一种是矿物鉴别法，主要有 X 射线法、差热分析法、染料吸附法、化学分析电子显微镜法等；第二种是间接法，如特性指数法；第三种是直接测定法，主要有液塑限试验、线性收缩试验、自由膨胀试验、胶体含量试验等。

现就国内外具有代表性的分类方法进行简要的介绍。

### （一）美国垦务局的方法（USBR 法）的分类标准

美国垦务局对膨胀土分类的标准如表 1-3 所示。

表 1-3　美国垦务局对膨胀土分类的标准

| 指标试验数据 | | | 膨胀土体变(%) | 膨胀程度 |
| --- | --- | --- | --- | --- |
| 胶粒含量(<0.001 mm)(%) | 塑性指数 | 缩限 | | |
| >28 | >35 | >11 | >30 | 很高 |
| 30~13 | 25~41 | 7~2 | 20~30 | 高 |
| 13~23 | 15~28 | 10~16 | 10~30 | 中 |
| <15 | <18 | >15 | <10 | 低 |

注:表中按膨胀土体变分类标准与我国按体积收缩率分类标准比较接近。

## (二)潜体变仪(PVC)法

利用潜体变仪法测出指标的分级标准如表 1-4 所示。

表 1-4　潜体变仪法测出指标的分级标准

| 潜体变率 | <2 | 2~4 | 4~6 | >6 |
| --- | --- | --- | --- | --- |
| 分级 | 无危险 | 边缘 | 危险 | 很危险 |

## (三)李生林的模糊数学法分类指标

李生林根据膨胀土的矿物成分、颗粒级配、结构特征等,确定采用指标的上、下限,并分为四种等级:即极高、高、中、低,各等级的指标值见表 1-5。

表 1-5　李生林教授模糊数学法的分级指标

| 分类 | 等级 | 液限(%) | 胀缩总率(%) | 塑性指数 | 天然含水率(%) | 自由膨胀率(%) | 气候及水文地质条件 |
| --- | --- | --- | --- | --- | --- | --- | --- |
| | | $E_1$ | $E_2$ | $E_3$ | $E_4$ | $E_5$ | $E_6$ |
| 极高 | Ⅰ | >55 | >6 | >35 | <15 | >85 | 极差 |
| 高 | Ⅱ | 50~55 | 4~6 | 25~35 | 15~25 | 70~85 | 差 |
| 中 | Ⅲ | 45~50 | 2~4 | 18~25 | 25~35 | 55~70 | 一般 |
| 低 | Ⅳ | 40~45 | 0.7~2 | <18 | >35 | 40~55 | 较好 |

注:气候及水文地质条件的分级,国内外均没有一个明确的定性指标,故暂时以工程技术人员的经验定性作出判断。

## (四)刘特洪对膨胀土模糊分级指标

刘特洪综合目前水利工程膨胀土分类采用的指标,并考虑水利工程渠道边坡与大坝的稳定问题,选用六个因素作为模糊评判的尝试,确定的各级指标上、下限如表 1-6 所示。

表 1-6　刘特洪膨胀土的分类指标

| 分类 | 等级 | 自由膨胀率 | 胀缩总率 | 膨胀力 | 液限 | 塑性指数 | 残余强度 | 评判值 |
|---|---|---|---|---|---|---|---|---|
| | | $E_1$ | $E_2$ | $E_3$ | $E_4$ | $E_5$ | $E_6$ | |
| 强 | Ⅲ | 17.9 | 17.0 | 14.5 | 13.6 | 11.9 | 10.2 | 85 |
| 中 | Ⅱ | 13.7 | 18.0 | 11.0 | 10.4 | 9.1 | 7.8 | 65 |
| 弱 | Ⅰ | 9.4 | 9.0 | 7.7 | 7.2 | 6.3 | 5.4 | 45 |

**(五)邓家喜对膨胀土的模糊数学综合法**

邓家喜课题组对广西宾南路膨胀土的工程地质分类如表 1-7 所示。

表 1-7　宾南路膨胀土工程地质分类

| 类别 | 等级 | $CBR_{0.9}$(%) | 膨胀量(%) | 液限(%) | 塑性指数 |
|---|---|---|---|---|---|
| 强 | Ⅲ | <1 | >6 | >65 | ≥26 |
| 中 | Ⅱ | 1~2 | 4~6 | 55~65 | 20~26 |
| 弱 | Ⅰ | 2~4 | 2~4 | 40~55 | <20 |

**(六)97 版公路膨胀土分类标准**

1997 年我国公路部门制定的公路膨胀土的分类标准如表 1-8 所示。

表 1-8　膨胀土工程地质分类标准

| 分类 | 野外地质特征 | 主要黏土矿物成分 | <0.002 黏土(%) | 自由膨胀率(%) | 膨胀总率(%) |
|---|---|---|---|---|---|
| 强 | 灰白、灰绿色黏土细腻滑感特强,网状裂隙极发育,有蜡面,易风化,呈细粒状、鳞片状 | 蒙脱石、伊利石 | >50 | >90 | >4 |
| 中 | 以棕红、灰色为主,黏土中含有少量粉砂,滑感较强,裂隙较发育,易风化呈碎粒状,含钙质结核 | 蒙脱石、伊利石 | 35~50 | 65~90 | 2~4 |
| 弱 | 以黄褐色为主,黏土中含较多粉砂,有滑感,裂隙发育易风化,呈碎粒状,含较多钙质或铁锰结核 | 蒙脱石、伊利石、高岭石 | <35 | 40~65 | 0.7~2 |

### （七）采用标准吸湿含水率的膨胀土分类方法

标准吸湿含水率的膨胀土分类如表 1-9 所示。

**表 1-9　采用标准吸湿含水率的膨胀土分类**

| 分类指标 | 弱膨胀土 | 中膨胀土 | 强膨胀土 |
|---|---|---|---|
| 标准吸湿含水率（%） | 2.5～4.8 | 4.8～6.8 | >6.8 |

新乡潞王坟段内分布的膨胀岩（土）主要为上第三系潞王坟组，但滨湖相河湖相、陆源碎屑沉积的软岩分布连续，所属地貌单元为软岩丘陵，该段内膨胀岩（土）一般具有如下特征：

（1）岩性主要为棕黄、棕红杂灰绿色黏土岩（包括砂质黏土岩）和灰白色、灰白杂灰绿色及灰黄色泥灰岩，大部分显露于地表，仅在冲沟及斜坡段上覆第四系松散层。

（2）膨胀岩的颗粒组成中黏粒含量较高，一般为 25%～50%，局部达 75%，其中胶粒占 15%～40%，局部达 57%。

（3）膨胀岩（土）中网状裂隙较发育，裂隙面光滑并见有擦痕，裂隙间充填物质含水率大，局部存在层间结构面和软弱夹层至软弱结构面，抗剪强度低，对渠道边坡的稳定极为不利。

（4）膨胀岩中的矿物成分包括黏土矿物和碎屑矿物，影响岩土膨胀性的主要因素是亲水的黏土矿物蒙脱石（微晶高岭土）和伊利石（水云母），具有吸水量大、快速膨胀与收缩的特性。

湿陷性黄土状土主要为坡洪积成因黄土状重粉质壤土，厚度 1.0～8.0 m，断续分布于地表。试验段为深挖段，该层全部被挖掉。

### （八）按自由膨胀率与胀缩总率进行分类

根据室内试验直接测得胀缩性指标，综合国内有关专家提出划分类别的界限值归纳如表 1-10 所示。

**表 1-10　按自由膨胀率与胀缩总率分类**

| 类别 | 无荷载下体胀缩总率（%） | 无荷载下线胀缩总率（%） | 线膨胀率（%） | 缩限含水率状态下的体缩率（%） | 自由膨胀率（%） |
|---|---|---|---|---|---|
| 强膨胀土 | >18 | >8 | >4 | >23 | >80 |
| 中膨胀土 | 12～18 | 6～8 | 2～4 | 16～23 | 50～80 |
| 弱膨胀土 | 8～12 | 4～6 | 0.7～2 | 8～16 | 30～50 |

表 1-10 中对于地基土按线胀缩总率 $\delta_{es}$ 进行评价时，其膨胀率是在 50 kPa 荷载下获得的。因此，膨胀等级划分标准不一，即强膨胀土 $\delta_{es}>5\%$，中膨胀土 $\delta_{es}=5\%\sim2\%$，弱膨胀土 $\delta_{es}<2\%$。胀缩总率的计算公式如下：

$$\delta_{es} = \delta_{ep} + \lambda_s(\omega - \omega_{min})$$

式中　$\delta_{es}$——线胀缩总率(%)；

$\delta_{ep}$——土在50 kPa荷载下的膨胀率(%)；

$\omega$——土的天然含水率(%)；

$\omega_{min}$——建筑场地的最小含水率(%)，即旱季的含水率平均值；

$\lambda_s$——土的收缩系数，$\lambda_s = \Delta\delta_s / \Delta\omega$；

$\Delta\delta_s$——收缩过程中与两点含水率对应的竖向线缩率之差(%)；

$\Delta\omega$——收缩过程中直线变化阶段两点含水率之差(%)。

## 第二节　渠道水文地质概况

场区地形起伏较大，在勘察期间，多处钻孔在勘探深度范围内见地下水，局部地下水位埋深为7.5~12.37 m，高程为103.89~109.81 m，赋存于第四系卵石层中，为孔隙潜水，部分以上层滞水的形式赋存于成岩较差的泥灰岩中，水位一般为103.55~105.69 m，但分布范围不大，下部黏土岩为相对隔水层，仅在一定范围内有水力联系和统一的水面，水量较大。

区内地下水主要接受大气降水渗入和侧向径流补给，以侧向径流方式排泄。渠段泥灰岩、砂岩、砂砾岩渗透系数为$1.5\times10^{-3}$~$6.0\times10^{-2}$ cm/s，属弱中等透水，地下水层为$HCO_3-Ca-Mg$型水，对混凝土没有腐蚀性。

地下水主要为第四系中上更新统松散岩类孔隙潜水，上第三系碎屑岩孔隙裂隙潜水，地下水埋深较深。

本区划分为三个含水层组，与工程密切相关的主要为浅层地下水，以潜水为主，局部具有微承压性。

## 第三节　岩(土)体工程特性及危害

根据地表渠底板以下5 m范围内岩(土)体的岩性组合特征、岩体构造、岩性与结构等因素，新乡潞王坟段渠段多为岩(土)体双层结构类型，上部以黏性土为主，下部多为膨胀岩，部分为砂岩、砾岩等，局部为岩体层状结构，以软弱层膨胀岩为主，下部部分为坚硬厚层灰岩。

### 一、各岩(土)体物理力学性质

(1)黄土状重粉质壤土：天然含水率为14.7%~24.0%，天然干密度平均值为1.45 g/cm³，液性指数平均值为0.24，多呈可塑性—硬塑状，压缩系数$a_{1-2}$平均值为0.435 $MPa^{-1}$，具中等压缩性，标贯击数一般为3~17击，属中硬—硬土。

(2)重粉质壤土：天然含水率为11.7%~24.1%，天然干密度平均值为1.58 g/cm³，液性指数平均值为0.06，多呈硬塑状，压缩系数$a_{1-2}$平均值为0.30 $MPa^{-1}$，多具中等压缩性，标贯击数为7~19击，属硬土。

(3)卵石：重力触探击数8击，属稍密卵石。

(4)泥灰岩①:天然含水率为0.2%～15.0%,天然干密度平均值为1.70 g/cm$^3$,自然抗压强度为14.6～79.4 MPa。

(5)泥灰岩②:天然含水率为1.1%～34.7%,天然干密度平均值为1.65 g/cm$^3$,自然抗压强度为0.18～3.03 MPa,平均值为0.96 MPa,饱和抗压强度为0.01～0.16 MPa,平均值为0.04 MPa,自由膨胀率$\delta_{ef}$=5%～60%,具弱膨胀潜势。

(6)黏土岩:天然含水率为7%～34.3%,天然干密度平均值为1.65 g/cm$^3$,干抗压强度为0.1～1.9 MPa,平均值为0.55 MPa,饱和抗压强度为0.004～0.16 MPa,平均值为0.05 MPa,多具弱—中等膨胀潜势,局部具强膨胀潜势。

(7)砂岩:天然含水率为8.4%～22.1%,天然干密度平均值为1.70 g/cm$^3$,标贯击数为16～30击。

(8)砾岩:天然干密度平均值为2.64 g/cm$^3$,重力触探击数16～50击。

岩(土)体的物理力学参数、岩石物理力学性质参数建议值分别如表1-11、表1-12所示。

**表1-11　岩(土)体的物理力学参数**

| 物理力学参数 | | 符号 | 单位 | 黄土状重粉质壤土 | 重粉质壤土 | 卵石 |
|---|---|---|---|---|---|---|
| 天然含水率 | | $\omega$ | % | 20.1 | 20.2 | |
| 天然干密度 | | $\rho_d$ | g/cm$^3$ | 1.45 | 1.58 | |
| 比重 | | $G_s$ | | 2.72 | 2.72 | |
| 天然孔隙比 | | $e$ | | 0.885 | 0.720 | |
| 液限 | | $\omega_L$ | % | 32.8 | 35.8 | |
| 塑限 | | $\omega_P$ | % | 17.9 | 19.0 | |
| 塑性指数 | | $I_P$ | | 14.9 | 16.8 | |
| 液性指数 | | $I_L$ | | 0.24 | 0.06 | |
| 自然快剪 | 黏聚力 | $c$ | kPa | 26 | 28 | |
| | 内摩擦角 | $\varphi$ | (°) | 19 | 19 | |
| 饱和快剪 | 黏聚力 | $c$ | kPa | 18 | 20 | |
| | 内摩擦角 | $\varphi$ | (°) | 17 | 18 | |
| 饱和固结快剪 | 黏聚力 | $c$ | kPa | 17 | 19 | |
| | 内摩擦角 | $\varphi$ | (°) | 19 | 19 | |
| 天然休止角 | 水上 | $\varphi$ | (°) | | | |
| | 水下 | $\varphi$ | (°) | | | |

续表 1-11

| 物理力学参数 | 符号 | 单位 | 黄土状重粉质壤土 | 重粉质壤土 | 卵石 |
|---|---|---|---|---|---|
| 压缩系数 | $a_{1-2}$ | $MPa^{-1}$ | 0.435 | 0.30 | |
| 压缩模量 | $E_s$ | MPa | 5.05 | 6.0 | |
| 渗透系数 | $k$ | cm/s | $8.0\times10^{-5}$ | $3.5\times10^{-5}$ | $5\times10^{-4}$ |
| 承载力标准值 | $f_k$ | kPa | 130 | 190 | 250 |

**表 1-12　岩石物理力学性质参数建议值**

| 物理力学参数 | | 符号 | 单位 | 泥灰岩① | 泥灰岩② | 黏土岩 | | 砂岩 | 砾岩 |
|---|---|---|---|---|---|---|---|---|---|
| | | | | | | 弱膨胀潜势 | 中膨胀潜势 | | |
| 天然含水率 | | $\omega$ | % | 15.0 | 21.0 | 23.0 | 21.0 | 16.7 | |
| 天然干密度 | | $\rho_d$ | $g/cm^3$ | 1.70 | 1.65 | 1.60 | 1.65 | 1.70 | 2.64 |
| 比重 | | $G_s$ | | 2.73 | 2.73 | 2.75 | 2.74 | 2.70 | 2.73 |
| 抗压强度 | | $R_{自}$ | MPa | | 0.41 | 0.38 | 0.39 | | |
| | | $R_{干}$ | MPa | | 0.81 | 0.65 | 0.55 | | |
| | | $R_{饱}$ | MPa | | 0.04 | 0.035 | 0.030 | | |
| 泊松比 | | $\mu_{干}$ | | | 0.30 | 0.30 | 0.30 | | |
| | | $\mu_{饱}$ | | | 0.35 | 0.35 | 0.35 | | |
| 抗剪强度 | 自然快剪 | $c$ | kPa | 50 | 26 | 32 | 29 | | |
| | | $\varphi$ | (°) | 23 | 21 | 20 | 18 | | |
| | 饱和快剪 | $c$ | kPa | 30 | 19 | 21 | 19 | 10 | 25 |
| | | $\varphi$ | (°) | 20 | 18 | 17 | 16 | 30 | 30 |
| | 饱和固结快剪 | $c$ | kPa | 50 | 19 | 22 | 20 | | |
| | | $\varphi$ | (°) | 22 | 20 | 19 | 17 | | |
| | 残余快剪 | $c$ | kPa | | 15 | 16 | 9 | | |
| | | $\varphi$ | (°) | | 18 | 17 | 16 | | |
| 边坡坡率 | 一级马道 | | | 1:1 ~ | 1:2 ~ | 1:2 ~1:2.5 | 1:2 ~1:2.5 | 1:2.0 | |
| | 一级马道 | | | | 1:2.25 ~ | 1:2.25 ~ 1:2.75 | 1:2.5 ~1:3 | 1:2.5 ~ 1:1.5 | 1:1.5 |
| 承载力 | | $f_k$ | kPa | 400 | 350 | 300 | 300 | 350 | 400 |

## 二、膨胀岩(土)的特性

为使膨胀岩(土)地区的工程建设做到技术先进,经济合理,保证建筑物的安全和正常使用,必须根据膨胀土的特性和工程要求,综合考虑气候特点,采取治理措施。

### (一)土的工程特性指标

膨胀土的工程特性指标,应符合下列规定:

(1)自由膨胀率 $\delta_{ef}$。人工制备的烘干土,在水中增加的体积与原体积的比,按下式计算

$$\delta_{ef} = \frac{\mu_w - \mu_0}{\mu_0} \tag{1-3}$$

式中 $\mu_w$——土样在水中膨胀稳定后的体积,$m^3$;

$\mu_0$——土样原有体积,$m^3$。

(2)膨胀率 $\delta_{cp}$。在一定压力下,浸水膨胀稳定后,试样增加的高度与原高度之比,按下式计算

$$\delta_{cp} = \frac{h_w - h_0}{h_0} \tag{1-4}$$

式中 $h_w$——土样浸水膨胀稳定后的高度,mm;

$h_0$——土样的原始高度,mm。

(3)收缩系数 $\lambda_w$。原状土样在直线收缩阶段,含水率减少1%时的竖向线缩率,按下式计算

$$\lambda_w = \frac{\Delta\delta_s}{\Delta\omega} \tag{1-5}$$

式中 $\Delta\delta_s$——收缩过程中与两点含水率之差对应的竖向线缩率之差(%);

$\Delta\omega$——收缩过程中直线变化阶段两点含水率之差(%)。

(4)膨胀力 $P_t$。原状土样在体积不变时,由于浸水膨胀产生的最大内应力。

### (二)膨胀岩(土)的工程特性

膨胀岩土的工程特性主要有以下几个方面。

#### 1. 膨胀岩(土)具有湿胀干缩的特性

干燥的土质膨胀性岩层,岩质较硬,易脆裂,具有明显的垂直和水平的断开裂隙,裂隙发育和宽度随深度减少,以至消失。但被水浸湿后,裂隙回缩变窄或闭合强度迅速降低。

膨胀岩(土)土颗粒含量较多,塑性指数较大,土的结构强度较高,多为中等压缩土,矿物成分主要是由大量的蒙脱石黏土、伊利石(云母石)和多水高岭矿物所组成,主要化学成分有 $SiO_2$ 和 $Al_2O_3$、$Fe_2O_3$。这种矿物成分具有吸水显著膨胀和软化失水收缩及硬化的特点。

#### 2. 膨胀岩(土)具有潜在应力的特性

在软质膨胀性岩(土)如页岩、蒙脱石质岩、泥质凝灰岩、变质安山岩、黏板岩、蛇纹岩

及有地热效应的土质地层等具有膨胀特性，特别是这些软层岩层经过断裂褶皱作用，而产生的开挖暴露后受风化和吸水的影响，便发生体积膨胀而产生膨胀压力。当膨胀性岩土破碎，节理裂隙中含有活动性矿物成分的黏土充填物时，在开挖暴露后即行膨胀，尤其是吸水后膨胀力增长很快。

但也有膨胀性围岩土中不含或很少含活动性矿物成分，也不受水的影响，却也会产生强大的膨胀性压力，这是由于强烈的地质构造作用使得破裂中聚集了潜在的应力（以剪应力为主），并且随着开挖潜在应力被释放而产生强大的膨胀性地压力。

由于上述膨胀土层具有干收缩、湿膨胀软化的特性，因此在施工开挖过程中常有初期岩土变形大、发展迅速等不良现象，使岩土压力增大。膨胀土产生较大的塑性变形，特别是膨胀地压力，对增大岩土压力起叠加作用，所以膨胀岩（土）的湿膨胀压力或干收缩压力都将破坏土壤和支护的稳定性。

## 三、膨胀性围岩对渠道施工的危害

由于膨胀性岩（土）的特殊地质性质及其所具有的压力特性使渠道坡度及建筑物开挖后不久即产生膨胀压力，岩土迅速发生风化软化，坡面及基础普遍开裂，向内挤压坍塌和膨胀隆起，开挖面变形快，延续时间长，整治较困难，并随着时间的增长使支护衬砌发生严重的变形和破坏。膨胀性岩（土）对渠道及水工建筑物施工的影响简述如下：

（1）普遍开裂。由于渠道或建筑物基础开挖后，开挖面上膨胀土体的原始应力释放而产生开裂，又因表层土体外露风干而失水产生收缩裂缝，这两种原因促使膨胀土裂缝宽度扩大，容易产生张拉裂缝与上述裂缝贯通形成局部变形区—脱离区。

（2）下沉。膨胀岩（土）体的承载力较低，在开挖暴露的岩土出现风化膨胀产生较大的收缩地压力，再加上下沉变形都会使支护过度变形或折断失效破坏，从而引起坍塌挤压和膨胀变形等。

（3）工作面膨胀凸出和坍塌。在工作面开挖过程中和开挖后，岩土产生膨胀变形，周边膨胀土体向内部膨胀凸出，造成开挖断面缩小，在膨胀土体丧失支撑（护）或支护失效及支护力度不够的状态下，由于膨胀土压力和膨胀压力的叠加作用，使膨胀岩（土）体产生局部破坏出现坍塌现象。

（4）局部隆起。工作面开挖后膨胀岩（土）上部竖向压力解除，在尚无支护体约束时，由于膨胀地压力释放产生卸荷膨胀，又因雨水库水等使土体产生浸水膨胀，因此造成工作面隆起变形。

（5）衬砌变形和破坏。在整体式（模筑混凝土）衬砌中，常发生下列影响：

①在先衬砌完拱石这段时间，由于膨胀岩（土）压力应力作用拱脚内移，同时发生不均匀下沉，拱脚支撑受力大，发生向上扭曲变形或折断现象。

②拱顶受挤压下沉也有向上凸起，拱顶外缘经常出现纵向贯通张拉裂缝而出现鱼鳞状挤裂脱皮掉块现象。

③在拱腰部位出现纵向裂缝，这些裂缝有时可逐渐发展到断开错台。

## 第四节 渠基土岩体工程地质条件及评价

南水北调中线新乡潞王坟渠道膨胀岩试验段通过初步设计阶段的工程地质勘察，查明了总干渠膨胀岩（土）的工程试验段地质条件及工程地质问题，主要结论如下：

潞王坟渠段属软岩丘陵区，北高南低，地形起伏较大。渠段地表至渠底板以下 5 m 范围内岩体的岩性，多为土岩体双层结构类型，上部以黏性土为主，下部多为膨胀岩，部分为砂岩、砾岩等；局部为岩体层状结构，以软弱厚层膨胀岩为主，下部部分为坚硬厚层灰岩。奥陶系灰岩、上第三系泥灰岩和砂岩，一般为弱—中等透水。地下水属 $HCO_3 - Ca - Mg$ 型，对混凝土没有腐蚀性。渠道边坡多由泥灰岩、黏土岩组成。泥灰岩具弱膨胀潜势，黏土岩具弱—中膨胀潜势。渠坡稳定性差，建议采取适当保护和处理措施。

在 SY0 +000—SY0 +850 段，挖方深度 16 ~ 35 m，渠坡岩性除上部较薄的第四系黏性土外，主要由第三系泥灰岩、黏土岩组成。泥灰岩上部成岩一般较好，下部成岩较差，具弱膨胀潜势，黏土岩成岩较差，具中膨胀潜势，局部具弱—强膨胀潜势，泥灰岩具中等透水性，渠道存在渗漏问题。

在 SY0 +850—SY1 +500 段，挖方深度 15 ~ 42 m，渠坡岩性较复杂。桩号 SY0 +850—SY1 +100 段挖方深度 15 ~ 30 m，渠坡上部由第四系黏性土、卵石组成，下部主要由黏土岩和砂岩组成。桩号 SY1 +100—SY1 +500 段挖方深度 30 ~ 42 m，上部第四系黏性土较薄。渠坡岩性主要由泥灰岩和黏土岩组成，仅在桩号 SY1 +300—SY1 +500 段有砾岩。泥灰岩具弱膨胀潜势，上部成岩一般较好，下部泥灰岩成岩较差；黏土岩具弱膨胀潜势，局部具中膨胀潜势，该渠段地下水位一般低于渠底板，砂岩、泥灰岩和砾岩具中等透水性，砂砾岩由于物质成分、颗粒大小、级配胶结物及胶结程度、成岩程度及裂隙发育程度等存在差异，具弱—中等透水性，泥灰岩由于裂隙和岩溶发育程度不同。渠道可能存在渗漏问题，渠道应采取衬砌措施。桩号 SY0 +900 附近地下水位高于渠底板，存在施工排水问题，故在地下水位高于渠底板的渠段，建筑物的修建切断含水层，将改变地下水的正常逆流条件，可能产生环境地质问题，应在渠底板下加导流管铺设砂砾岩等，使渠道左右岸含水层正常连通，并且施工时应采取缩短工期、做防渗帷幕等措施，减轻由于施工排水而引起的不良水文地质问题。故在总干渠开挖成渠运行期间，在填方段，左右岸地表水逆流不畅易引起地表积水或地下水位抬升。

## 第五节 膨胀性岩（土）的施工注意事项和施工要点

我国是世界上膨胀性岩（土）分布面积最广的国家之一，现已发现有膨胀土发育的地方遍及西南、西北、东北、长江与黄河下游及东南沿海地区，故在膨胀性岩土的施工时应注意以下事项和施工要点：

（1）加强对开挖前的调查，其膨胀土的特性和规模，膨胀岩（土）地压力及流变测量，并参考其他类似情况的工程实例，认真实施设计文件所提出的技术要求外，在施工过程中，还应对其流变情况进行充分的调查和量测分析，在施工过程中的变化规律。对地下水亦应探明其分布范围及规律，了解地下水对施工的影响程度，以便根据膨胀岩土动态，采取相应的施工措施。如设计方案难以适应膨胀岩（土）动态情况，也可根据试验情况作适当修正。

（2）加强支护：

①膨胀岩（土）地段，开挖后需立即进行处理和支护。

②在膨胀（土）压力较大的地段，可采用不同的处理方案，采用哪一种为好，应根据工程实际情况及膨胀岩土的变形状态而定。

③在膨胀性岩层中施工要特别注意防排水工作，避免水漫流，应设置排水管道或浆砌片石水沟，及时排出施工场地积水。

④不要向开挖面洒水，以保持干燥。

⑤喷射混凝土层，宜采用钢纤维混凝土，以提高喷层的抗拉能力和抗剪能力或锚喷混凝土。

⑥在填方与半填方段，需采用换置土壤、强夯碾压的施工方法。

（3）加强对膨胀岩（土）的成岩环境、构造背景、水文地质环境和气候环境的研究，研究裂隙充填物及软弱结构面的物理水理性质、含水率与力学强度的关系、强度的时间效应，总结膨胀岩强度参数的取值原则。

（4）选择合理的施工方法：由于膨胀性岩（土）的不同特性所存在的地压力导致建筑物变形，因此采用合理的施工方法对建筑物的稳定性和施工安全具有十分重要的作用。如膨胀岩（土）的膨胀性对渠坡的稳定存在较大的影响，其膨胀崩解干缩特性影响边坡稳定与渠道衬砌安全，应采取处理措施。由于渠道开挖深度较大，故采用多级边坡开挖，边坡坡率可采用多级。如土体1:0.75～1:1.25，卵石1:1.1～1:1.5，上部泥灰岩1:1～1:1.75，下部泥灰岩1:2.25～1:2.75，上部黏土岩1:2.0～1:2.5，下部中膨胀潜势黏土岩1:2.5～1:3.0，弱膨胀潜势黏土岩1:2.25～1:2.75。

（5）工程地质条件复杂，并且已有资料不符合要求时，应进行工程地质测绘，所用的比例尺可采用1:1 000～1:5 000。

（6）查明场地内不良地质现象的成因、分布范围和危害程度，预估地下水位季节性变化幅度和对地基土的影响。

（7）采取原状土样进行室内基本物理性质试验、收缩试验、膨胀力试验和50 kPa压力下的膨胀率试验，初步查明场地内膨胀土的物理力学性质。

（8）施工前应详细勘察查明各建筑物的地基土层及其物理力学性质，确定其胀缩等级，为地基处理、边坡保护和不良地质地段的治理，提供详细的工程地质资料。

（9）野外现场试验工作，除按国家现行岩土工程勘察规范有关规定进行外，尚应符合下列要求：

①取土勘探点：应根据建筑物类别、地貌单元及地基土胀缩等级布置，其数量不应少于勘探点总数的1/2，详细勘察阶段，在每座主要建筑物下不得少于3个取土勘探点。

②采取原状土样，应从地表下1 m处开始，在1 m至大气影响深度内每米取样一次，土层有明显变化处宜加取土样，大气影响深度以下，取样间距可适当加大。

③重要的和有特殊要求的建筑物场地，必要时应进行现场浸水载荷试验，进一步确定地基土的膨胀性能及其承载力。

# 第六节　膨胀岩(土)场地与工程地基的要求

## 一、膨胀岩(土)场地

对膨胀岩(土)场地的要求:首先应查明建筑场地内膨胀土分布及地形地貌条件,并根据工程地质特征及土的自由膨胀率等指标综合来考虑。必要时,还应进行土的矿物成分鉴定及其他试验。

具有下列工程地质特征的场地,且自由膨胀率大于或等于 40% 的土应判定为膨胀土,并有下列特征:

(1)裂隙发育,常有光滑面和擦痕,有的裂隙中充填着灰白、灰绿色黏土,在自然条件下呈坚硬或硬塑状态。

(2)多出露于二级或二级以上阶地、山前和盆地边缘丘陵地带,地形平缓,无明显自然陡坎。

(3)常见浅层塑性滑坡、地裂、新开挖坑(槽)壁易发生坍塌等。

(4)建筑物裂缝随气候变化而断开和闭合。

(5)膨胀土的膨胀潜势分类见表 1-13。

**表 1-13　膨胀土的膨胀潜势分类**

| 自由膨胀率(%) | 膨胀潜势 |
|---|---|
| $40 \leqslant \delta_{ef} < 65$ | 弱 |
| $65 \leqslant \delta_{ef} < 90$ | 中 |
| $\delta_{ef} \geqslant 90$ | 强 |

根据地形地貌条件,建筑场地可分为下列两类:

(1)平坦场地:地形坡度大于或等于 5°;地形坡度虽然大于 5°,但小于 14°,距坡肩水平距离大于 10 m 的坡顶地带。

(2)坡地场地:地形坡度大于或等于 5°;地形坡度虽然小于 5°,但同一座建筑范围内局部地形高差大于 1 m。

## 二、工程地基

应根据地基的膨胀、收缩变形对低层建筑物的影响程度进行。地基的胀缩等级,可按表 1-14 分为三级。

**表 1-14　膨胀土地基胀缩等级**

| 地基分级变形量 $s_c$(mm) | 级别 |
|---|---|
| $15 \leqslant s_c < 35$ | Ⅰ |
| $35 \leqslant s_c < 70$ | Ⅱ |
| $s_c \geqslant 70$ | Ⅲ |

膨胀土地基变形量(见图1-1)可按下列三种情况分别计算:

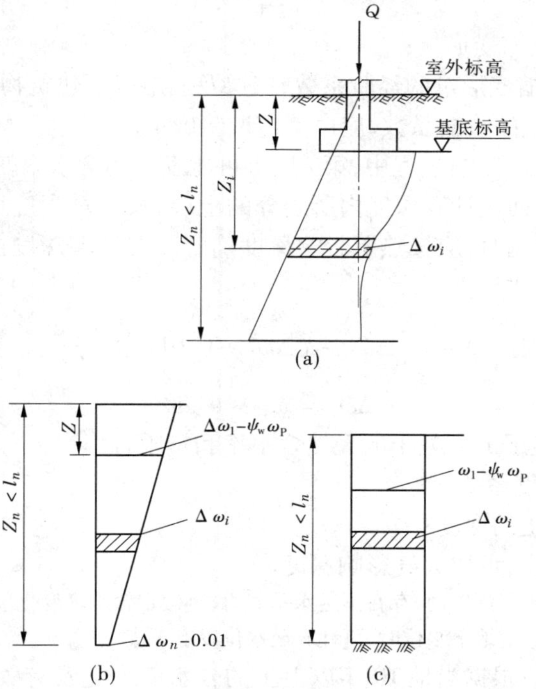


**图1-1 地基土变形计算示意图**

(1)当离地表1 m处地基土的天然含水率等于或接近最小值,或地面有覆盖且无蒸发可能时,以及建筑物在使用期间,经常有水浸湿的地基,可按膨胀变形量计算。

(2)当离地表1 m处地基土的天然含水率大于1.2倍塑限含水率时,或直接受高温作用的地基,可按收缩变形计算。

(3)其他情况不可按胀缩变形量计算。

地基土的膨胀变形量应按下式计算

$$s_0 = \Psi_c \sum_{i=1}^{n} \delta_{cpi} h_i \tag{1-6}$$

式中 $s_0$——地基土的膨胀变形量;

$\Psi_c$——计算膨胀变形量的经验系数,宜根据当地经验确定,若无可依据经验,三层及三层以下建筑物可采用0.6;

$\delta_{cpi}$——基础底面下第$i$层土在该层土的平均自重压力与平均附加压力之和作用下的膨胀率,由室内试验确定;

$h_i$——第$i$层土的计算厚度;

$n$——自由基础底面至计算深度内所划分的土层数,计算深度应根据大气影响深度确定,有浸水可能时,可按浸水影响深度确定。

地基土的收缩变形量应按下式计算

$$s_a = \Psi_e \sum_{i=1}^{n} \lambda_{ni} \Delta\omega_i h_i \tag{1-7}$$

式中 $s_a$——地基的收缩变形量；

$\Psi_e$——计算收缩变形量的经验系数，三层及三层以下建筑物可采用0.8；

$\lambda_{ni}$——第 $i$ 层土的收缩系数，应由室内试验确定；

$\Delta\omega_i$——地基土的收缩过程中，第 $i$ 层土可能发生的含水率变化的平均值；

$n$——自基础底面至计算深度内所划分的土层数，计算深度可取大气影响深度，当有热源影响时，应按热源影响深度确定。在计算深度内，各土层含水率变化值应按下式计算

$$\Delta\omega_i = \Delta\omega_1 - (\Delta\omega_1 - 0.01)\frac{Z_1 - 1}{Z_n - 1} \tag{1-8}$$

$$\Delta\omega_i = \omega_1 - \Psi_w \omega_P \tag{1-9}$$

式中 $\omega_1$、$\omega_P$——地表下1 m处土的天然含水率和塑限含水率；

$\Psi_w$——土的湿度系数；

$Z_1$——第1层土的深度；

$Z_n$——计算深度，可取大气影响深度。

**注**：①在地表下4 m土层深度内，存在不透水基岩时，可假定含水率变化值常数。

②在计算深度内稳定地下水位时，可计算至水位以上3 m。

膨胀土湿度系数应根据当地10年以上土的含水率变化及有关气象资料，统计求出，无此资料时，可按下式计算

$$\Psi_w = 1.152 - 0.726\alpha - 0.001\,07c \tag{1-10}$$

式中 $\Psi_w$——膨胀土湿度系数，在自然气候影响下，地表下1 m处土层含水率可能达到的最小值与塑限值的比值；

$\alpha$——当年9月至次年1月的蒸发力之和与全年蒸发力的比值；

$c$——全年中干燥度大于1.00的月份蒸发力与降水量差值之和，干燥度为蒸发力与降水量的比值。

大气影响深度应由各气候区土的深层变形观测或含水率观测及地温观测资料确定，无此资料时可按下表采用(见表1-15)。

**表1-15 大气影响深度**

| 土的温度系数 $\Psi_w$ | 大气影响深度 $d_e$(m) |
|---|---|
| 0.6 | 5.0 |
| 0.7 | 4.0 |
| 0.8 | 3.5 |
| 0.9 | 3.0 |

**注**：1. 大气影响深度是自然气候作用下，由降水、蒸发、地温等因素引起的升降变形的有效深度。

2. 大气影响急剧层深度是指大气影响特别显著的深度。

大气影响急剧层深度，可按表1-15中的大气影响深度值乘以0.45计算。

地基土的胀缩变形量应按下式计算

$$s = \Psi \sum_{i=1}^{n} (\delta_{\text{cp}i} + \lambda_{nd}\Delta\omega) h_1 \tag{1-11}$$

式中 $\Psi$——计算胀缩变形量的经验系数,可取0.7;

$\lambda_{nd}$——第 $i$ 层土的收缩系数。

地基土的承载力可按下列规定确定:

(1)对荷载较大的建筑物用现场浸水载荷试验方法确定,载荷试验方法可按下列规定确定:

①试验场地应选在有代表性的地段。

②承压板面积不应小于0.5 $m^2$,采用方形承压板时,其宽度 $b$ 不应小于0.707 m。

③在承压板附近应设置一组深度为0、$b$、$2b$、$3b$ 和等于当地大气影响深度的分层测标或采用一孔多层测标方法,以观测各层土的膨胀变形量。

④采用钻孔或砂沟双面浸水,砂沟或钻孔内应填满中、粗砂,钻孔或砂沟的深度不应小于当地的大气影响深度 $h$ 或 $4h$。

⑤采用重物分级加荷和高精度水准仪观测变形量。

⑥应分级加荷到设计荷载。当土的天然含水率大于或等于塑限含水率时,每级荷载可按25 kPa 增加,当土的天然含水率小于塑限含水率时,每级荷载可按50 kPa 增加,每级荷载增加后,应按0.5 h、1 h 各观测沉降一次,以后可每隔1 h 或更长时间观测一次,直至沉降达到相对稳定后再加下一级荷载。

⑦连续2 h 的沉降量不大于0.1 mm/h 时,即可认为沉降稳定。

⑧当施加最后一级荷载沉降达到稳定标准后,可在砂沟内浸水,浸水水面不应高于承压板底面。浸水期间应每3 d 或3 d 以上时间观测一次膨胀变形。膨胀变形相对稳定的标准为连续两个观测周期内,其变形量不应大于0.1 mm/3 d。进水时间不应少于两周。

⑨浸水膨胀变形达到相对稳定后,应停止浸水并按上述⑥、⑦条要求继续加荷直至达到破坏。

⑩试验前和试验后应分层取原状土样在室内进行物理力学试验和膨胀试验。

⑪绘制各级荷载下的变形和压力曲线(见图1-2)及分层测标变形与时间关系曲线,以确定土的承载力和可能的膨胀量。必要时,可用室内试验的承载力公式计算其承载力,并与现场载荷试验所确定的承载力值进行对比,并编写试验报告。

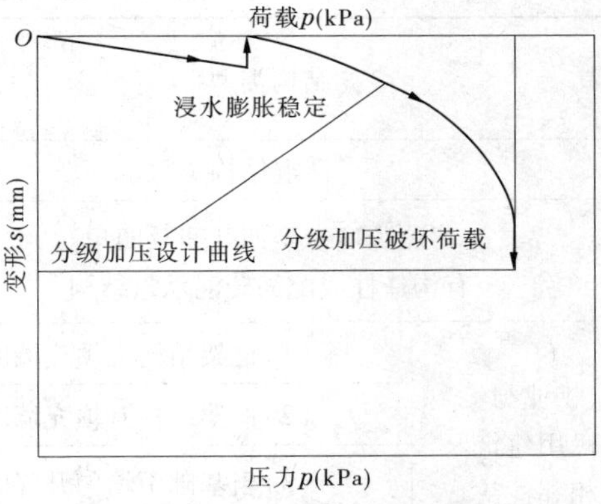


**图1-2 现场浸水载荷试验 $p \sim s$ 关系曲线**

⑫应取破坏荷载的一半作为地基土承载力的基本值。在特殊情况下,可按地基设计要求的变形值在 $p \sim s$ 曲线上选取所对应的荷载作为地基土承载力的基本值,见表1-16。

表 1-16　地基承载力基本值 $f_k$　　（单位：kPa）

| 含水比 | 孔隙比 | | |
|---|---|---|---|
| | 0.6 | 0.9 | 1.1 |
| <0.5 | 350 | 280 | 200 |
| 0.5~0.6 | 300 | 220 | 170 |
| 0.6~0.7 | 250 | 200 | 150 |

注：1. 含水比为天然含水率与液限比值。

2. 此表适用于基坑开挖时的天然含水率等于或小于勘探取土试验时土的天然含水率的地基。

（2）采用饱和三轴不排水快剪试验确定土的抗剪强度时，可按国家现行《建筑地基基础设计规范》（GB 50007—2002）中有关规定计算承载力。

（3）已有大量试验资料的地区，可制定承载力表，供一般工程采用。无资料的地区，可按表 1-16 所列数据选用。

基础底面压力的确定应符合下列要求：

在轴心荷载作用下　$p \leqslant f$　（1-12）

在偏心荷载作用下　$p_{max} \leqslant 1.2f$　（1-13）

式中　$p$——基础地面处的平均压力设计值；

$f$——地基承载力设计值；

$p_{max}$——基础底面边缘的最大压力。

地基土的计算变形量，应符合下式要求

$$s \leqslant [s_i] \tag{1-14}$$

式中　$s_i$——天然地基或人工地基及采取其他处理措施后的地基变形量计算值；

$[s_i]$——建筑物地基的容许变形值，可按表 1-17 采用。

表 1-17　建筑物地基的容许变形值

| 结构类型 | | 相对变形 | | 变形量（mm） |
|---|---|---|---|---|
| | | 种类 | 数值 | |
| 砖混结构 | | 局部倾斜 | 0.001 | 15 |
| 房屋长度三至四开间及四角有构造柱或配筋砖混承重结构 | | 局部倾斜 | 0.001 5 | 30 |
| 工业与民用建筑相邻柱基 | （1）框架结构无填充墙时 | 变形差 | 0.001 1 | 30 |
| | （2）框架结构有填充墙时 | 变形差 | 0.000 51 | 20 |
| | （3）当基础不均匀升降时不产生附加应力的结构 | 变形差 | 0.003 1 | 40 |

膨胀土地基变形量取值，应符合下列规定：

（1）膨胀变形量：应取基础某点的最大膨胀上升量。

（2）收缩变形量：应取基础某点的最大收缩下沉量。

(3)胀缩变形量:应取基础某点的最大膨胀上升量与最大收缩下沉量之和。

(4)变形差:应取相邻两基础的变形量之差。

(5)局部倾斜:应取砖混承重结构沿纵墙 6 ~ 10 m 内基础两点的变形量之差与其距离的比值。

位于坡地场地上的建筑物的地基稳定性,应按下列规定进行验算:

(1)土质均匀且无节理面时,按圆弧滑动法验算。

(2)土层较薄,土层与岩层间存在软弱层时,取软弱层面为滑动面进行验算。

(3)层状构造的膨胀土,当层面与坡面斜交,且交角小于45°时,验算层面的稳定性。

验算稳定性时,必须考虑建筑物和堆料的荷载,抗剪强度应为土体沿滑动面的抗剪强度,稳定安全系数可取1.2。

场地选择应符合下列要求:

(1)具有排水畅通或易于进行排水处理的地形条件。

(2)避开地裂、冲沟发育和可能发生浅层滑坡的地段。

(3)坡度小于14°并有可能采用分级低挡土墙治理的地段。

(4)地形条件比较简单,土质比较均匀,胀缩性较弱的地段。

(5)尽量避开地下溶沟、溶槽发育,地下水变化剧烈的地段。

场地总平面设计应符合下列要求:

(1)同一建筑物的地基土分级变形量之差,不宜大于35 mm。

(2)竖向设计宜保持自然地形,避免大挖大填。

(3)挖方和填方地基上的砖混结构房屋,应考虑挖填部分土中水分变化所造成的危害。

(4)应考虑场地内排水系统的管道渗水或排水不畅对建筑物升降变形的影响。

(5)对变形有严格要求的建筑物,应布置在膨胀土埋藏较深、胀缩等级较低或地形较平坦的地段。

场地内的排洪沟、截水沟和雨水明沟,其沟底均应进行防水处理,以防渗漏,排水沟、截水沟的沟边土坡,应设支挡,防止坍滑。

地下排水管道接口部位应采取措施防止渗漏,管道距建筑物外墙基础外缘的净距不得小于3 m。

建筑场地平整后的坡度,在建筑物周围2.5 m的范围内,不宜小于2%。

场地内的绿化,应根据气候条件、膨胀土等级,结合当地经验采取下列相应的措施:

(1)在建筑物周围以外的室地,宜多种植草皮和绿篱。

(2)在距离建筑物 4 m 以内可选用低矮、耐修剪和蒸腾量小的果树、花树或松柏等叶树。

(3)在湿度系数小于0.75 或孔隙比大于0.9 的膨胀土地区,种植桉树、木麻黄、滇杨等速生树种,应设置灰土隔离沟,沟与建筑物的距离不应小于5 m。

对于坡地建筑物的设计应符合下列规定:

(1)根据工程地质、水文地质条件和坡地上的荷载,按有关规定要求验算坡体稳定性。

(2)考虑坡体的水平移动和坡体内土的含水率变化对建筑物的影响。

(3)对不稳定斜坡或根据坡体结构可能产生滑动的斜坡,必须采取可靠的防治滑坡措施。

防治滑坡应根据工程地质、水文地质和施工影响等,分析可能产生滑坡的主要因素,结合当地建设经验,采取下列措施:

(1)设置支挡。根据计算的滑体推力和滑动面或软弱结构面的位置设置一级或多级抗滑挡土墙、挡土桩或采取其他措施。挡土墙基础应埋置在滑动面或软弱结构面以下。

(2)排水措施。必须设置排水沟以防止地面水浸入坡体。必要时,尚应采取防渗措施,对裂缝必须进行灌浆处理。

(3)设置护坡。可根据当地经验在坡面干砌或浆砌片面,设置支撑盲沟,种植草皮等。

挡土墙的设计见图1-3,应符合下列规定:

(1)墙背碎石或砂、卵石滤水层的厚度,不得小于300 mm。

(2)基坑坑底应用混凝土封闭,墙顶面宜做成平台并铺设混凝土防水层。

(3)挡土墙应设变形缝和泄水孔,变形缝间距6~10 m。

(4)挡土墙高度不宜小于3 m。

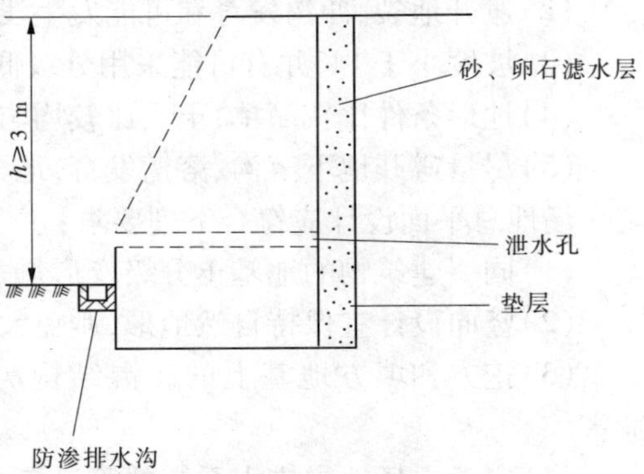

图1-3 挡土墙的设计

对于高度小于3 m的挡土墙,其排水条件及填筑材料符合上述要求时,其主动土压力可采用楔体试算法确定。计算时,不考虑土的水平膨胀力,破裂面上的抗剪强度指标应采用饱和快剪强度。当土体中有明显通过墙趾的裂缝面或层理面时,应当以该面为破裂面验算土压力。

坡地上建筑物的地基设计应符合下列条件,可按平坦场地上建筑物的地基进行设计:

(1)按《膨胀土地区建筑技术规范》(GBJ 112—87)要求设置挡土墙,且建筑物基础外边缘距挡土墙距离大于5.0 m。

(2)布置在挖方地段的建筑物外墙至坡脚支挡结构的净距大于3 m。

## 第七节　膨胀岩(土)地区建筑与结构的技术要点

膨胀岩(土)地区建筑与结构的技术要点包括基础的埋深条件和地基处理的要求,及建筑与结构的要求、管道的安装与埋设要求。

### 一、基础的埋深条件

确定基础埋深,应综合考虑下列条件:

(1)场地类型。

(2)膨胀土地基胀缩等级。

(3)大气影响急剧层深度。

(4)建筑物的结构类型。

(5)作用在地基上的荷载大小和性质。

(6)建筑物的用途、有无地下室、设备基础和地下设施、基础的型式和构造。

(7)相邻建筑物的基础埋深。需要特别说明的是,在地震区的高层建筑物基础埋深,应经地基稳定性验算后确定。

(8)膨胀土地基上建筑物的基础埋深,不应小于1 m。

(9)平坦场地上的砖混结构房屋,以基础埋深为主要防治措施时,基础埋深应取大气影响急剧层深度,或通过变形计算确定。必要时,可根据建筑物结构类型和使用要求,选取适当的其他处理措施。

(10)以宽散水为主要防治措施,散水宽度在Ⅰ级膨胀土地基上为2 m,在Ⅱ级膨胀土地基上为3 m时,建筑物基础埋深可为1 m。

(11)当坡地坡角小于14°,基础外边缘至坡肩的水平距离大于或等于5.0 m时,基础埋深可按下式确定

$$d = 0.45da + h(1 - 0.2\cot B) - 0.2a + 0.20 \tag{1-15}$$

式中 $d$——基础埋深;

$a$——基础外边缘至坡肩的水平距离;

$h$——设计斜坡高度;

$B$——设计斜坡的坡角。

## 二、地基处理的要求

地基处理的要求如下:

(1)膨胀土地基处理可采用换土、砂石垫层、土性改良等方法。确定处理的方法应根据土的胀缩等级、地方材料及施工工艺等,进行综合技术经济比较。

(2)换土可采用非膨胀性土或灰土,换土厚度可通过变形计算确定。

(3)平坦场地上Ⅰ、Ⅱ级膨胀土的地基处理宜采用砂、碎石垫层。垫层厚度不应小于300 mm,垫层宽度应大于基底宽度,两侧宜采用与垫层相同的材料回填,并做好防水处理。

(4)膨胀土地区建筑物的桩基设计应符合下列要求:

①桩尖应锚固在非膨胀土层或伸入大气影响急剧层以下的土层中,其伸入长度应满足下列条件:

按膨胀变形计算时

$$L_c \geqslant \frac{V_c - Q_1}{\mu_p [f_s]} \tag{1-16}$$

式中 $L_c$——桩锚固在非膨胀土层内长度;

$V_c$——在大气影响急剧层内桩侧的胀切力,由现场浸水试桩试验确定,试桩数不少于3根,取其最大值;

$[f_s]$——桩侧与土的容许摩擦力。

按收缩变形计算时

$$L_c \geqslant \frac{Q_1 - A_p[f_p]}{\mu_p[f_s]} \tag{1-17}$$

式中 $[f_p]$——桩端单位面积的容许承载力；

$\mu_p$——桩身周长；

$A_p$——桩端面积。

按胀缩变形计算时，计算长度应取式(1-16)和式(1-17)中的大值。

作用在桩顶上的垂直荷载可按下式计算

$$Q_1 = Q_2 + G_0 \tag{1-18}$$

式中 $Q_1$——作用于单桩桩顶的竖向荷载；

$Q_2$——作用于桩基承台顶面的竖向荷载；

$G_0$——承台和土的自重。

②当桩身承受胀切力时，应验算桩身抗拉强度，并采用通长配筋，最小配筋率应按受拉构件配置。

③桩承台梁下应留有空隙，其值应大于土层浸水后的最大膨胀量，且不小于 100 mm。承台梁两侧应采取措施，防止空隙堵塞。

④进行桩的胀切力浸水试验，浸水深度与试桩长度应取大气影响急剧层的深度，桩端脱空 100 mm。

## 三、建筑与结构的要求

建筑体型应力求简单，符合下列情况应设置沉降缝：

(1)挖方与填方交界处或地基土显著不均匀处。

(2)建筑物平面转折部位或高度及荷载有显著差异部位。

(3)建筑物结构(或基础)类型不同部位。

(4)屋面排水宜采用外排水，水落管下端距散水面不应大于 300 mm，并不得设在沉降缝处。排水量较大时，应采用雨水明沟或管道排水。

(5)散水设计宜符合下列规定：

①散水面层采用混凝土或沥青混凝土，其厚度为 80 ~ 100 mm。

②散水垫层采用灰土或三合土，其厚度为 100 ~ 200 mm。

③散水伸缩缝间距可为 3 m，并与水落管错开。

④散水宽度不小于 1.2 m，其外缘应超出基槽 300 mm，坡度可为 3% ~ 5%。

⑤散水与外墙的交接缝和散水伸缩缝均应填以柔性防水材料。散水应在室内地面做好后立即施工。

(6)宽度大于 2 m 的散水，其做法宜符合下列规定：

①面层可采用强度等级为 C15 的混凝土，厚 80 ~ 100 mm。

②隔热保温层可采用 1∶3 石灰焦渣，厚 100 ~ 200 mm。

③垫层可采用 2∶8 灰土或三合土，厚 100 ~ 200 mm。

(7)膨胀土地区建筑物的室内地面设计，应根据使用要求分别对待。对使用要求严格的地面（如特别重要的民用建筑地面，有特殊生产工艺要求及有精密仪表、设备的车间地面等）可根据地基土的胀缩性按下列要求采取相应的设计措施：

①Ⅲ级膨胀土地基和使用要求特严格的地面，可采取地面配筋或地面架空等措施。

②使用要求严格的地面构造，可按表 1-18 的设计要求采用。

**表 1-18　混凝土地面构造**

| 设计要求 | $2\% \leqslant \delta_{cp0} < 4\%$ | $\delta_{cp0} \geqslant 4\%$ |
|---|---|---|
| 混凝土垫层厚度(mm) | 100 | 120 |
| 换土层总厚度(mm) | | $300 + (\delta_{cp0} - 4) \times 100$ |
| 变形缓冲层材料最小粒径(mm) | ≥150 | ≥200 |

注：表中 $\delta_{cp0}$ 取膨胀试验卸荷到零时的膨胀量。

(8)对使用要求不严格的工业与民用建筑地面，可按一般方法进行设计，也可采用预制混凝土块或其他材料的预制块铺砌，但块体间应填嵌柔性材料。

(9)大面积地面应做分格变形缝，分格尺寸可为 3 m×3 m，地面、墙体、地沟、地坑和设备基础之间宜采用变形缝隔开，变形缝均应填嵌柔性材料。

(10)膨胀土地区建筑，应根据地基土胀缩等级采取下列结构措施：

①较均匀的弱膨胀土地基可采用条形基础。基础埋深较大或条形基础基底压力较小时，宜采用墩基。

②承重砌体结构可采用拉结较好的实心砖墙，不得采用空斗墙、砌块墙或无砂混凝土砌体，不宜采用砖拱结构、无砂大孔混凝土和无筋中型砌块等对变形敏感的结构。Ⅱ级、Ⅲ级膨胀土地区，砂浆强度等级不宜低于 M2.5。

③房屋顶层和基础顶部宜设置圈梁（地基梁、承台梁可代替基础圈梁），多层房屋的其他各层可隔层设置，必要时也可层层设置。

④Ⅲ级膨胀土地基当不满足地基埋深要求时，应适当设置构造柱。

⑤外廊式房屋应采用悬挑结构。

(11)砖混结构房屋圈梁的设置应符合下列要求：

①圈梁应设置在外墙、内纵墙及对整体刚度起重要作用的内横墙上，并在同一平面内闭合。

②圈梁的高度不小于 120 mm，纵向钢筋可采用 4 Φ 12，混凝土强度等级可为 C15。

③采用钢筋砖圈梁时，砂浆强度等级不应低于 M5，其高度不应小于 400 mm，水平通长钢筋不应少于 4 Φ 8，分上、下两层布置，水平间距可为 120 mm。

(12)砖混结构房屋的门窗或其他洞孔，其宽度在Ⅱ、Ⅲ级膨胀土地基上分别大于 1.2 m、1 m 的，均应采用钢筋混凝土过梁，不得采用砖拱过梁，在底层窗台处宜设置通长水平钢筋。

(13)膨胀土地基上的建筑物，预制钢筋混凝土梁支承在砖墙或砖柱上的长度，不得小于 240 mm；预制钢筋混凝土板支承在砖墙上的长度，不得小于 100 mm。

(14)钢和钢筋混凝土排架结构，山墙和内墙应采用与柱基相同的基础形式。围护墙宜采用填充墙和外包墙,并砌置在基础梁上。基础梁下宜预留100 mm空隙,并做防水处理。有吊车时,吊车顶面与屋架下弦的净空不应小于200 mm。吊车梁应设计成简支梁,吊车梁与吊车轨道之间,应采用便于调整的连接方式。

## 四、管道安装与埋设要求

(1)给水进口管和排水出口管,宜敷设在钢筋混凝土套管或管沟中。

(2)地下管道及其附属构筑物(如管沟、检查井、检漏井等)的地基宜设置厚150 mm的灰土垫层,管道宜敷设在砂垫层上。

(3)检漏井应设置在管沟末端和管沟沿线分段检查处,并应防止地面水流入。井内应设置深度不小于300 mm的集水坑,并应使积水能及时发现或排除。

(4)地下管道或管沟穿过建筑物的基础或墙时,应设有预留孔洞。洞与管沟或管道间的上下净空,均不应小于100 mm。管道与洞孔间的缝隙应采用不透水的柔性材料填塞。

(5)对高压、易燃易爆管道及其支架基础的设计,应考虑地基土不均匀胀缩变形所造成的危害,并根据使用要求,采取适当措施。

# 第二章　膨胀岩(土)试验段工程现场试验研究

南水北调中线总干渠膨胀岩(土)渠段,位于新乡市潞王坟乡政府附近,渠段渠坡岩性多由黏土岩和泥灰岩组成,局部为砂岩或砂砾岩,岩性岩相变化较大;其中黏土岩以中膨胀性为主,局部为强膨胀,成岩程度差;泥灰岩以弱膨胀为主,上部胶结较好,下部稍差。

2005 年 5 月,水利部水利水电规划设计总院在北京召开了南水北调中线一期工程总干渠膨胀土处理方案技术讨论会,并先后完成了《南水北调中线总干渠膨胀岩(土)渠坡处理现场试验工作大纲》、《南水北调中线总干渠膨胀岩渠坡处理现场试验项目实施报告》、《南水北调中线一期工程总干渠膨胀岩(土)试验段工程初步设计报告》、《南水北调中线一期工程总干渠膨胀岩(土)试验段工程初步设计试验方案调整报告》及《南水北调中线一期工程总干渠膨胀岩(土)试验段工程(潞王坟)段现场试验实施细则》等均作出具体要求和任务。

## 第一节　项目的目的和任务

对新乡潞王坟膨胀岩渠段进行试验研究目的在于为南水北调中线总干渠膨胀岩渠坡处理提供安全可靠、经济合理和有利于环保的措施,为工程设计的优化提供依据,指导总干渠膨胀岩渠段的大面积施工。

其主要任务有三项:①重点研究非换填处理方案的效果、设计指标、施工工艺和施工控制标准;研究渠坡断面优化的可行性,验证总体可行性研究和初步设计提出的换填黏性土的工程处理措施。②开展膨胀岩(土)渠坡破坏机理分析,建立更为合理和符合实际的边坡稳定分析方法。③进行不同处理措施的综合评价,提出推荐方案的设计指南和施工指南及工程施工质量评定标准。

## 第二节　项目研究的内容

项目研究的主要内容包括试验段膨胀岩的基本特性研究、试验段工程地质特性研究、膨胀岩(土)基本特性的室内试验研究及专项辅助性试验研究等。

### 一、试验段膨胀岩的基本特性研究

开展试验段膨胀岩基本特性研究,为获得试验段工程地质特征和岩(土)的基本参数,为专项辅助性试验和现场试验提供基础资料。

### 二、试验段工程地质特性研究

针对试验段的地层岩性地质构造、区域环境等方面开展工程地质特性研究,主要进行：

(1)潞王坟段膨胀岩(土)的成岩环境、构造背景、水环境和气候环境研究。

(2)根据施工开挖揭露情况,研究膨胀岩(土)体的结构、层面、裂隙的类型及发育规律,裂隙充填物的物理、力学性质及水理性质。

## 三、膨胀岩(土)基本特性的室内试验研究

室内试验主要选取渠段内有代表的岩层——黏土岩和泥灰岩的原状样和扰动样,在室内做一系列的物理力学试验,研究其天然含水率、结构矿物成分等对膨胀岩膨胀特性的影响,为专项辅助性试验提供依据,具体的试验内容如下：

(1)物理力学试验及矿物化学成分分析。颗粒分析、比重、界限含水率、崩解性、膨胀力、膨胀率、自由膨胀率、黏土矿物成分、pH 值、易溶盐、难溶盐、比表面积、阳离子交换量等。

(2)类土膨胀岩的击实试验。进行类土膨胀岩的击实试验及击实后的击实直剪试验、三轴试验和渗透试验,并研究类土膨胀岩的压实特性及其强度、变形的渗透特性。

(3)胀缩变形的特性研究。胀缩变形特性研究分为两种情况进行:一种是在控制含水率的情况下,对不同击实度的膨胀岩试样进行膨胀特性试验研究;另一种是在控制干密度的前提下,进行不同含水率状态下的胀缩特性试验研究。

## 四、专项辅助性试验研究

采用室内试验、模型试验、数值分析等手段进行气候和地下水对膨胀岩渠坡稳定性的影响,土工格栅对类土膨胀岩处理效果的研究,并比较各种处理方案的效果及作用,为现场试验实施方案的完善和确定提供依据。具体要求如下。

### (一)气候和地下水对膨胀岩渠坡稳定性的影响研究

#### 1. 膨胀岩(土)在干湿循环条件下的强度变化规律

进行原状膨胀岩在不同含水率条件下的强度试验、研究试验区膨胀岩在干湿循环条件下的强度变化规律。

#### 2. 类土膨胀岩处理后的强度—变形—渗透特性室内试验研究

通过室内强度、变形及膨胀岩性等试验手段,研究干湿循环对类土膨胀岩处理后的强度、变形、渗透性,研究采用类土膨胀岩翻挖回填的可行性。

#### 3. 干湿循环对膨胀岩裂缝的影响

采用室内小比例尺模型,控制模型水分环境、观测裂隙发展的规律,并与现场裂隙观测进行对比分析,建立裂隙统计模型,研究膨胀岩在干湿循环条件下裂隙的发展规律。

### (二)土工格栅加筋效果研究

研究土工格栅加筋类土膨胀岩复合体的强度、变形、膨胀性及土工格栅加筋类土膨胀岩的作用机理,为渠坡稳定性分析提供合适的计算模型和强度参数,为现场处理方案的优化设计提供依据。

1. 格栅加筋影响范围研究

采用格栅的拉拔试验,研究类土膨胀岩加筋的筋材、加筋层数(间距),为现场处理方案的确定提供依据,同时研究垂直荷载、拉拔速率及筋材强度对筋土界面拉拔特性的影响规律,以及筋土界面剪切特性的影响规律,以及筋土界面剪应力沿筋材不同位置的分布规律,研究土工格栅在类土膨胀岩(土)体中的拉拔效果。

2. 土工格栅与类土膨胀岩界面直剪试验

研究土工格栅加筋体在格栅与类土膨胀岩接触面的强度、变形,以及垂直荷载、剪切速率及筋材强度对筋土界面剪切特性的影响规律,获得筋土界面的摩擦系数指标,分析土工格栅加筋在岩(土)体界面效应,提出数值分析模型参数。

3. 土工格栅加筋类土膨胀岩(土)体的应力—应变关系试验

研究加筋体的应力—应变关系,测试加筋复合体强度—变形参数。

4. 土工格栅加筋效果的物理模型试验

采用大比尺的静力模型,模拟土工格栅在渠坡处理中的加筋作用,研究格栅间距对加筋效果的影响。

**(三)现场开挖后膨胀岩快速防护材料研究**

进行膨胀岩坡面防护材料的室内试验,研究防护材料的种类、配合比及其防护效果,推荐经济有效的防护材料用于现场试验,以防止渠道开挖后坡面岩石风化、剥蚀而降低其稳定性。

**(四)膨胀岩渠坡坡顶防护范围和减载措施研究**

通过渗流数字计算,分析不同坡顶防护方式的防护效果,为设计确定坡顶防护材料、防护层厚度、防护宽度提供参考。

通过数值分析手段,研究采用宽马道减载方式的适用性和合理性,比较不同减载措施对渠坡稳定性的影响。

**(五)膨胀岩(土)现场判别方法研究**

在国内外膨胀岩(土)分类方法、判别标准的基础上,通过大量的对比试验,提出膨胀等级的现场判别方法。

## 第三节　项目的技术路线

新乡潞王坟段南水北调中线膨胀岩渠坡处理现场试验研究技术路线如图 2-1 所示,试验研究的总体技术路线主要可分为四个阶段:项目准备阶段、专项辅助性试验研究阶段、现场试验阶段和技术总结阶段。这四个阶段既相互关联,又具有相对的独立性。

### 一、项目准备阶段

(1)广泛收集国内外膨胀岩渠道坡度处理的工程实例和相关资料,了解国内外膨胀岩工程处理措施的最新进展,为试验段渠坡的处理方案设计提供借鉴经验,广泛收集试验段当地历年气象资料,调查当地大气影响深度,为试验研究提供基础资料。

(2)进行旁压测试:现场渗透试验、测定岩土层的变形模量、钻孔膨胀率、渗透系

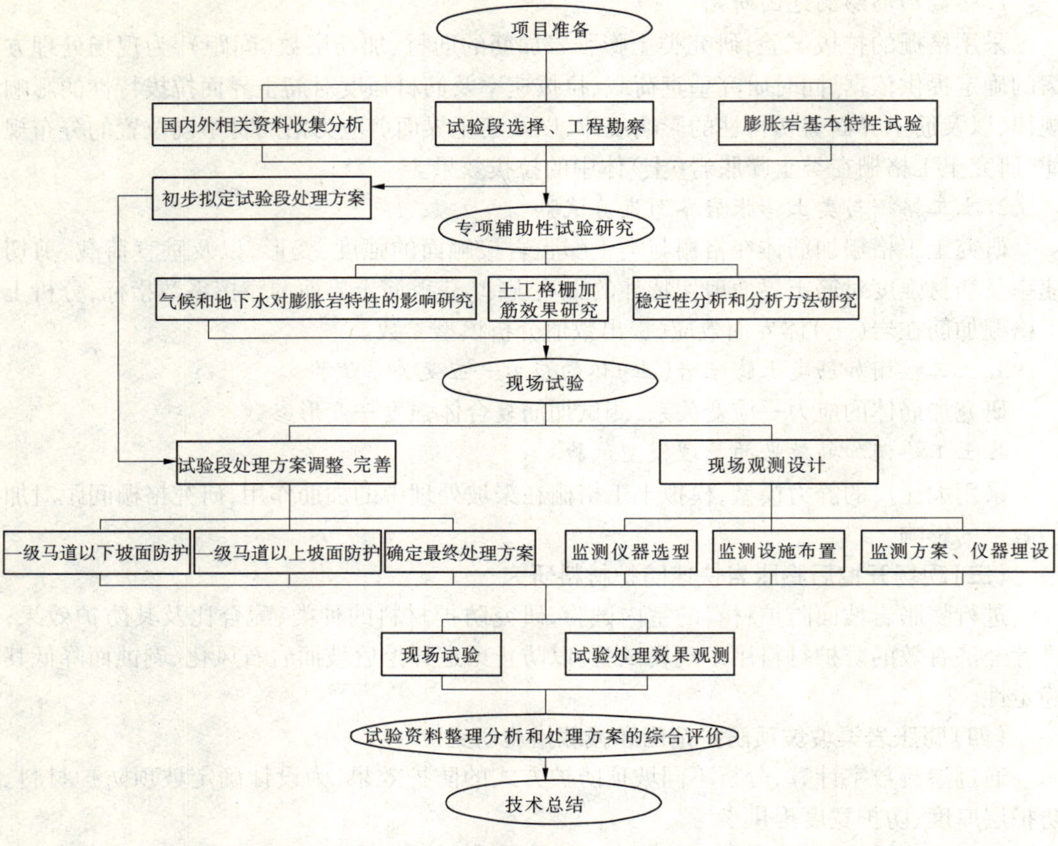


**图 2-1　膨胀岩渠坡处理现场试验研究技术路线**

数等。

(3)开展试验段膨胀岩的基本特性研究,通过物理性试验、力学性试验(包括三轴试验、直剪试验、压缩试验等)、渗透性试验、矿化分析、膨胀特性测试等试验手段,掌握试验段膨胀岩的水理特性、变形与强度特性等试验、渗透特性及膨胀性等基本工程特性,为开展专项辅助性试验、现场试验和最终成果分析等提供基础资料。

(4)根据膨胀岩边坡的处理原则及试验段膨胀岩的特性,借鉴参考类似工程经验,初步拟定试验段试验区膨胀岩渠坡处理方案。

## 二、专项辅助性试验研究阶段

该阶段主要对现场试验方案和可能采取的处理措施进行针对性的专题研究,为完善初拟的膨胀岩渠坡处理方案提供技术支撑,以便确定合理的现场试验方案。

专项辅助性试验研究的技术路线可以概括为:采用室内试验、模型试验、数值分析等手段,分析处理措施的适用性和合理性,对初拟的处理措施进行优化和完善,在现场试验中加以验证。具体分析如下:

(1)在室内模拟降雨和蒸发等气候条件和环境因素下,研究膨胀岩在温度、含水量变化条件下的膨胀性指标及风化、软化特性。

(2)采用室内试验手段，研究土工合成材料加筋体的物理力学特性、应力—应变关系等，采用物理模型试验分析不同措施的防护效果。

(3)采用数值分析手段，研究坡顶防护范围和减载效果，比较不同的处理措施和结构型式的效果，为现场试验方案的优化和完善提供依据。

(4)通过室内试验，研究膨胀岩开挖面防护材料的种类、配比及其防护效果。

(5)通过收集相关资料和大量的对比试验，研究提出膨胀岩膨胀等级的现场判别方法。

## 三、现场试验阶段

### (一)现场试验方案的确定

在室内基本特性试验和专项辅助性试验的基础上，调整和完善初步拟定的处理方案，最终确定现场试验实施方案。

### (二)现场试验区渠道设计及施工

根据现场试验方案，结合总体科研对渠道设计的具体要求，由设计单位完成试验区的设计，施工单位进行试验区施工，其施工工艺、工序、进度等应满足现场试验的要求。

### (三)破坏条件和环境因素的模拟

采用人工降雨手段模拟大气降雨，加速渠坡岩体的干湿循环过程，降雨量和雨强根据当地最不利的气候条件确定。

采用局部埋设花管等方法模拟衬砌开裂、防渗失效和渠坡处理层开裂、防护失效条件。

采用坡顶钻孔注水的方式模拟地下水位的变化。灌水量根据现场含水率观测数据来确定。

在1#试验区采用反复抽干、浸水的方式模拟渠道干湿循环过程，干湿循环周期以埋设在土体内的含水率探头的数据确定。

### (四)现场观测

在试验方案实施后的较长时间内，对渠坡表面水平变形和垂直变形、渠坡内部深层水平变形和垂直变形、土压力、孔隙水压力、含水率等参数进行观测，同时观测降雨量、入渗量、蒸发量、地下水位等环境参数。

### (五)施工工艺和质量研究

对选定的处理措施根据国内外相关的施工经验，初步拟定施工工艺，在试验区施工之前，在施工单位的配合下，进行各种处理措施的施工试验，确定适宜的施工方法和参数，形成各种措施的施工工艺，并在试验区施工中验证和完善施工工艺研究，同时进行施工质量要素和检测指标的综合分析，提出试验区施工质量控制要素和现场检测指标。

### (六)处理后的渠坡岩(土)体参数测试

对各试验区经历若干个干湿循环后的渠坡岩(土)体进行原位测试和室内试验，研究经不同方案处理后岩(土)体的基本参数，供渠坡稳定性分析和处理效果评价使用。

## 四、技术总结阶段

系统总结室内外试验研究成果，重点对膨胀岩(土)处理方案进行综合评价，在此基础上，推荐膨胀岩渠坡的处理方案，提出膨胀岩（土）渠坡处理的设计施工指南和施工质量控制评定标准，具体包括：

（1）进行各试验方案效果的对比分析。

（2）进行各种方案的综合评价（技术评价和经济性比较）。

（3）提出膨胀岩渠坡处理的设计施工指南和施工质量评定标准。

## 第四节　现场试验的实施

试验段位于新乡市潞王坟，渠段桩号 SY0 + 000—SY1 + 500，渠段长 1.5 km，主要为挖方段，坡高一般为 15 ~ 42 m。本试验段工程地质条件差，上部泥灰岩以弱膨胀为主，胶结较好，局部稍差；下部黏土岩以中膨胀性为主，局部为强膨胀性，成岩程度差。

根据《南水北调中线一期工程总干渠膨胀岩（土）试验段工程（潞王坟）段初步设计试验方案调整报告》及国务院南水北调办公室关于南水北调中线一期工程总干渠膨胀岩（土）试验段工程（潞王坟）段初步设计试验方案调整报告的批复（国调办投计［2007］19号）。试验段桩号范围为 SY0 + 000—SY0 + 448、SY0 + 560—SY0 + 680 段，累计长 568 m，共布置 8 个试验区。各项目试验方案布置见表 2-1。

### 一、现场试验流程

现场试验各部分内容按如下工序实施：

局部预埋观测仪器→试验区断面开挖，开挖过程中现场测试→开挖断面喷护（或预留 50 cm 保护层，根据试验单位要求确定）→隔离地施工、现场碾压试验→观测仪器埋设、处理层施工→衬砌及防、排水设施施工→渠道浸（泡）水→现场观测及处理后现场测试→试验工程拆除及场地恢复。现场试验流程见图 2-2。

### 二、试验区渠段施工顺序及要求

试验区渠段施工不同于常规渠道的施工程序，在施工顺序、施工方法上应满足各种处理措施方案的具体试验要求，确保现场试验正常进行。

在试验区的开挖施工过程中，需要穿插地进行前期观测设备的预埋、开挖期观测、原位测试、碾压试验和施工工艺等试验。因此，部分施工工序必须等待上一道施工工序中的试验成果出来后，方可继续进行。

试验段施工及现场试验的主要流程如下：

（1）开挖期观测仪器设备的造型购置（施工前准备）。

（2）进行现场观测仪器设备的预验完善预埋工作。

（3）各种施工前准备工作结束后，埋设开挖期的观测仪器设备。首先进行试验 1 区的开挖，进行开挖期的相关观测，观测内容为水平变形、土压力，同时在试验 1 区的隔离堤内进行碾压试验，确定各种处理措施的施工工艺及施工参数，然后进行试验 2 区、试验 3 区、试验 4 区、试验 5 区、试验 6 区、试验 7 区、试验 8 区的开挖及施工。

（4）根据开挖施工的进程，按照试验方案进行各试验区观测仪器的埋设，同时进行现

表 2-1 膨胀岩渠段试验方案布置

| 试验区序号及长度 | 试验区桩号 起始桩号 | 终止桩号 | 位置 | | 方案编号 | 地层岩性 | 膨胀性 | 处理方案 | 坡比 | 备注 |
|---|---|---|---|---|---|---|---|---|---|---|
| 1 区 148 m | SY0 +000 | SY0 +074 | 渠道左侧 | | S1 -1 | 泥灰岩 | 弱 | 裸坡 | 1:1.5 | 裸坡不衬砌,进行多次浸水—疏干—浸水循环强化,以及人工降雨试验;<br>坡比变化以0.5为一级,渠底以上抬高3 m欠挖 |
| | | | 渠道右侧 | | X1 -1 | 黏土岩 | 中 | 裸坡 | 1:2.5 | |
| | SY0 +074 | SY0 +148 | 渠道左侧 | | S1 -2 | 泥灰岩 | 弱 | 裸坡 | 1:2.0 | |
| | | | 渠道右侧 | | X1 -2 | 黏土岩 | 中 | 裸坡 | 1:3.0 | |
| 2 区 60 m | SY0 +148 | SY0 +208 | 渠道左 | 一级马道以上 | S2 -1 | 泥灰岩 | 弱 | 土工格栅(间距0.6 m)+开挖料回填1.5 m+植草 | 1:1.75 | 该区为土工格栅+开挖料回填方案处理试验区;<br>主要比较该方案不同坡比及不同处理层厚度,并与其他处理方案对比 |
| | | | | 一级马道以下 | X2 -2 | 黏土岩 | 中(局部强) | 土工格栅(间距0.6 m)+开挖料回填2.0 m | 1:2.0 | |
| | | | 渠道右 | 一级马道以上 | S2 -3 | 泥灰岩 | 弱 | 土工格栅(间距0.6 m)+开挖料回填1.5 m+植草 | 1:2.25 | |
| | | | | 一级马道以下 | X2 -4 | 黏土岩 | 中(局部强) | 土工格栅(间距0.6 m)+开挖料回填2.0 m | 1:2.5 | |
| 3 区 60 m | SY0 +208 | SY0 +268 | 渠道左 | 一级马道以上 | S3 -1 | 泥灰岩 | 弱 | 喷护其他材料保护层 | 1:2.0 | 该区为换填黏性土方案处理试验区;<br>一级马道以下比较不同坡比的换填黏性土方案,一级马道以上比较不同喷护材料(水泥砂浆保护层厚10 mm),与其他处理方案对比 |
| | | | | 一级马道以下 | X3 -2 | 黏土岩 | 中(局部强) | 换填黏性土2.0 m | 1:2.0 | |
| | | | 渠道右 | 一级马道以上 | S3 -3 | 泥灰岩 | 弱 | 喷护水泥砂浆保护层 | 1:2.0 | |
| | | | | 一级马道以下 | X3 -4 | 黏土岩 | 中(局部强) | 换填黏性土2.0 m | 1:2.5 | |

**续表 2-1**

| 试验区序号及长度 | 试验区桩号 | | 位置 | | 方案编号 | 地层岩性 | 膨胀性 | 处理方案 | 坡比 | 备注 |
|---|---|---|---|---|---|---|---|---|---|---|
| | 起始桩号 | 终止桩号 | | | | | | | | |
| 4 区 60 m | SY0 + 268 | SY0 + 328 | 渠道左 | 一级马道以上 | S4 – 1 | 泥灰岩 | 弱 | 复合土工膜 + 砂浆 | 1:2.0 | 该区为复合土工膜方案处理试验区；<br>主要比较复合土工膜保护措施及坡比，并与其他处理方案对比；<br>该区渠道右侧衬砌按 20 m 一段，分别按照 8 cm、10 cm、20 cm 不同厚度施工 |
| | | | | 一级马道以下 | X4 – 2 | 黏土岩 | 中(局部强) | 复合土工膜 | 1:2.0 | |
| | | | 渠道右 | 一级马道以上 | S4 – 3 | 泥灰岩 | 弱 | 复合土工膜 + 50 cm 开挖膨胀土 + 植草 | 1:2.0 | |
| | | | | 一级马道以下 | X4 – 4 | 黏土岩 | 中(局部强) | 复合土工膜 | 1:2.5 | |
| 5 区 60 m | SY0 + 328 | SY0 + 388 | 渠道左 | 一级马道以上 | S5 – 1 | 泥灰岩 | 弱 | 土工袋(处理厚度 1.5 m) | 1:1.75 | 该区为土工袋方案处理试验区；<br>主要比较该方案不同坡比及不同处理层厚度，并与其他处理方案对比；<br>结合隔离堤现场碾压试验进行土工袋方案的可行性论证，论证后方可进行本区一级马道现场试验 |
| | | | | 一级马道以下 | X5 – 2 | 黏土岩 | 中(局部强) | 土工袋和坡脚局部加固(渠底至 1/3 坡高) | 1:2.0 | |
| | | | 渠道右 | 一级马道以上 | S5 – 3 | 泥灰岩 | 弱 | 土工袋(处理厚度 1.5 m) | 1:2.25 | |
| | | | | 一级马道以下 | X5 – 4 | 黏土岩 | 中(局部强) | 土工袋(处理厚度 2 m) | 1:2.5 | |

**续表 2-1**

| 试验区序号及长度 | 试验区桩号 | | 位置 | | 方案编号 | 地层岩性 | 膨胀性 | 处理方案 | 坡比 | 备注 |
|---|---|---|---|---|---|---|---|---|---|---|
| | 起始桩号 | 终止桩号 | | | | | | | | |
| 6 区<br>60 m | SY0 + 388 | SY0 + 448 | 渠道左 | 一级马道以上 | S6 – 1 | 泥灰岩 | 弱 | 砌石拱 + 植草 | 1:2.0 | 该区为一级马道以上中膨胀岩处理模拟试验区；<br>一级马道以下不衬砌、不浸水，模拟一级马道以上为中膨胀岩的工况 |
| | | | | 一级马道以下 | X6 – 2 | 黏土岩 | 中(局部强) | 土工格栅(间距 0.6 m) + 开挖料回填 2.0 m | 1:2.25 | |
| | | | 渠道右 | 一级马道以上 | S6 – 3 | 泥灰岩 | 弱 | 混凝土框格 + 植草 | 1:2.0 | |
| | | | | 一级马道以下 | X6 – 4 | 黏土岩 | 中(局部强) | 复合土工膜 | 1:2.25 | |
| 7 区<br>60 m | SY0 + 560 | SY0 + 620 | 渠道左 | 一级马道以上 | S7 – 1 | 泥灰岩 | 弱 | 砂浆 + 复合土工膜 | 1:1.75 | 该区为弱膨胀岩渠段复合土工膜方案处理试验区；<br>主要比较复合土工膜保护措施及坡比，并与其他处理方案对比 |
| | | | | 一级马道以下 | X7 – 2 | 砂岩，少量泥灰岩 | 弱 | 复合土工膜 | 1:2.0 | |
| | | | 渠道右 | 一级马道以上 | S7 – 3 | 黏土岩 | 弱 | 砌石拱 + 植草 | 1:2.25 | |
| | | | | 一级马道以下 | X7 – 4 | 砂岩，少量泥灰岩 | 弱 | 复合土工膜 | 1:2.5 | |
| 8 区<br>60 m | SY0 + 620 | SY0 + 680 | 渠道左 | 一级马道以上 | S8 – 1 | 黏土岩 | 弱 | 混凝土框格 + 植草 | 1:1.75 | 该区为弱膨胀岩渠段其他方案处理试验区；<br>主要进行混凝土框格、土工格栅、植喷及不处理方案的对比 |
| | | | | 一级马道以下 | X8 – 2 | 砂岩，少量泥灰岩 | 弱 | 土工格栅(间距 0.6 m) + 开挖料回填 1.5 m | 1:2.0 | |
| | | | 渠道右 | 一级马道以上 | S8 – 3 | 黏土岩 | 弱 | 植喷 | 1:2.25 | |
| | | | | 一级马道以下 | X8 – 4 | 砂岩，少量泥灰岩 | 弱 | 不处理 | 1:2.5 | |

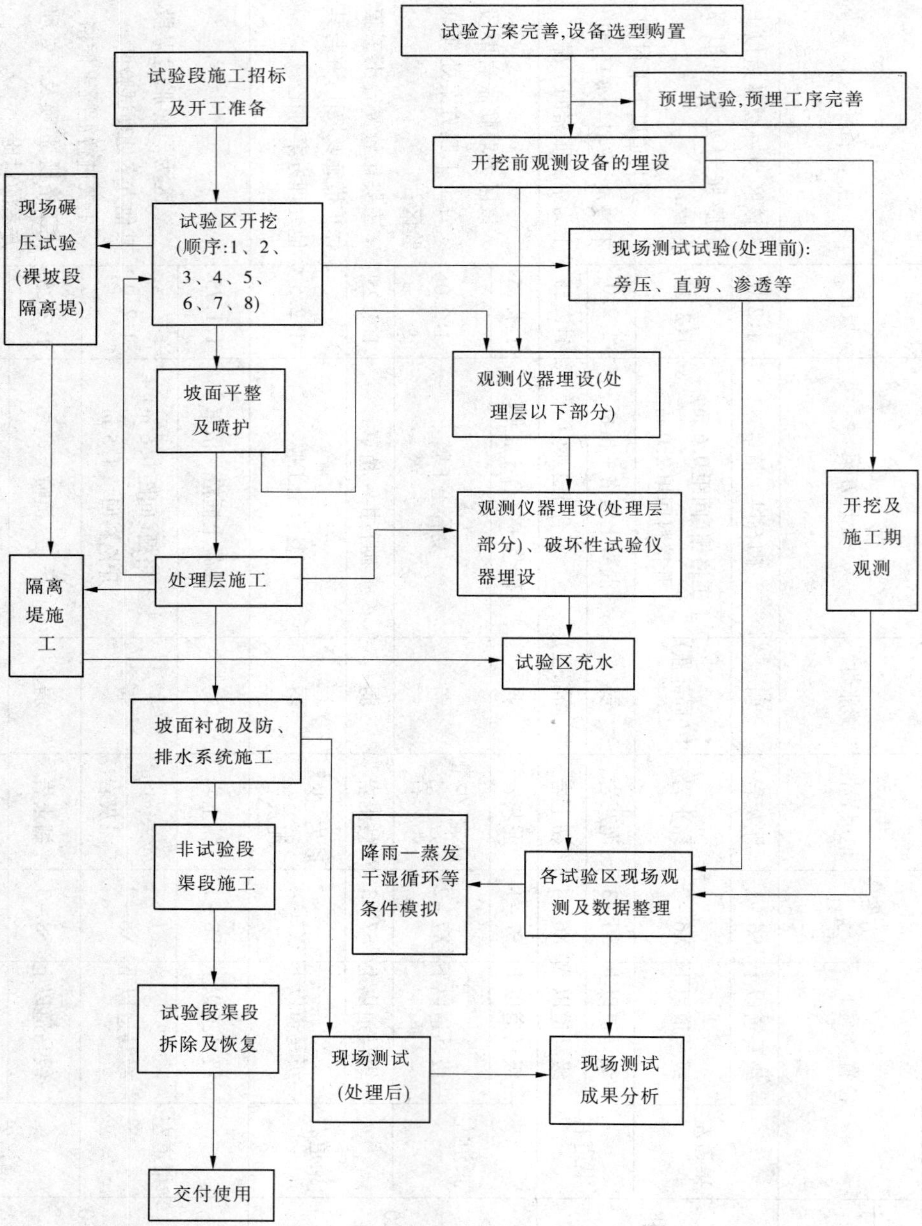


**图 2-2　膨胀岩试验区施工及现场试验流程**

场测试试验,处理前后测试试验布置在试验 1 区、试验 2 区、试验 3 区和试验 7 区进行,测试试验的内容为大型直剪试验、旁压试验、DMT 试验和原位渗透试验等。

(5)针对每个试验区,试验单位完成相应的测试试验等内容后,由施工单位进行处理层、隔离堤衬砌、坡面防排水系统施工,并辅助进行仪器埋设。

(6)试验区渠道施工完成后,通过干湿条件,局部衬砌破坏和降雨模拟,进行相应的试验及观测。

(7)各试验区现场观测及数据整理。

(8)现场试验成果分析,提交试验观测成果报告。

## 三、试验区处理方案的设计

影响膨胀岩边坡稳定的基本因素是膨胀岩(土)的膨胀性、破裂性(裂隙性)和湿化(风化)性。膨胀岩处理主要是从坡面防护、加固处理两方面考虑,针对试验区膨胀岩地质条件,试验区膨胀岩渠段处理的原则如下:

(1)边坡开挖后,迅速施工保护层,保护层考虑到采用喷水泥砂浆或其他防护材料。

(2)对于弱膨胀性且成岩程度好的膨胀岩,主要考虑设置保护层,同时比较其他处理措施。

(3)对于成岩程度差的中、弱膨胀岩,在保护层施工完后,采取换填黏性土、土工格栅加筋、土工袋、复合土工膜、喷护等措施进行加固,并根据被处理岩层的膨胀性不同,选择合适的处理厚度。

试验区处理方案的设计包括试验区长度选取及各试验区试验方案的设计。

### (一)试验区长度选取

试验区长度的选取首先应根据具体渠段的地质条件,同时还要结合试验方案布设、施工步骤、尺寸效应、端部影响、隔离地占地以及仪器埋设需要等方面的要求。

根据地质勘探、成果,潞王坟试验段具有代表性的中膨胀岩位于 SY0 +000—SY0 +500 段,长度约 500 m,最具有代表性的弱膨胀岩位于 SY0 +560—SY0 +680 段,长度约 120 m。

考虑到处理措施和方案的布设,每组方案观测仪器埋设的最低长度要求(沿渠道水流方向 30 m),以及隔离堤占地端部效应等因素,通过记录比较,决定选取 SY0 +000—SY0 +448 作为弱膨胀岩渠坡处理措施和方案的试验区,选取 SY0 +560—SY0 +680 作为弱膨胀岩渠坡处理和方案的现场试验区,并按照具体处理措施和方案的布设需要,细分为 8 个试验区,每区长度 60 ~70 m,共计 568 m。

### (二)试验区处理方案的设计

试验段布置 8 个试验区,其中试验 1 区(强化破坏试验区)取 148 m,其余各试验区渠段长度取 60 ~70 m,拟定的处理方案如表 2-1 所示。

一级马道以下重点研究换填黏土、开挖料回填 + 土工格栅加筋、土工袋及有关坡脚局部改良土与其他处理措施结合等,一级马道以上重点研究喷护水泥砂浆 + 复合土工膜防渗、喷护水泥砂浆、砌石拱、开挖料回填 + 土工格栅加筋、土工袋等措施,坡顶一定范围进行防护处理。

中(局部强)膨胀岩渠段分四个试验区进行研究,喷护水泥砂浆 + 复合土工膜防渗、换填黏性土、开挖料回填 + 土工格栅加筋等三种处理方案,分别在试验 2 ~4 区进行试验,试验 5 区研究土工袋和坡脚局部改良土结合的措施。

弱膨胀岩渠段重点研究喷护水泥砂浆 + 复合土工膜防渗等处理措施。

各试验区试验方案的主要研究内容如下:

(1)试验 1 区为强化试验破坏区:为不采取任何处理措施的裸坡试验区,设定 4 种坡比进行渠道蓄水—检修循环和降雨—蒸发干湿循环的强化试验，重点研究膨胀岩在不处理条件下稳定状态及渠坡的破坏形式、破坏机理。

(2)试验2～6区主要比较中膨胀岩地段不同措施及处理层厚度方案。其中6区为干坡试验区，一级马道以下不衬砌、不浸水，模拟一级马道以上为中膨胀岩的工况。

(3)试验7～8区主要比较弱膨胀岩地段简化处理方案。

除以上八个试验区进行处理措施的现场试验外，还考虑在部分试验区隔离堤进行现场碾压试验。

上述方案中，除裸坡外，其余方案均未考虑进行局部破坏性试验(在5 m×5 m范围内预埋注水花管)，即模拟衬砌局部开裂及防渗失效和渠坡处理层开裂防护失效等情况下各种处理方案的效果。

1. 试验1区

试验1区为强化试验区，桩号SY0+000—SY0+148，全长148 m，浸水深度7 m，该区不采取任何处理措施，裸坡不衬砌，进行多次浸水—疏干—浸水循环强化试验。

试验1区渠坡岩性除表层为较薄的第四系黏性土外，主要为双层结构，渠底板以上至一级马道主要为中膨胀(局部为强膨胀)黏土岩，一级马道以上为弱膨胀泥灰岩。

a 桩号SY0+000—SY0+074，渠道左侧以1:1.5的坡比开挖，渠道右侧全断面以1:2.5的坡比开挖。

b 桩号SY0+074—SY0+148，渠道左侧以1:2.0的坡比开挖，渠道右侧全断面以1:3.0的坡比开挖。

在试验1区需修筑1#隔离堤，隔离堤高7.5 m，顶宽1.5 m。

2. 试验2区

试验2区为土工格栅+开挖料回填方案处理，试验区桩号SY0+148—SY0+208，全长60 m，浸水深度7 m，该区主要比较土工格栅+开挖料回填方案不同坡比及不同处理层厚度，并与其他处理方案对比。

试验2区渠坡岩性除表层为较薄的第四系黏性土外，主要为双层结构，渠底板以上至一级马道主要为中膨胀(局部为强膨胀)黏土岩，一级马道以上为弱膨胀泥灰岩。

渠道左侧一级马道以上，采取土工格栅(间距0.6 m)+开挖料回填1.5 m措施，坡比为1:1.75；一级马道以下采取土工格栅(间距0.6 m)+开挖料回填2 m措施，坡比变陡，为1:2.0。

渠道右侧一级马道以上，采取土工格栅(间距0.6 m)+开挖料回填1.5 m措施，坡比为1:2.25；一级马道以下采取土工格栅(间距0.6 m)+开挖料回填2 m措施，坡比变陡，为1:2.5。

在试验1区和试验2区之间修筑2#隔离堤，隔离堤高7.5 m，顶宽1.5 m。

3. 试验3区

试验3区为换填黏性土方案处理试验区，桩号SY0+208—SY0+268，全长60 m，浸水深度7 m，该区一级马道以下比较不同坡比的换填黏性土方案，一级马道以上对不同喷护材料与其他处理方案对比。

渠道岩性除表层为较薄的第四系黏性土外，主要为双层结构，渠底板以上至一级马道主要为中膨胀(局部为强膨胀)黏土岩,一级马道以上为弱膨胀泥灰岩。

渠道左侧一级马道以上采取喷护其他材料保护层的措施,坡比为1:2.0;一级马道以下采取换填黏性土2.0 m的措施,坡比为1:2.0。

渠道右侧一级马道以上采取喷护水泥砂浆保护层的措施,坡比为1:2.0;一级马道以下采取换填黏性土2.0 m的措施,坡比为1:2.5。

4. 试验4区

试验4区为复合土工膜方案处理试验区,桩号SY0+268—SY0+328,全长60 m,浸水深度7 m,该区主要比较复合土工膜保护措施及坡比,并与其他处理方案对比。

试验4区渠坡岩性除表层为较薄的第四系黏性土外,主要为双层结构,渠底板以上至一级马道主要为中膨胀(局部为强膨胀)黏土岩,一级马道以上为弱膨胀泥灰岩。

渠道左侧一级马道以上采取复合土工膜覆盖坡面,喷护水泥砂浆保护层的处理措施,坡比为1:2.0;一级马道以下采取土工膜覆盖,同时将衬砌按20 m一段,各段厚度分别取8 cm、10 cm、20 cm进行衬砌保护,坡比为1:2.0,并加强一级马道以下水平变形和衬砌开裂现象观测。

渠道右侧一级马道以上采取复合土工膜覆盖坡面,50 cm开挖膨胀土+草皮保护措施,坡比为1:2.0;一级马道以下采取土工膜覆盖,衬砌保护的措施,坡比为1:2.5。

5. 试验5区

试验5区为土工袋处理试验区,桩号SY0+328—SY0+388,全长60 m,浸水深度7 m,该区主要比较该方案不同坡比及不同处理层厚度,并与其他处理方案对比。

试验5区渠坡岩性除表层为较薄的第四系黏性土外,主要为双层结构,渠底板以上至一级马道主要为中膨胀(局部为强膨胀)黏土岩,一级马道以上为弱膨胀泥灰岩。

渠道左侧一级马道以上采用土工袋(处理厚度1.5 m),坡比为1:1.75;一级马道以下坡脚局部采用改性土加固(渠底至1/3坡高),上接土工袋处理,坡比为1:2.0。

渠道右侧一级马道以上采用土工袋(处理厚度1.5 m),坡比为1:2.25;一级马道以下采用土工袋(处理厚度2.0 m),坡比为1:2.5。

该区应结合隔离堤现场碾压试验进行土工袋方案的可行性论证,经论证后方可进行一级马道以下现场试验。

6. 试验6区

试验6区为一级马道以上中膨胀岩处理模拟试验区,桩号SY0+388—SY0+448,全长60 m。由于整个试验段中膨胀岩主要分布在一级马道以下,为验证一级马道以上中膨胀岩的处理措施,该区一级马道以下不衬砌,不浸水,模拟一级马道以上为中膨胀岩的工况。

渠道左侧一级马道以上采取砌石拱的处理措施,坡比为1:2.0;一级马道以下采取土工格栅(间距0.6 m)+开挖料回填2.0 m的措施,坡比为1:2.25。

渠道右侧一级马道以上采用混凝土框格处理,坡比为1:2.0;一级马道以下采取复合土工膜覆盖衬砌保护的措施,坡比为1:2.25。

在试验5区和试验6区之间修筑3#隔离堤,隔离堤高7.5 m,顶宽1.5 m。试验6区和非试验区之间修筑4#隔离堤，隔离堤高7.5 m，顶宽1.5 m。

7. 试验7区

试验7区为弱膨胀岩渠段，复合土工膜方案处理试验区，桩号SY0+560—SY0+620，全长60 m，浸水深度7 m，该区主要比较复合土工膜保护措施及坡比，并与其他处理方案对比。

试验7区渠道渠坡为泥灰岩—黏土岩互层结构。渠底板以上至一级马道为成岩较好的泥灰岩，一级马道以上为泥灰岩—黏土岩互层，为弱膨胀性。

渠道左侧一级马道以上采取复合土工膜覆盖坡面，喷护水泥砂浆保护层的处理措施，坡比1:1.75；一级马道以下采取土工膜覆盖，衬砌保护的处理措施，坡比1:2.0。

渠道右侧一级马道以上采取砌石拱的处理措施，坡比1:2.25；一级马道以下采取土工膜覆盖，衬砌保护的处理措施，坡比1:2.5。

试验7区一端修筑5#隔离堤，隔离堤高7.5 m，顶宽1.5 m。

8. 试验8区

试验8区为弱膨胀岩渠段，其他方案处理试验区，桩号SY0+620—SY0+680，全长60 m，浸水深度7 m，该区主要进行混凝土框格、土工格栅、植喷及不处理方案的对比。

试验8区渠坡为泥灰岩—黏土岩互层结构。渠底板以上至一级马道为成岩较好的泥灰岩，一级马道以上为泥灰岩—黏土岩互层，为弱膨胀性。

渠道左侧一级马道以上采取混凝土框格的处理措施，坡比1:1.75；一级马道以下采取土工格栅（间距0.6 m）+开挖料回填1.5 m的处理措施，坡比1:2.0。

渠道右侧一级马道以上采取喷护15 cm植草型保护层的处理措施，坡比1:2.25；一级马道以下采用不处理的方案，坡比1:2.5。

## 四、试验区的衬砌及防、排水措施

上述的试验区中，试验1区裸坡不衬砌。试验6区不衬砌、不浸水，全坡按照初步设计要求设置坡面防、排水设施。其他非试验区一级马道以上按照初步设计坡面防、排水设施，一级马道以下设置渠道防渗、防冻、衬砌结构。

## 五、试验条件模拟

### （一）干湿条件模拟

在试验1区采用反复浸水、抽干的方式模拟渠道干湿循环过程，干湿循环周期由埋设在土体内的含水率探头的观测数据确定。

### （二）渠道运行条件模拟

在试验2区、试验3区、试验4区、试验5区、试验7区和试验8区根据相应处理方案，注水浸润模拟渠道运行条件，注水深度7 m。

### （三）局部衬砌破坏模拟

渠道破坏模拟防渗失效条件，主要有以下两种：

（1）水泥砂浆保护层破坏模拟。边坡开挖后，迅速施工保护层，厚10 mm。在进行人工降雨前，人为破坏水泥砂浆层，使人工降雨直接渗入膨胀岩层。凿眼间距为50 cm ×

50 cm。

(2)混凝土衬砌开裂模拟。采用局部埋设花管等方法进行模拟,花管管径 10 cm,呈网格布置,间距为 20 cm×20 cm,花管底部与膨胀岩层接触,顶部暴露在衬砌外部,人工降雨前先用薄膜保护,降雨时再拆除。

混凝土衬砌开裂模拟试验布置在试验 2 区、试验 3 区、试验 4 区、试验 5 区和试验 7 区。

**(四)降雨模拟**

1.现场降雨试验装置

现场降雨试验装置采用特殊设计的喷淋系统,该系统主要由一台潜水泵、一根主供水管、若干个支管和喷头组成。雨强可由喷头开关进行调节,各配件基本技术要求如下:

(1)潜水泵。选购立式泵型式,其结构紧凑,安装面积小,要求多种情况下转轮淹没在水中,任何时候可以随时启动,便于自动或远程控制。

(2)输水管。PUC 管材主管管径 80~100 mm,支管管径 20~30 mm,主管长度约 600 m,固定布置在渠坡顶部,支管由纵向、横向组合,距离 4 m,接头处安装喷头,要求可拆卸,便于搬运。根据降雨面积,组合支管 4 套。

2.现场降雨设计

采用人工降雨手段模拟大气降雨,加速渠坡岩体的干湿循环过程,降雨量和雨强根据当地最不利的气候条件确定。

1)设计雨强和雨型

(1)雨强。根据设计报告,试验段地处暴雨高值区边缘,年最大 24 小时暴雨 100 mm。因此,本试验设计最大雨强为 100 mm/d。

(2)雨型。暂定两种雨型:暴雨,降雨历时 6 小时,雨量 100 mm;小雨—暴雨,降雨历时 48 小时,雨量 60 mm,然后降雨历时 24 小时,雨量 100 mm。

2)试验区降雨范围

降雨面积可归纳为四种:30 m×30 m、45 m×30 m、50 m×30 m、60 m×30 m。

## 六、膨胀岩渠坡稳定分析和分析方法研究

**(一)现场试验方案的计算分析**

结合室内基本特性试验、气象和地下水对膨胀岩渠坡稳定性的影响研究,土工格栅加筋效果研究的试验成果以及相应的静力模型试验,采用常规稳定分析和有限元分析方法对初拟现场试验方案进行边坡稳定计算分析论证,为调整和完善初步拟定的处理方案提供依据。

在边坡稳定计算分析中,针对膨胀岩强度特征、变形特征及存在膨胀力的特点做相应的简化处理。

**(二)膨胀岩渠坡稳定简化分析方法**

考虑膨胀强度特性、变形特性及存在膨胀力的特点,进行膨胀岩渠坡破坏模式与机理研究,膨胀岩渠坡稳定分析方法研究,开发膨胀岩渠坡稳定性分析系统,提出膨胀岩渠坡

稳定简化分析方法。

1. 膨胀岩渠坡破坏模式与机理研究

采用模型试验、数值仿真分析等手段,结合工程实践经验,考虑膨胀岩的特殊力学特性,研究膨胀岩渠坡的破坏及失稳破坏模式、失稳模式与发生机理。

2. 膨胀岩渠坡稳定分析系统开发研究

综合考虑膨胀岩的特性,膨胀岩渠坡失稳破坏模式、失稳机理及影响因素,重点解决现行数值分析中分析理论、分析程序、分析方法,缺乏针对性的问题,提出膨胀岩渠坡稳定性分析方法,建立膨胀岩渠坡稳定分析系统。

3. 膨胀岩渠坡稳定简化分析方法研究

在上述研究的基础上,考虑膨胀岩渠坡的地质条件、岩土特性、气候条件、处理措施等因素,提出可供工程设计人员使用的简化计算分析方法。

### 七、各种方案的综合评价

根据现场试验成果按不同的膨胀性、处理措施进行分析。以边坡的变形、应力或含水率观测数据为基础,筛选出影响渠坡稳定和防护效果的控制因素和控制变量,建立现场观测控制参数与渠坡稳定状态之间的关系模型,采用数值分析手段,研究渠坡变形、应力随时间、气候环境、应力环境等因素的变化趋势,研究提出渠坡处理方案技术可靠性的评价标准和评价方法,用短期观测资料预测渠坡变形和稳定状态,评价渠坡处理措施的合理性和可靠性。

在各种处理方案技术可靠性评价的基础上,根据现场试验结果,对各种处理方案,从施工方便性和经济合理性等方面进行综合评价,最后推荐出总干渠膨胀岩渠坡的处理方案,为南水北调中线工程膨胀岩渠坡处理设计和大面积施工提供指导与借鉴。

## 第五节　现场碾压试验

膨胀岩的处理试验段设计了不同的处理方案。依据《南水北调中线一期工程总干渠膨胀岩(土)试验段工程(潞王坟段)现场试验研究实施细则》要求,针对黏性土、回填料+土工格栅和土工袋在隔离堤进行碾压试验。根据国内外相关经验,河南省水利第一工程局南水北调中线潞王坟试验段项目部选定施工场地进行现场碾压试验,拟定施工碾压工艺,针对不同填筑料及处理措施的压实性能,以及达到设计要求相对应的施工参数,如碾压机具、碾压遍数、摊铺方法、厚度等。试验土料主要有黏土料、土工格栅+回填料和土工袋等,研究各种处理措施的施工工艺、压实质量控制指标,制定了各种措施的施工方法,并在试验段施工中验证和完善。

### 一、碾压试验的设计

**(一)黏性土料**

膨胀岩(土)开挖料压实标准试验,在现场碾压试验之前,为取得黏性土料和膨胀岩(土)开挖料、回填料压实标准,应先取样进行室内压实试验,获得相应的压实控制指标。

**(二)碾压机械选择**

回填黏土,土工格栅+回填料。土工袋均选用18 t振动平碾。

**(三)碾压试验参数及试验层次组合**

根据《南水北调中线一期工程总干渠膨胀岩(土)试验段试验工程(潞王坟段)现场试验研究实施细则》(修订稿)的要求,对不同的填筑料,土料的铺填厚度和碾压遍数等参数进行组合设计,共分为3大场,试验条块数14块,试验组合单元(包括复核试验)52个,各种填筑料的碾压试验场地布置及具体参数组合一览1见表2-2。

**表2-2　碾压试验参数组合一览1**

| 试验场次 | | 试验土料 | 摊铺厚度(cm) | 土工袋充填率(%) | 碾压机具 | 碾压遍数 | 试验检测项目 |
|---|---|---|---|---|---|---|---|
| A | A1 | 土工格栅+回填料 | 50、60、70 | | 振动平碾 | 8、10、12、14 | 密度、含水率、级配、渗透系数、沉降 |
| | A2 | 土工格栅+回填料 | 最优 | | 振动平碾 | 最佳遍数±2遍 | |
| B | B1 | 小土工袋 | 60 | 80、100 | 振动平碾 | 6、8、10、12 | 密度、含水率、级配、渗透系数、沉降 |
| | B2 | 大土工袋 | 60 | 80、100 | 振动平碾 | 6、8、10、12 | |
| | B3 | 小土工袋 | 60 | 小土工袋最优 | 振动平碾 | 最佳遍数±2遍 | |
| | | 大土工袋 | | 大土工袋最优 | | | |
| C | C1 | 换填黏土料 | 25、35、45 | | 振动平碾 | 6、8、10、12 | 密度、含水率、级配、渗透系数、沉降 |
| | C2 | 换填黏土料 | 最优 | | 振动平碾 | 最佳遍数±2遍 | |

## 二、碾压试验参数组合及检测项目

根据设计技术要求并结合相关工程经验,碾压试验的参数组合一览2如表2-3所示。在碾压试验过程中,结合土工格栅+回填料填筑处理措施,局部进行拉拔试验。

**表2-3　碾压试验参数组合一览2**

| 试验土料 | 摊铺厚度(cm) | 土工袋充填率(%) | 碾压机具 | 碾压遍数 | 试验检测项目 |
|---|---|---|---|---|---|
| 黏土料 | 25、35、45 | | 平碾 | 6、8、10、12 | 密度、含水率、级配、渗透系数、沉降 |
| 土工格栅+回填料 | 50、60、70 | | 平碾 | 10、12、14、16 | |
| 土工袋 | 单层 | 70、80、90 | 平碾 | 4、6、8 | |

在完成上述碾压试验得到土工袋的最佳充填率后,再进行土工袋按照1 m、5 m、2 m和1:2.0的坡比贴坡碾压试验。

## 三、碾压试验的技术要求

**（一）黏土填筑**

黏土换填的摊铺厚度控制在 30 cm，采用轻型压路机压实，压实度要达到设计要求，压实度检测采用环刀法。

**（二）土工格栅＋回填料填筑**

土工格栅的铺层，与碾压采用人工分层铺设。在坡面向上层包裹形成搭接，反包长度不小于 100 cm，沿渠道水流方向格栅搭接长度不小于 30 cm，格栅与未开挖坡面形成顺坡面向上延伸的搭接，搭接长度不小于 30 cm。

土工格栅内的回填料采用类土膨胀岩料（弱膨胀岩），推土机摊铺碾压，局部蛙夯人工压实，每层碾压后高度 60 cm。

**（三）土工袋装填铺设**

土工袋采用天然状态的原土填装，用同种材料的封口带封口。装填时，应尽可能装满，土工袋施工时从坡脚开始分层铺设，土工袋之间的缝隙采用装填料填平，每铺一层采用小型碾压机械分层碾压，碾压后土工袋高度 8～10 cm，每 6 层土工袋（厚度约 60 cm）铺双向土工格栅一层，反包压脚。

## 四、碾压试验场地布置和试验场地的选择

（1）碾压试验布置在试验区隔离堤 $1^{\#}$ 和 $2^{\#}$，试验之前首先进行场地平整并填筑 50 cm 厚的回填料垫层后找平，采用振动平碾碾压 12 遍以上，要求最后一遍压沉量小于 1.5 mm，垫层表面不平整度不超过 ±5 cm。

（2）碾压试验场地选择：换填黏土、土工格栅＋回填料和土工袋＋冲填料等三种材料的碾压。试验场地选在总干渠试验 0＋000 上游 150 m 右侧 $2^{\#}$ 弃渣回填区。碾压试验场地面积为 20 m×55 m＝1 100 $m^2$。

## 五、试验材料的技术要求

碾压试验的材料主要有黏性土、开挖料、土工格栅、土工膜、土工袋和固化剂等。

用于现场碾压试验的土工合成材料（主要包括土工格栅、土工袋及相关配材）应由设计、试验单位推荐第三家生产厂家，由项目建设管理单位审批后选定供货厂家，供货厂家在供货前应提供由国家（或省部级）计量论证资质单位出具的产品检测合格证书。试验材料主要技术参数如下。

**（一）换填黏性土料**

换填黏性土料不得含植物草根、砖、瓦、垃圾等杂质，并应严格按照招标文件要求控制材料性能：

黏粒含量 15%～30%，塑性指数 10～20；

自由膨胀率≤30%，水溶盐含量≤3%；

有机质含量≤2%。

**（二）开挖回填料设计指标**

最大粒径不大于 60 mm，粒径级配：粒径大于 5 mm 的颗粒含量不宜超过 50%，0.007 5 mm以下的颗粒含量不应小于 15%。

**（三）土工格栅**

采用耐久性能、耐温性能、施工性能良好的单向土工格栅，幅宽大于 1.0 m。材料性能如下：

抗拉强度：50 ~ 80 kN/m；

延伸率：12%；

2% 应变对应强度：10 ~ 23 kN/m；

5% 应变对应强度：24 ~ 44 kN/m；

蠕变强度（20 ℃）：≥20 kN/m；

碳黑含量≥2.0%。

土工格栅采购时，需厂家预先提供其产品的蠕变强度指标。

格栅回填料施工时，要求土工格栅回填时采用膨胀岩开挖料（弱膨胀性）最大粒径不大于 60 mm，粒径大于 5 mm 的颗粒含量不宜超过 50%。

**（四）土工膜**

采用二布一膜的复合土工膜，指标如下：

一级马道以下部分，膜厚不小于 0.6 mm，渗透系数为 10 ~ 11 cm/s，耐静水压大于 0.6 MPa，一级马道以上部分，膜厚不小于 0.3 mm。

幅宽≥5 m，幅宽误差 <0.5%；

单位面积质量≥500 $g/m^2$，撕裂强度≥0.25 kN/m；

断裂强度≥7.5 kN/m，断裂伸长率≥25%；

顶破强度≥1.5 kN/m，抗拉强度≥8 kN/m；

抗老化性能：在不直接日照的条件下，使用寿命大于 100 年，碳黑含量大于 2.0%。

**（五）土工袋和充填料**

土工袋：施工时采用两种规格：大土工袋 120 cm × 147 cm，小土工袋 57 cm × 45 cm。选用原材料为聚丙烯（PP）的土工编织袋，其中掺有 1% 防老化剂（UV）。其材料性能指标如下：

小土工袋：克重≥100 $g/m^2$；

经纬纱 UV 含量：1%（由人工加速老化试验测定，要求老化试验时间 500 小时后，断裂强力保持率≥90%，断裂伸长保持率≥80%，经纬密：75 × 44）。

经向拉力标准≥25 kN/m，纬向拉力标准≥16.2 kN/m；

经纬向伸长率标准≤25%，顶破强力≥2.2 kN；

颜色：黑色（黑色抗紫外线能力强），为了与周围环境协调，也可以改用绿色。

大土工袋：克重≥150 $g/m^2$；

经纬纱 UV 含量：1%（由人工加速老化试验测定，要求老化试验时间 500 小时后，断裂强力保持率≥90%，断裂伸长保持率≥80%）。

经向拉力标准≥30 kN/m，纬向拉力标准≥60 kN/m；

经纬向伸长率标准≤25%，顶破强力≥2.6 kN/m；

颜色：黑色（黑色抗紫外线能力强）。

充填料：采用开挖的膨胀岩（土）开挖料，含水率应接近开挖出时的天然状态含水率。对于装入小土工袋的岩（土）料，最大粒径应不大于 50 mm。对于装入大土工袋的岩（土）料，最大粒径应不大于 100 mm。

**（六）固化剂**

采用 32.5 级水泥和水泥基生态固化剂，按照掺拌石灰的施工工艺进行施工。

## 六、碾压试验的设计

**（一）黏性土料、膨胀岩开挖料压实标准试验**

在现场碾压试验之前，为取得黏性土料和膨胀岩开挖回填料压实标准，应先取样进行室内击实试验（击实试验采用水利工程常用的轻型击实仪），获得相应的压实控制指标。

**（二）碾压机械选择**

回填黏土、土工格栅 + 回填料、土工袋均采用 18 t 振动平碾。

## 七、碾压试验场次设计

**（一）土工格栅 + 回填料和土工袋试验场地平面布置**

试验场地设在总干渠试验段 0 +000 上游 150 m 右侧弃土回填平台上。在试验区用开挖料回填找平，采用振动平碾碾压 12 遍（往返一次为 1 遍），要求最后一遍的沉降量小于 1.5 mm。第一、第二场地表面不平整度不超过 ±5 cm。场地有效尺寸：黏土场地为 20 m ×20 m；土工格栅 + 回填料场地为 17 m ×15 m。

第一、第二、第三试验场地总平面布置如图 2-3 所示。

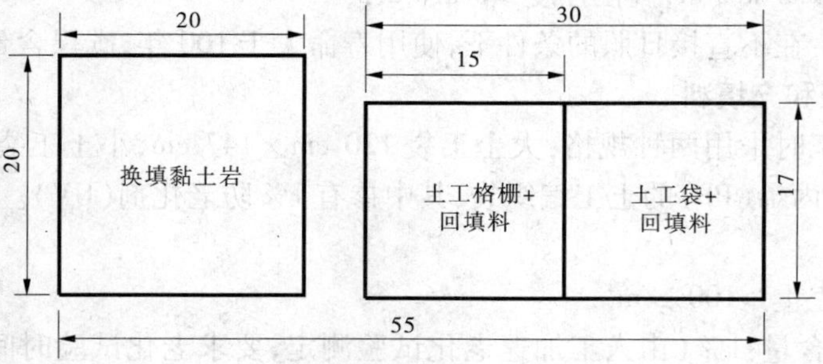


图 2-3　第一、第二、第三试验场地总平面布置　（单位：m）

**（二）第一场——土工格栅 + 回填料试验场次设计**

1. 试验场地及附属设施

基层采用振动平碾碾压 12 遍（往返一次为 1 遍），要求最后一遍的沉降量小于 1.5 mm，基层地表面不平整度不超过 ±5 cm，场地有效尺寸为 17 .0 m ×30.0 m。

2. 试验场次

土工格栅 + 回填料编号为第一场，碾压层数为四层，试验单位组合数为 15 组。

第一层：土工格栅 + 回填料。

试验土料为土工格栅＋回填料。摊铺厚度为 50 cm，试验场地有效尺寸为 12.0 m × 16.0 m，超填区宽度为 0.5 m。

本层试验场次布置如图 2-4 所示。

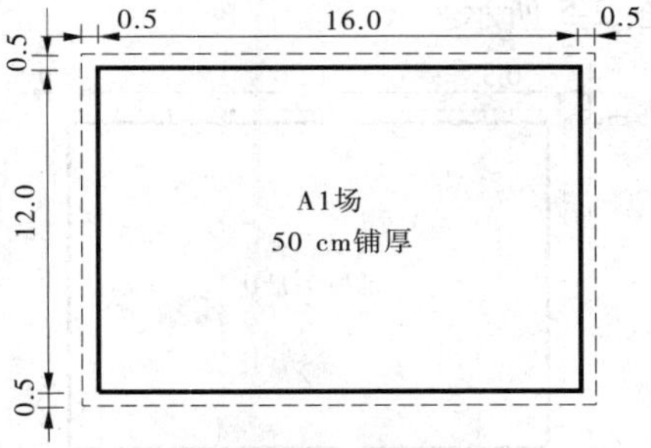


**图 2-4　第一场第一层试验场次布置**　(单位:m)

土工格栅＋回填料采用振动平碾碾压，当碾压累计遍数达到 8 遍时停止碾压，根据检测、监测频度和检测内容进行检测、监测。继续碾压 2 遍（累计碾压 10 遍）按上一碾压层面的检测、监测频度和检测内容进行。各检测、监测层面对应的累计碾压遍数分别为 8、10、12 和 14。本层试验单元组合数为 4 组。

不同碾压遍数的密度试验取样点应保持一定距离和均匀性。

第二层：土工格栅＋回填料。

试验土料为土工格栅＋回填料，摊铺厚度为 60 cm，试验场地有效尺寸为 10.0 m × 14.0 m，超填区宽度为 0.5 m。

土工格栅＋回填料采用振动平碾碾压，当碾压累计遍数达到 8 遍时停止碾压，根据检测、监测频度和检测内容进行检测、监测。继续碾压 2 遍（累计碾压 10 遍）按上一碾压层面的检测、监测频度和检测内容进行。各检测、监测层面对应的累计碾压遍数分别为 8、10、12 和 14。本层试验单元组合数为 4 组。

不同碾压遍数的密度试验取样点应保持一定距离和均匀性。

本层试验场次布置与图 2-3 基本相同，仅试验条块尺寸有所调整。

第三层：土工格栅＋回填料。

试验土料为土工格栅＋回填料。摊铺厚度为 70 cm，试验场地有效尺寸为 9.0 m × 13.0 m，超填区宽度为 0.5 m。

土工格栅＋回填料采用振动平碾碾压，当碾压累计遍数达到 8 遍时停止碾压，根据检测、监测频度和检测内容进行检测、监测。继续碾压 2 遍（累计碾压 10 遍）按上一碾压层面的检测、监测频度和检测内容进行。各检测、监测层面对应的累计碾压遍数分别为 8、10、12 和 14。本层试验单元组合数为 4 组。

不同碾压遍数的密度试验取样点应保持一定距离和均匀性。

本层试验场次布置与图 2-4 基本相同，仅试验条块尺寸有所调整。

第四层：土工格栅＋回填料振动平碾复核。

在第三层碾压面上进行，摊铺厚度为最优，试验场地有效尺寸为 8.0 m × 12.0 m，超填区宽度为 0.5 m。

碾压遍数为最优 -2、最优和最优 +2。黏土料布置试验条块数为 1 个。根据检测、监测频度和检测内容进行检测、监测。碾压和检测、监测程序同第一层。本层试验单位组合数为 3 组。

本层试验场次布置如图 2-5 所示。

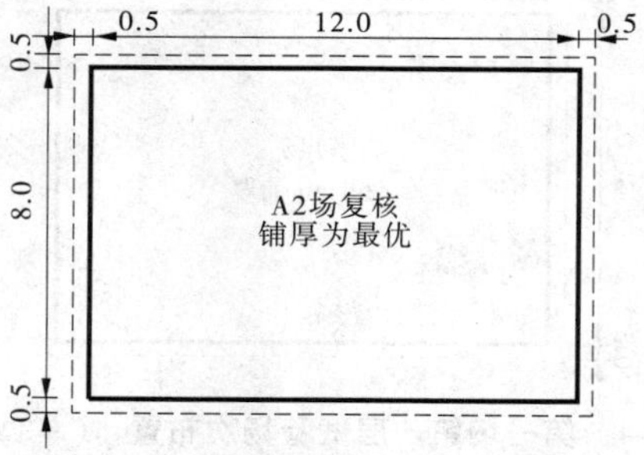


图 2-5　第一场第四层试验场次布置　(单位:m)

3. 铺土与碾压

土工格栅的铺层采用人工分层铺设,在坡面向上层包裹形成反包搭接,反包长度不小于 100 cm,沿堤轴向为平接;格栅之间、格栅与土体之间的所有搭接均用连接榫锚接。详细施工步骤如下:

(1)首先在土工格栅 + 回填料碾压层底层铺设格栅材料,并将格栅底部用木楔固定于基层面。

(2)沿土工格栅 + 回填料碾压层外坡放线位置堆放装满回填土的土工袋,以用来在施工过程挡住填土,形成平整的坡面。要求土工袋较大、内填土充实、码放紧密。

(3)通过格栅另一自由端拽紧格栅,并压上填土(或使用张拉梁将格栅拉紧)。填土用机械或人工堆放在拉紧后的格栅上面,车辆与施工机械等不得直接碾压格栅,以免格栅损坏和松懈。

(4)压实至上层单向格栅标高后,将预留格栅反包到土工袋上面,与上层格栅用连接榫连接。

(5)用通过格栅网孔而钩住格栅的张拉梁对主加筋格栅施加张拉力,绷紧格栅之间的连接并使在其之下的结构面上的反包格栅绷紧。

(6)在保持张拉格栅的同时,在格栅上填铺一层填土(或在格栅末端顶上木楔),以保证张拉设备移去后格栅不会回缩。

(7)释放张拉力并移去张拉梁。

(8)重复以上施工步骤至顶层。

(9)顶层格栅应有足够长度埋在填土下面,保证填土可提供足够的约束力锚固格栅。

碾压试验中采用自卸车运料,A 区第一层采用后退法卸料,推土机推平,人工精平。其他层次采用进占法进料,推土机粗平,人工精平。

进退错距法进行碾压,行车速度 2.0 ~3.0 km/h,相邻碾迹的搭接宽度不小于碾宽的 1/10,局部蛙夯人工压实。车辆和压实机械不得直接碾压格栅。

铺土后遇天气发生变化时,要采用防雨布对试验条块进行覆盖。

4. 试验内容和目的

本场第一层、第二层和第三层为土工格栅 + 回填料的不同摊铺厚度和不同碾压(振动平碾)遍数试验，第四层为土工格栅 + 回填料的复核试验。

土工格栅 + 回填料的现场检测、监测内容主要有密度试验、渗透试验和方格网沉降观测等。

通过上述试验，拟得到以下预期成果：

(1)土工格栅 + 回填料压实干密度(孔隙率)、压实沉降量与碾压遍数的关系。

(2)土工格栅 + 回填料不同铺土厚度、不同碾压遍数时干密度与含水率关系曲线。

(3)提出与土工格栅 + 回填料相适应的碾压施工参数：铺土厚度、碾压遍数、含水率等。

5. 试验时间安排

本场碾压试验时间为 8 天。

(1)第二场——土工袋试验场次设计。

(2)试验场地及附属设施。

(3)试验场次。土工袋编号为第二场，碾压层数为三层，试验单元组合数为 22 组。

第一场：小土工袋。

试验土料为小土工袋。按照小土工袋 80% 填充率和 100% 填充率进行两场碾压试验，摊铺厚度为 60 cm，试验场地有效尺寸为 12.6 m × 15.6 m，超填区 0.6 m。

本层试验场次布置如图 2-6 所示。

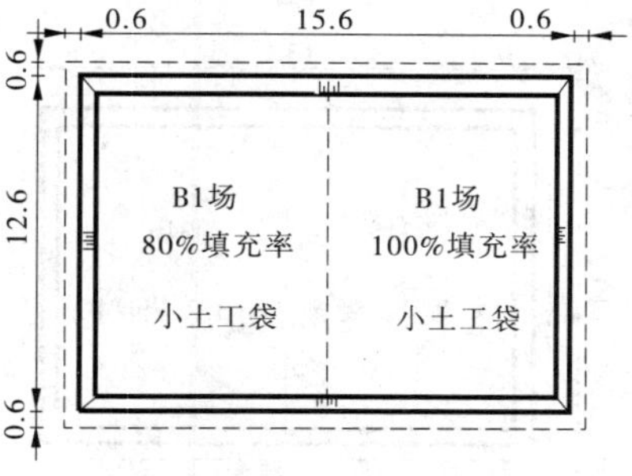


**图 2-6 第二场第一层试验场次布置** (单位:m)

土工袋采用振动平碾碾压，当碾压累计遍数达到 6 遍时停止碾压，根据检测、监测频度和检测内容进行检测、监测。继续碾压 2 遍(累计碾压 8 遍)按上一碾压层面的检测、监测频度和检测内容进行。各检测、监测层面对应的累计碾压遍数分别为 6、8、10 和 12。本层试验单元组合数为 8 组。

不同碾压遍数的密度试验取样点保持均匀性。

第二层：大土工袋。

试验土料为大土工袋。按照大土工袋 80% 填充率和 100% 填充率进行两场碾压试验，摊铺厚度为 60 cm，试验场地有效尺寸为 11.4 m × 14.4 m，超填区宽度为 0.6 m。

本层试验场次布置如图 2-7 所示。

土工袋采用振动平碾碾压，当碾压累计遍数达到 6 遍时停止碾压，根据检测、监测频

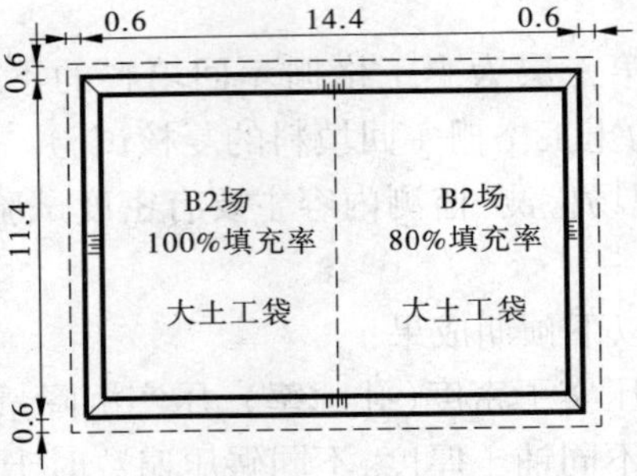


图 2-7　第二场第一层试验场次布置　（单位:m）

度和检测内容进行检测、监测。继续碾压 2 遍（累计碾压 8 遍）按上一碾压层面的检测、监测频度和检测内容进行。各检测、监测层面对应的累计碾压遍数分别为 6、8、10 和 12。本层试验单元组合数为 8 组。

不同碾压遍数的密度试验取样点保持均匀性。

第三层：土工袋最佳充填率复核。

在第二层碾压面之上进行，分别按照大、小土工袋的最佳充填率进行一场复核试验。摊铺厚度为 60 cm，试验场地有效尺寸为 10.2 m×13.2 m，超填区宽度为 0.6 m。

大、小土工袋复核试验的碾压遍数为各自的最优 -2、最优和最优 +2。土工袋布置试验条块数为 2 个。根据检测、监测频度和检测内容进行检测、监测。碾压和检测、监测程序同第一层。本层试验单元组合数为 6 组。

本层试验场次布置如图 2-8 所示。

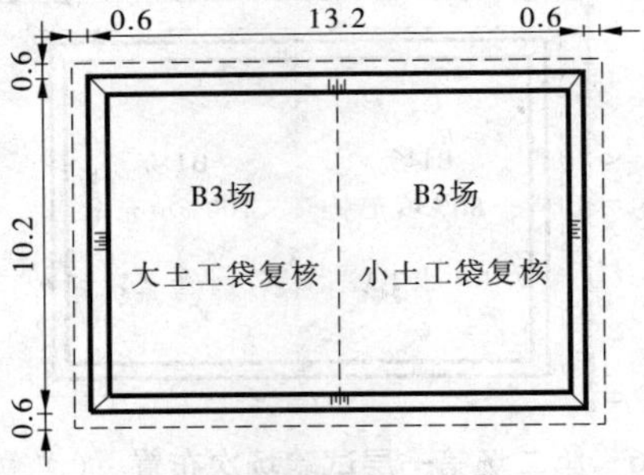


图 2-8　第二场第三层试验场次布置　（单位:m）

（4）铺土与碾压。

土工袋采用逐层铺设、逐层碾压的方式施工。具体步骤如下：

①土工袋铺设：大土工袋用起重机直接吊入铺设位置，小土工袋用人工铺设。

②土工袋整平：一层土工袋铺设完毕后，用小型平板振动碾来回碾压 2 遍，以确保土工袋能形成扁平状。

③铺设好的土工袋间的空隙、相邻土工袋间的空隙用袋中相同的膨胀岩（土）充填。

④铺设好的土工袋水平层经小型平板振动碾整平后，按压实土同样方法进行碾压。

⑤完成所有的土工袋层碾压试验后，超填黏性土找平。

为了增加土工袋组合体的稳定性，上下层间土工袋需错开布置。

进退错距法进行碾压，行车速度为2.0～3.0 km/h，相邻碾迹的搭接宽度不小于碾宽的1/10。

铺土后遇天气发生变化时，要用防雨布对试验条块进行覆盖。

试验内容和目的：

本场第一层为小土工袋的80%充填率、100%充填率以不同碾压（振动平碾）遍数试验，第三层为大小土工袋分别以各自最佳充填率，充填后的复核试验。

土工袋的现场试验，监测、检测内容主要有密度试验、级配试验、渗透试验和方格网沉降观测等。

通过上述试验拟得到以下预期成果：

①土工袋压实干密度（孔隙率）、压实沉降量与碾压遍数的关系。

②土工袋不同充填率、不同碾压遍数时，干密度与含水率关系曲线。

③提出与土工袋相适应的碾压施工参数：铺土厚度、碾压遍数、含水率等。

**（三）黏土碾压试验场次设计**

基层的碾压要求如下：

基层采用振动平碾碾压12遍（往返一次为1遍），要求最后1遍的沉降量小于1.5 mm，基层地表面不平整度不超过±5 cm，场地有效尺寸为20.0 m×20.0 m，试验场地总平面布置见图2-9。

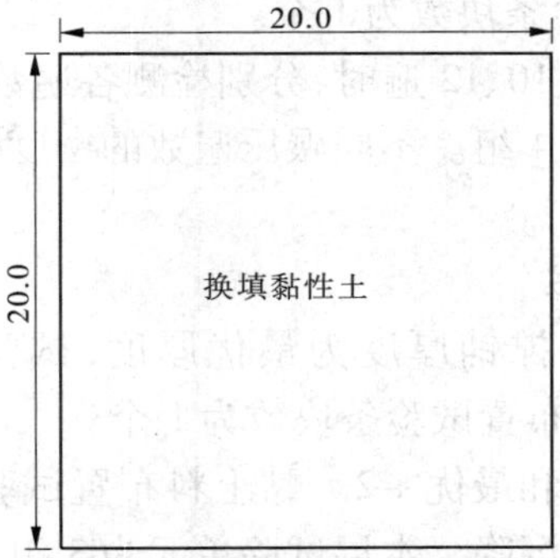


**图2-9　第三试验场地总平面布置**　（单位：m）

黏土料碾压总体编号为第三场，碾压层数为四层，试验单元组合数为15组。

1. 第一层：换填黏土料

试验土料为换填黏土料，摊铺厚度为25 cm，试验场地有效尺寸为19.0 m×19.0 m，超填区宽度为0.5 m，布置试验条块数为1个，本层试验场次布置如图2-10所示。

当碾压累计遍数达到6遍时停止碾压，根据检测、监测频度和检测内容进行检测、监测。继续碾压2遍（累计碾压8遍）按上一碾压层面的检测、监测频度和检测内容进行。各检测、监测层面对应的累计碾压遍数分别为6、8、10和12。本层试验单元组合数为4组。

不同碾压遍数的密度试验取样点应保持一定距离和均匀性。

2. 第二层：换填黏土料

试验土料为换填黏土料，摊铺厚度为35 cm，试验场地有效尺寸为18.0 m×18.0 m，超填区宽度为0.5 m，布置试验条块数为1个。

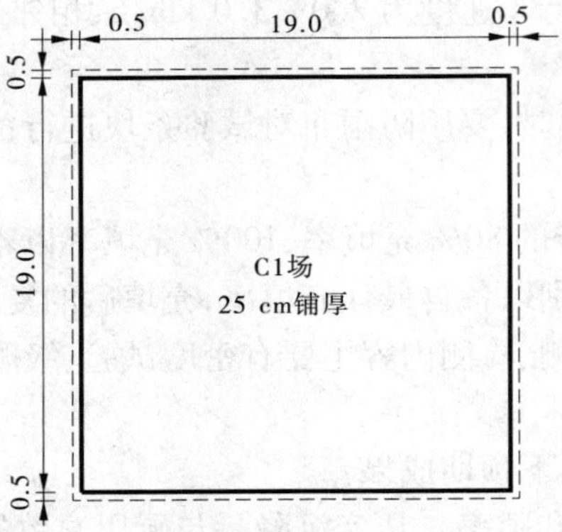


**图 2-10　第一场第一层试验场次布置**　（单位:m）

当碾压累计遍数达到 6 遍时停止碾压,检测频度和检测内容有密度、含水率、级配、渗透系数、沉降,然后继续碾压 2 遍(累计碾压 8 遍同样检测密度、含水率、级配、渗透系数、沉降),分别按 10、12 遍碾压,进行 4 组单元组合。不同碾压遍数的密度试验取样点应保持一定的距离和均匀性。

3. 第三层:换填黏土料

试验土料为换填黏土料,摊铺厚度为 45 cm,试验场地有效尺寸为 17.0 m×17.0 m,超填区宽度为 0.5 m,布置试验条块数为 1 个。

当累计碾压遍数达到 6、8、10、12 遍时,分别检测各遍数的密度、含水率、级配、渗透系数、沉降的值,将试验单元分为 4 组。不同碾压遍数的密度试验取样点应保持一定的距离和均匀性。

4. 第四层:换填黏土料复核

试验土料为换填黏土料,摊铺厚度为最优厚度,试验场地有效尺寸为 16.0 m×16.0 m,超填区宽度为 0.5 m,布置试验条块数为 1 个。

碾压遍数为最优 -2、最优和最优 +2。黏土料布置试验条块数为 1 个。检测内容有密度、含水率、级配、渗透系数、沉降。本层试验单元为 3 组。试验场次布置见图 2-11。

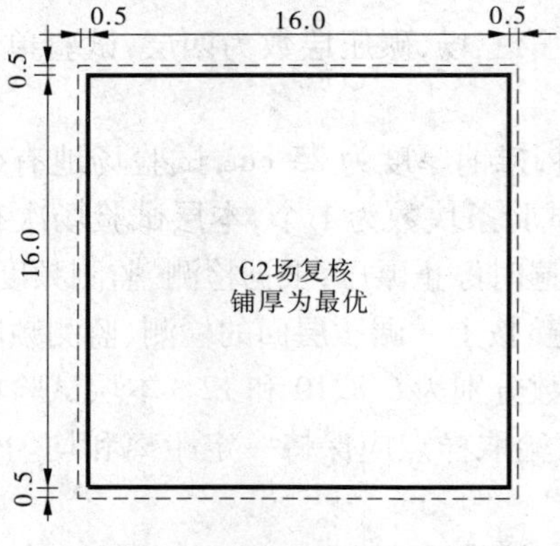


**图 2-11　第三场第四层试验场次布置**　（单位:m）

不同碾压遍数的密度试验取样最应保持一定距离和均匀性。

碾压试验中的铺土与碾压方法如下：

(1)碾压试验中采用自卸车运土，第一层采用后退法卸料，推土机粗平，人工精平。

(2)进退错距法进行碾压，行车速度为2.0～3.0 km/h，相邻碾迹的搭接宽度不小于碾宽的1/10。

(3)当铺土后遇天气发生变化时，要用防雨布对试验条块进行覆盖。

这次试验的内容和目的如下：

(1)本场第一层、第二层和第三层为黏性土的不同摊铺厚度和不同碾压遍数的试验，第四层为黏性土的复核试验。

(2)黏性土的现场检测、监测内容主要有密度试验、级配试验、渗透试验和方格网沉降观测及含水率试验等。

通过上述试验，拟得到以下预期成果：

(1)黏性土料的压实干密度(孔隙率)、压实沉降量与碾压遍数的关系。

(2)黏性土料不同铺土厚度、不同碾压遍数时，干密度与含水率的关系曲线。

(3)提出与黏性土料相适应的碾压施工参数：铺土厚度、碾压遍数、含水率等，并得出图2-12、图2-13的关系曲线。

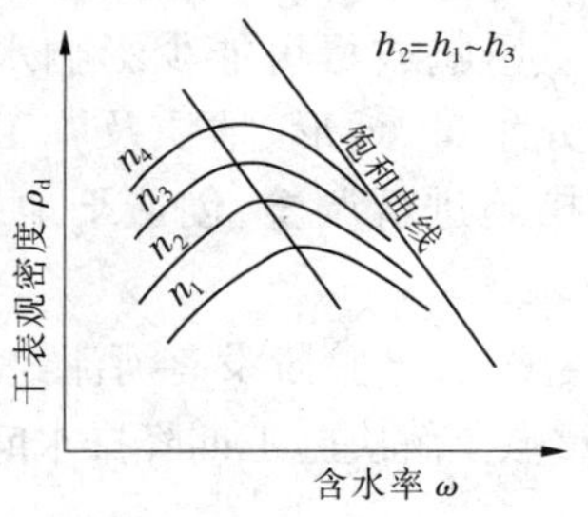


图2-12　铺土厚度、压实遍数与干密度、含水率关系曲线

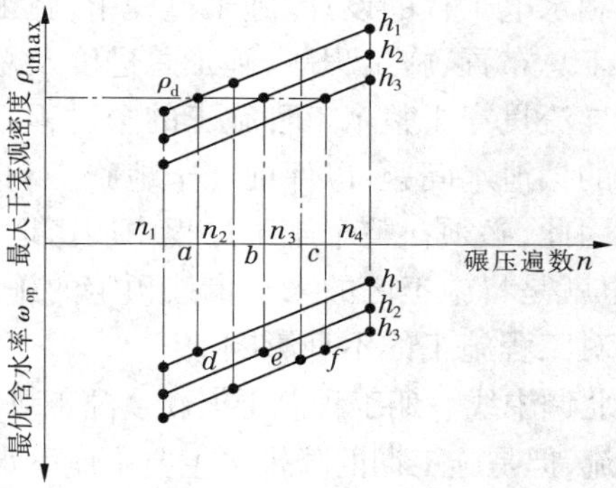


图2-13　铺土厚度、压实遍数与最大干密度、最优含水率关系曲线

# 第三章　膨胀岩(土)应用技术研究(施工技术方案研究)

南水北调中线一期工程总干渠新乡潞王坟段膨胀岩(土)试验段共分为8个试验区,设计桩号为SY0+000—SY0+700,其中试验1区(148 m)为裸坡区(不处理膨胀岩区),试验6区为干铺区,不充水、不衬砌,只进行膨胀岩(土)处理措施,其余试验2区、试验3区、试验4区、试验5区、试验7区、试验8区共计360 m,每区60 m,采取不同的处理措施。其主要目的是:①更好地实施检验各项施工技术措施在工程中的实践效果;②保证各项处理措施安全有序的施工。

## 第一节　施工导流、降排水

在水利水电工程的设计、施工过程中,施工导流、降排水是重要的组成部分,并直接影响工程施工总布置、施工程序、施工总进度及总投资等。

施工导流贯穿于整个工程施工的全过程,导流设计要妥善解决从初期导流到后期导流施工中的挡泄水问题,以保证在干地施工和施工期不影响或尽可能少影响水资源的合理利用。因此,必须在整个施工过程中周密地分析研究水量、地形、地质及施工条件等基本资料,也就是将施工区的来水量按预定的施工技术措施进行调整,创造干地施工条件,避免水流对工程施工的不利影响。

南水北调中线一期工程总干渠新乡潞王坟段膨胀岩(土)试验段没有河流经过,施工期无施工导流,但是施工期的降排水主要是地下水,因此重点是解决施工期降排水问题。

### 一、施工期降排水主要内容

试验段施工期的降排水主要为渠道开挖的地下水、施工期雨雪天基坑集水、施工生产废水和混凝土养护水等,其中主要为施工期地下水和汛期雨天集水。

### 二、施工期地下水降排

根据设计文件提供的水文地质资料,在桩号SY0+900附近地下水位高于渠底板,施工时需要采取降排水措施。由于区内地下水主要为大气降水渗入和侧向径流补给,地下水量较小,分布范围不大,根据以往类似工程施工降水经验,施工期地下水降排采取开挖排水沟、集水坑明挖降排水措施。排水沟上口宽1 m,底宽0.5 m,深0.6 m,集水坑容积1.5 $m^3$,集水坑深1.0 m,设7.5 kW离心污水泵集中抽排。

### 三、施工期基坑排水

施工期基坑集水主要是雨雪天气降水、施工生产废水、混凝土养护水等。基坑排水主要采取明挖排水沟、集水坑集中抽排。排水沟初步拟定布置在渠道左侧，随分层开挖布置，当开挖至渠底时可采用渠底齿槽排水，临时排水沟口宽 1.0 m，底宽 0.5 m，深 0.6 m。集水坑每隔 30 m 布置一处，集水坑容积 1.5 $m^3$，深 1.0 m，设 7.5 kW 离心污水泵集中抽排。

## 四、坡脚横向排水沟的材质、尺寸及混凝土强度等级

坡脚横向排水沟可采用现场混凝土浇筑或混凝土预制，混凝土强度等级为 C15，具体尺寸见图 3-1。

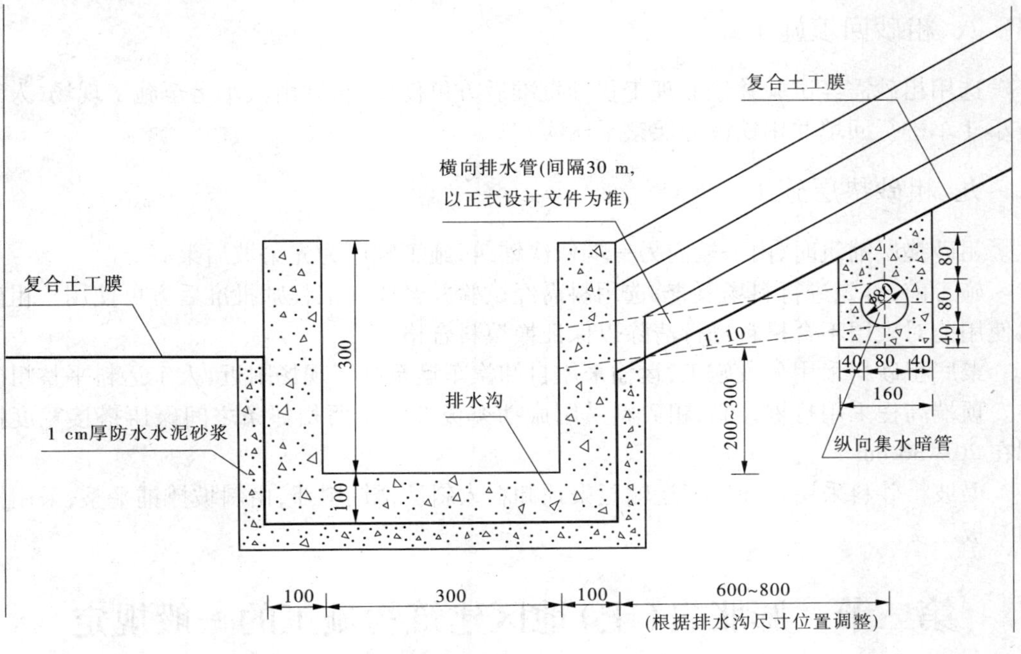


图 3-1　坡脚横向排水沟具体尺寸　（单位：mm）

## 五、集水暗管材料

若采用软式透水管，则须保证软式透水管在其上方土层的碾压过程中不变形、不破坏，且软式透水管在碾压后要满足其集水、透水和排水的设计功能要求。

## 六、排水沟下复合土工膜后防水水泥砂浆施工

可采用如下工序施工：先在沟槽底灌入 1 cm 厚的防水水泥砂浆，然后压入复合土工膜，以形成 1 cm 厚的水泥砂浆 U 形阻水层，最后进行排水沟的施工或安装。

## 七、排水工程与粗砂垫层施工

垫层下埋设纵横 $\phi15$ 软式透水管集水暗管及逆止式排水器，粗砂回填。渠坡设置纵向集水暗管，渠底沿中心线设一排纵向集水暗管，每隔 10 m 设一个逆止式排水器，施工时先进行排水管再进行粗砂垫层施工。

**(一)施工程序**

施工程序为管沟开挖—粗砂垫底—集水管、逆止阀安装—粗砂回填。管沟开挖、软岩开挖根据岩石硬度采用铁锹人工开挖或浅孔爆破开挖,爆破开挖参见相关规定。

**(二)排水管安装**

轴渗透系数不小于400 m/d,孔隙率不小于15%,排水管周围换填砂砾料。

**(三)PVC 逆止水阀排水量指标**

在地下水与渠沟水稳定水头差5 cm时,逆止水阀排除水量不小于130 m/d,止水性在渠内水位高于地下水情况下,逆止阀应密封不漏水。

### 八、粗砂回填施工

选用粗砂需经试验并经监理工程师批准后方可使用,粗砂由汽车运至施工现场,人工装小斗车进行回填并用铁锹分层整平压实。

### 九、粗砂垫层施工

粗砂垫层铺筑时,由一端向另一端依次铺筑,施工顺序为先渠坡后渠底。

施工前,首先进行料场复查,选用料需经试验并经监理工程师批准后方可使用。粗砂料使用前对表层不合格料进行清除以保证换填料合格。

渠底粗砂料采用分段施工,运输采用自卸汽车运至施工现场附近,人工运料平整粗砂料。顶端高程采用打桩控制,粗砂料采用振动夯板夯实。两相邻条之间碾压搭接宽度控制在20~30 cm。

渠坡粗砂料采用自卸汽车运输至渠顶卸料入斜坡摊铺料斗,由斜坡摊铺平整,采用振动夯板压实。

## 第二节　膨胀岩(土)地区建筑物施工的一般规定

膨胀岩(土)地区的建筑施工,应根据设计要求、场地条件和施工季节,认真做好施工组织设计,严格执行施工技术及施工工艺的规定。

### 一、地基和基础施工的规定

基础施工前应完成场区土方挡土墙、护坡、防洪沟及排水沟等工程,使排水畅通,边坡稳定。施工用水应妥善管理,防止管网漏水。临时水池、洗料场、淋灰池、防洪沟及搅拌站等至建筑物外墙的距离不应小于10 m。临时性生活设施至建筑物外墙的距离应大于15 m,并应做好排水设施,防止施工用水流入基坑(槽)。在堆放材料和设备的现场,应采取措施保持场地排水通畅。排水流向应背离基坑(槽),需大量浇水的材料应堆放在距基坑(槽)边缘10 m以外。

### 二、地基和基础施工的要求

地基和基础的施工应注意以下几条:

(1)开挖基坑(槽)发现地裂,局部上层泄水或土层变化较大时,应及时处理,合乎设计要求后,方能继续施工。

(2)基础施工宜采用分段快速作业法,施工过程中不得使基坑(槽)曝晒或泡水,雨季施工应采取防水措施。

(3)基坑(槽)开挖时应及时采取措施,如坑壁支护、喷浆、锚固等方法,防止坑(槽)壁坍塌。基坑(槽)挖土接近基底设计标高时,宜在其上部预留 150 ~ 300 mm 土层,待下一工序开始前继续挖除。验槽后,应及时浇筑混凝土垫层或采取封闭坑底的措施,封闭的方法可选择用喷(抹)1∶3水泥砂浆或土工塑料膜覆盖。

(4)风化膨胀岩(土)地区采用爆破技术开挖基坑时,应根据地质特点和设计要求正确计算炸药用量和选择炮孔深度,进行非同步引爆,并应预留 300 mm 厚度的岩层,然后开挖至设计标高。

(5)在坡地土方施工时,挖方作业应由边坡上方自上而下开挖,填方作业应由下至上分层夯(压)填。坡面完成后,应立即封闭。

开挖土方时应保护坡脚。弃土至开挖线的距离应根据开挖深度确定,不应小于 5 m。

(6)施工灌注桩时,在钻孔过程中不得向孔内注水。孔底虚土经处理后,方可向孔内浇灌混凝土。

(7)基础施工出地面后,基坑(槽)应及时分层回填完毕。填料可选用非膨胀土、弱膨胀土及掺有石灰或其他材料的膨胀土,每层土虚铺厚度 300 mm,选用弱膨胀土作填料时,其含水率宜为 1.1 ~1.2 倍的塑限含水率。回填夯实土的干密度不应小于 1.55 $kN/m^3$。

三、建(构)筑物的施工要点

(1)底层现浇钢筋混凝土楼板(梁),宜采用架空或桁架支模的方法,避免直接支撑在膨胀土上。

(2)散水施工前,应先夯实基土,如基土为回填土则应检查回填质量,当质量不符合要求时,需重新处理。伸缩缝内的防水材料应填密实,并略高于散水或做成脊背形。

(3)管道及其附属构筑物的施工宜采用分段快速作业法。管道和电缆穿过建筑物基础时,应做好接头。管道敷设完成后,应及时回填、加盖或封面。

(4)水池等水工构筑物的水下结构部分应严格遵守设计要求,必要时可选用防水混凝土,浇灌时不应留施工缝,必须留缝时应加止水带,也可在池壁及底板增设柔性防水层。

## 第三节　渠道土石方开挖施工技术要求

渠道土方开挖的深度沿渠道轴线方向采用分段分层阶梯式开挖。土方开挖采用 1 $m^3$ 挖掘机装土、15 t 自卸车外运配合 TY160 推土机料场平整的方案。

渠道石方开挖根据岩石风化程度和硬度,采用 1 $m^3$ 挖掘机直接挖装,15 t 自卸车运输或爆破开挖。爆破采用深孔梯段爆破,保护层采用浅孔爆破,钻孔采用英格索兰 HCR-12Eds全液压凿岩机、JQ-100 型潜孔钻、Y-30 型手持式风钻钻孔、17 m 空压机供风。

## 一、土方开挖施工

施工工艺流程:施工准备—清基—开挖—运输—下一道工序。

### (一)施工准备

施工前,根据业主提供的施工图纸和提供的工程控制坐标,采用测量仪器对工程实际地形进行复测,并报监理人员复核,在监理人员复核后,根据施工图纸和监理人员批准的开挖线进行控制测量,标出平面位置、开挖边线等。按规范和施工需要每隔一定距离埋设工程控制桩,并将放样成果经监理工程师审批后方可进行场地清理,清理过程中将场地内的所有植被,表土清挖到规范要求。

开挖区复查的主要项目有:

(1)开挖区的分布及运输条件。

(2)开挖区的水文地质和工程地质。

(3)根据开挖区的施工场地、地下水位、土质情况、施工方法及施工机械可能开挖的厚度等复查开挖区的开挖范围。

(4)对探坑进行取样,做室内及现场试验,确定最优含水率、核实土方的物理力学性质及压实特性。

(5)开挖区复查后写出开挖区复查报告,绘制开挖区的地形图,试坑与钻孔平面、地质剖面、含水率、地下水位的季节变化情况、试验分析成果、代表性土方样品、开挖面积和数量的计算书、部分土方的加工处理,并说明开挖和运输条件等,报监理部门核定批准。

### (二)开挖区规化的原则

根据设计文件及图纸提供的开挖区位置和面积,结合开挖区复查的情况,以及施工方法和施工分期等具体条件,并按照施工方便、经济合理、综合利用、保证质量、降低成本等原则进行规划设置,并按照开挖区的征地范围测出边线的位置且作出明显标志。

### (三)土方开挖顺序

渠道土方开挖顺序,先进行土方一次开挖,然后进行土方二次开挖,土方开挖分段分台阶进行,为下层土方及下部石方分台阶分梯段开挖创造工作面,截流沟土方开挖结合对应段渠道开挖同时进行。

由于试验和渠道填筑部位的要求,渠道开挖可用土料,除部分开挖料质量适宜于直接筑堤外,其他大部分不能直接运至填筑现场,需二次倒运。开挖方法为 1 $m^3$ 挖掘机挖装、15 t 自卸汽车运土,可直接用于筑堤工程的开挖土料随挖随填,其他可用土料运至临时堆土场,多余土料弃至弃土场或弃渣场。

### (四)施工机械的选择

根据以往土方施工经验并结合工程的实际情况,渠道土方开挖主要采用 1 $m^3$ 挖掘机挖装土,15 t 自卸汽车运输,TY160 推土机料场平整,截流沟土方采用同样机械进行。

### (五)开挖清理

根据设计文件及现场实际情况,开挖范围内的树根、杂草、垃圾、废渣及监理人员指明的其他障碍物,一律清理干净。对开挖区范围内的地质勘探孔、竖井、平洞、试坑逐一检查处理并经联合验收,记录备查,主体工程的植被清理,须挖除树根的范围应延伸到离施工图所规定的最大开挖边线填筑线或建筑物基础外侧 3 m 的距离。凡属无价值的可燃物，应尽快将其焚烧，凡属无法烧尽或严重影响环境的清除物，必须按监理工程师指定的地区进行掩埋。

清除表层腐殖土暂定为 30 cm 厚，清基用 120 型推土机清理并堆拢存堆，3 $m^3$ 装载机装，15 t 自卸汽车运输至临时堆土场。垃圾清理用 1 $m^3$ 挖掘机挖装，15 t 自卸车运到弃渣场，弃渣场配 TY160 推土机平整。

**(六)土方开挖**

土方开挖从上至下分段分层依次进行，严禁自下而上或倒悬的开挖方法，同一施工段内开挖宜同时平行下降，不能平行下挖时，两者高差不宜大于一个梯段。

**(七)坡面整理**

坡面要严格清基和削坡。采用挖掘机进行削坡。坡面开挖采用机械开挖时，预留 20 ~ 35 cm 厚的保护层，采用人工开挖，确保按设计坡度要求施工，避免超、欠挖。

**(八)土方开挖质量控制**

在开挖过程中，经常测量和校核施工区域的平面位置，水平标高和边坡坡度要确保符合设计要求。

加强土方开挖时的标高和边坡测量，控制开挖质量，做到不超挖、不欠挖，确保基础土的质量。若发现超挖部分，应以与该处同强度等级的混凝土或该处所设计的填料回填。

土方开挖的允许偏差应符合水利水电工程的验收规范的有关规定。

**(九)质量检查和验收**

1. 土方开挖前的质量检查和验收

土方开挖前，会同监理工程师进行以下各项质量检查和验收：

(1)原地形测量剖面的复核检查。

(2)按施工图纸所示的工程建筑物开挖尺寸进行开挖剖面测量放样成果的检查。

(3)按施工图纸所示进行开挖区周围排水和防洪保护设施的质量检查和验收。

2. 土方开挖过程中的质量检查

(1)开挖应自上至下分层分段依次开挖，严禁自下而上或采用倒悬的开挖方法，施工中随时做成一定的坡势，以利排水，开挖过程中应避免边坡稳定范围内形成积水。

(2)不允许在开挖范围的上侧弃土，必须在边坡上部堆置弃土时应确保开挖边坡的稳定，并经监理工程师的批准。

(3)使用机械开挖土方时，实际施工的边坡坡度应适当留有修坡余量，再用人工修整，应满足施工图纸要求的坡度和平整度。

(4)在土方明挖过程中，如出现裂缝和滑动迹象，立即暂时停止施工和采取措施抢救，并通知监理工程师及时观测边坡变化情况并做好处理的准备工作。

(5)在土方开挖过程中，定期测量并校正开挖平面的尺寸和标高，以及按施工图纸要求检查开挖边坡的坡度和平整度，并将测量资料提交给监理工程师审核。

3. 土方开挖工程完成后的质量检查和验收

土方开挖完成后，会同监理工程师进行下列各项质量检查和验收。

1)主体工程开挖基础面检查清理的验收

按施工图纸要求检查基础开挖面的平面尺寸、标高和场地平整度。

取样检查基础的物理力学性质指标。

2)永久边坡的检查和验收

永久边坡的坡度和平整度的复测检查。

边坡永久性排水沟的坡度和尺寸的复测检查。

3)完工验收

土方开挖工程完成后,向监理工程师申请完工验收,并应按规定提交完工验收资料。

4. 开挖渣料的利用和弃渣处理

1)堆土场地的清理

用做堆存可利用的渣料场地,应进行场地清理和必要的平整处理,渣料堆筑应分层进行,并应保证能顺利取用。

2)渣场堆放

可利用渣料和弃料分别堆放。

可用土料平均堆高 4 m,废渣弃入乱石坑,弃渣深度 8 ~ 15 m。

在料场应保持渣料堆体的边坡稳定,并有良好的自由排水措施,对于利用料应采取可靠的保证质量措施,保护该部分渣料,避免污染和侵蚀。

## 二、石方开挖

### (一)石方开挖顺序

渠道石方开挖顺序:非试验段部分开挖石方一次开挖,试验段石方一次开挖,试验段和非试验段石方二次开挖。石方开挖结合土方开挖顺序,分段分台阶进行,创造多个工作面同时作业的条件。

根据试验和渠道填筑要求,开挖可用渣料不能直接运至开挖料填筑现场,需二次倒运,开挖可用渣料运至临时堆土场堆放,多余渣料弃至弃土场或弃渣场。

### (二)石方开挖的施工工艺流程

石方开挖施工工艺流程:施工准备—表层清理—机械钻孔—装药爆破—石渣清理—下层施工。

### (三)石方开挖方法

从上至下分段分层依次进行,严禁自下而上或倒悬的开挖方法,同一施工段内开挖宜同时平行下降。不能平行下挖时,两者高差不宜大于一个梯段。

1. 渠道主体石方开挖

(1)分段分区:采用分段,纵向分台阶,立面开挖,沿渠道纵向每 100 m 左右作为一个施工段,由于渠道开挖深度较大,相邻施工段采用分台阶开挖,为下层石方开挖创造多作业面同时施工的条件。

渠道开挖宽度较大,100 ~ 150 m 宽度方向首先沿渠道中心线开挖 30 m 宽,为两侧开挖创造临空面,然后进行两侧渠道开挖,两侧开挖一次开挖至渠道边坡。

(2)开挖方法:渠道石方开挖为泥灰岩、黏土岩、砂岩、软岩开挖。根据岩石的风化程度和硬度，部分采用 1 $m^3$ 挖掘机直接开挖，15 t 自卸汽车运输，不能采用挖掘机直接开挖的，采用爆破开挖方法，挖深在 4 m 以下的石方段，采用手风钻钻孔爆破；挖深在 4 m 以上的深挖方渠段采用深孔梯段爆破，梯段高度结合渠坡马道设置情况，高度 6 ~ 9 m。石方开挖初拟预留 1.0 m 的保护层，保护层采用浅孔小炮分层爆破。

渠道主体石方爆破的器材准备：石方爆破炸药采用 2# 岩石硝铵炸药，起爆方式为非电导爆索和导爆管组合起爆，所用起爆材料有火雷管、导火索、导爆索、导爆管等。

(3)施工供风：根据开挖强度计划配置 17 $m^3$/ min 移动式抽动空压机 2 台，3 ~ 6 $m^3$/min 空压机 2 台，英格索兰 HCR-12Eds 全液压凿岩机自带风机。

(4)爆破参数：根据《爆破安全规程》(GB 6722—2003)和现场实际情况结合岩石类别，拟定爆破参数。详细的爆破设计，开工前根据实际测量地形和爆破试验，编制爆破施工组织设计，确定爆破施工参数，报监理工程师审批后执行。

①深孔爆破参数：

$q$——单方耗药量，$kg/m^3$，根据岩石坚固系数，结合施工经验拟定为 $q = 0.43\ kg/m^3$；

$a$——孔距，拟定孔距为 3.0 m；

$b$——排距，拟定排距为 2.5 m。

②渣料开挖运输：采用 1 $m^3$ 挖掘机挖装，15 t 自卸汽车运输，开挖可用渣料运到临时堆土场堆放，多于渣料弃至弃土场或渣场。

2. 膨胀岩开挖

渠坡底端膨胀岩处理开挖厚度 1 ~ 2 m，根据岩石的风化程度和硬度，部分采用 1 $m^3$ 挖掘机直接开挖，15 t 自卸汽车运输，不能采用挖掘机直接开挖的，采用浅孔爆破开挖方法，膨胀岩开挖方法应预留 300 mm 厚的保护层，并随时用土工膜覆盖，以减少含水率变化。保护层开挖和回填黏土结合进行，分段揭除土工膜，分段开挖，分段回填，开挖后快速进行黏性土回填，避免膨胀土开挖面暴露时间过长。

3. 爆破施工工艺

1)测量定孔

爆破作业区划定后，进行测量定孔，定孔测量仪器采用全站仪，测量定孔应依照设计边线和尺寸要求，按照所选定的爆破参数(孔距、排距和孔深)，进行布孔放样，并用明显的标识表示，测量布孔后，测量技术人员应在现场向造孔机械操作工人和现场施工人员进行技术交底，同时测量技术人员应跟踪检测造孔质量。

2)钻孔

测量布孔后，钻孔机械进场进行钻孔，造孔作业应严格按照爆破参数所规定的孔距、排距、孔径、孔深进行。若发生夹钻和孔斜角度超过设计要求，操作人员应及时通知现场施工技术人员，通过爆破设计调整后再进行造孔。操作人员不能私自调整爆破布孔参数。钻孔后，孔口周围的碎石、杂物应清除干净，对于孔口岩石破碎不稳固段，应及时进行维护，防止石块塌落。钻孔结束后，应封盖孔口或设立标识，以防施工破坏和人员伤害。

3)钻孔检查

装药前，爆破技术人员会同测量技术人员检查孔位、深度、倾角是否符合爆破设计要求，孔内有无堵塞，孔壁是否有掉块及孔内有无积水和积水深度如何。当发现孔位和深度不符合设计要求时，应及时处理，进行补孔或透孔。

4）装药

装药前有专人负责到炸药库领取所需的炸药和起爆材料，并填写材料领用登记表，然后用专用运输车运至爆破作业区，人工卸车，分别把炸药和起爆材料运至爆破作业布孔区。

5）装药方法

爆破装药采用人工方法时，必须严格控制每孔的装药量，并在装药过程中检查装药高度。在装药过程中，当发现堵塞时应立即停止装药，并及时处理，在未装入雷管或起爆药包等敏感的爆破器材以前，可用木制长杆处理，严禁用钻具或金属杆处理装药堵塞的钻孔。对于已装入起爆药包带有导爆管或导爆索，应注意保护导爆管和导爆索，避免拉紧导线，防止石块和其他物体对导爆管和导爆索的损伤。

装药时，整个装药过程应有专人负责，进行控制和管理。装药后应对所有炸药和起爆材料进行核对，对于剩余炸药或起爆材料应及时送回炸药库，并登记器材返回表。

6）装药结构

装药结构按拟定的爆破设计进行控制。

7）堵塞

堵塞严格按照爆破设计长度要求进行。堵塞材料采用钻孔的岩屑和黏土，禁止使用含有较大粒径的碎石渣，在有水炮孔堵塞时，应防止堵塞物悬空。

8）爆破网络敷设

装药完成后，撤离与网络敷设无关的其他人员，由爆破技术人员进行爆破网络敷设。爆破采用非导电爆管和导爆索组合起爆网络。网络敷设应按爆破设计进行，并严格遵守《爆破安全规程》（GB 6722—2003）中有关起爆方法的规定。起爆器材使用前应事先进行检验。网络敷设后应进行仔细检查，具备安全起爆条件时方准起爆。

9）起爆

起爆网络敷设完毕，经检查确认无误后，在确认人员、设备全部撤到安全地点，已具备安全起爆条件时，起爆作业人员收到起爆信号后，进入起爆岗位，听从爆破指挥长的起爆命令进行起爆，为确保起爆人员的安全，在施工现场设置避炮室。

10）瞎炮的处理

（1）爆破网络未受破坏且最小抵抗线无变化者可重新连线起爆，最小抵抗线有变化者，应验算安全距离，并加大警戒范围后再连线起爆。

（2）在距瞎炮口不小于10倍炮孔直径处打平行孔装药起爆。爆破参数由爆破负责人确定。

（3）所用炸药为非抗水硝铵类炸药，且孔壁完好者，可以取出部分堵塞物向孔内灌水，使之失效，然后进一步处理。

11）爆破警戒与信号

（1）爆破警戒。爆破作业开始前，必须确定危险区的边界，并设置明显标志。危险区的边界设置岗哨，所有通路经常处于监视之下，每个岗哨值班人员配置对讲机相互连通，并与爆破指挥长联系，以便及时通知情况。

(2)信号。爆破前必须同时发出声响和视觉信号,使危险区内的人员都能清楚地听到和看到,应使全体职工和附近村民事先知道警戒范围、警戒标志和声响信号的意义,发出信号的方法和时间。工程将在来往路口、各施工作业区布置警示牌宣传爆破时间、次数和地点及警戒范围和各种信号的意义。起爆前将通过高音喇叭和警报器进行信号预报。

第一次信号——预告信号,所有与爆破无关人员应立即撤到危险区以外或撤至指定的安全地点。

第二次信号——起爆信号,确认人员、设备全部撤离危险区,具备安全起爆条件时,方准发出爆破信号,根据这个信号准许爆破人员起爆。

第三次信号——解除警戒信号,未发出解除警戒信号前,岗哨应坚守岗位,除爆破工作领导人批准的检查人员外不准任何人进入危险区,经检查确认安全后,方准发出解除警戒信号。

12)爆破安全控制技术

采用非电起爆网络起爆,消除外来电流对爆破的危害。

爆破振动控制:①梯段深孔爆破采用多段微差起爆,控制最大一段装药量,分段越多,爆破振动越小。同时,爆破作业设计要考虑爆破振动对试验段衬砌的影响,并作安全计算分析。②合理选择微差起爆的间隔时间和起爆方案,保证爆破后的岩石能得到充分松动,消除限制爆破的条件。

合理选取爆破参数和单位炸药消耗量。单位炸药消耗量过高会产生强烈的振动和空气冲击波,单位炸药消耗量过低则会造成岩石的破坏和松动不良,大部分能力消耗在振动上。因此,应通过现场的试验来确定合理的爆破参数和单位炸药消耗量。

4.飞石防止

(1)通过爆破试验确定合理的爆破参数,保证炮孔的堵塞长度和质量。

(2)深孔爆破按照《爆破安全规程》(GB 6722—2003)规定的安全距离控制在200 m以上。

(3)沿山坡修建的构筑物或设施应加强防护,防止爆破飞石沿山坡或山沟滚滑而造成的伤害。

(4)爆破作业应严格按照《爆破安全规程》(GB 6722—2003)的规定进行。

## 第四节　渠道填筑施工技术要求

总干渠新乡潞王坟膨胀岩(土)试验段工程位于南水北调中线一期工程总干渠第Ⅳ渠段,在新乡市潞王坟乡政府附近,长1.5 km。试验段起点设计桩号SY0+000(Ⅳ120+500),坐标 $X=3\ 920\ 144.132$,$Y=38\ 492\ 791.720$,终点设计桩号SY1+500(Ⅳ122+000),坐标 $X=3\ 921\ 279.310$,$Y=38\ 493\ 769.290$。

沿渠线分布的岩性土有重粉质壤土、黄土状重粉质壤土、黏土岩、泥灰岩、砂岩、灰岩等。

渠道为梯形断面,底宽9.5~12 m,渠底纵坡1/20 000,过水断面坡比1:2.5~1:3,采用现浇混凝土衬砌,复合土工膜加强防渗。

## 一、填筑施工技术要求

### （一）渠道基础清基范围要求

（1）渠道基础应按照开挖图纸的高程进行清基和开挖，清理范围为堤身设计基面边线外50 cm，所有填筑基石或接触面的腐殖土、草皮、树根、废渣、垃圾等应清除，地基范围内的坑、沟、槽等应按堤身填筑要求进行回填。

（2）基石清理后应及时报验，基石验收后应及时施工。若不能及时施工应做好基面保护，复工前应再报验。

（3）堤基清理的弃土、杂物、废渣等应运送到指定场地堆放。

（4）在渠堤填筑之前，应对堤基进行碾压，采用不小于10 t的振动碾，碾压不少于5遍或压实至不低于填土设计要求的密实程度。

（5）对于与岩质岸坡相接的填筑面，在岩面整平后用黏土浆抹石，回填土料应控制在略高于最优含水率的情况下浇注，强风化岩层堤基要求清除松动岩石，筑堤时基面应涂黏土浆，层厚宜为3 mm，然后进行堤身填筑。

### （二）填筑材料及其开采要求

（1）填筑材料应是经过工程地质勘探且合格的料场取得的土料或从渠道本身开挖获得的合格土料。填料不应含有冰、树根、表土、杂质及任何其他由监理工程师确定为不合格的材料。

（2）土料的开采方式应根据料场具体情况、施工条件等因素选定。施工单位在开采土料时应注意以下几项：①保留土料场内原有的砖窑和通信线路，输电线路塔杆的基础保留范围应满足其自身稳定和正常运行的需要；②对于有复耕要求的开采区，开采前应将表层耕作土剥离后集中堆放，以待复耕时利用；③开挖料场周围应设置必要的排水设施。

（3）对土料场应经常检查所取土料的土质情况、土块大小、土料含水率等是否符合填筑要求，若不满足，应采取相应措施使之达到设计及施工要求。

（4）土料开采时，应在料场严格控制土料的含水率，土料的含水率与最优含水率的偏差为−2%～+3%。

（5）砂垫层层料应材质新鲜、抗风化能力强，含泥量不大于5%，应满足设计级配要求，设计级配曲线范围如表3-1所示，砂垫层料可采用人工轧制或筛分。

**表3-1　设计级配曲线范围**

| 粒径（mm） | 累计筛余百分比（%） | |
|---|---|---|
| | 上包线 | 下包线 |
| 5.0 | 100 | 97 |
| 2.5 | 78 | 63 |
| 1.0 | 55 | 38 |
| 0.5 | 36 | 20 |
| 0.25 | 20 | 10 |
| 0.075 | 3 | 0 |

(6)填筑材料的基本性质要求包括渗透系数、水溶盐含量和有机质含量三个方面。

①渗透性：对于膨胀岩(土)渠段回填土料的渗透系数一般不大于 $1 \times 10^{-6}$ cm/s。

②水溶盐含量：水溶盐一般分为易溶盐、中溶盐和难溶盐三类。易溶盐包括氯盐、重碳酸盐、碳酸钠和硫酸钠等；中溶盐主要是石膏；难溶盐包括碳酸钙、碳酸镁等，难溶盐在非侵蚀性水中淋洗速度很慢，引起的填土性质变化一般可以不计。在常用的筑渠堤土料中规定易溶盐的含量不大于3%，但石膏在长期渗透水的作用下的淋洗使土料性质变坏，会产生附加沉陷，是实践施工中必须考虑的主要问题。为降低淋洗速度，常在工程中采取提高压实密度、降低渗透系数和减小渗透比降等措施，并针对石膏淋洗将会产生附加沉降的情况，故常采取高超的工程措施。

③有机质含量：土中有机质含量有两种：a. 未完全分解的植物残渣、树皮、草根等，这些有机物质的继续分解可以在土中形成孔洞，其产生的化学变化能改变土的性质。b. 完全分解的有机质，这种有机质对土壤的影响与其处于分散或凝聚状态有关。

**(三)填筑标准**

(1)土料填筑工程开工前，施工单位应在指定的土料场及明渠开采区开挖填筑料。按照《土工试验规程》(SL 237—1999)进行与实际施工条件相仿的碾压试验，并根据其所获得的试验成果确定填筑施工参数，土料的碾压试验内容如下：

①用于填筑的土料应进行开采、装料、运输、卸料和碾压试验，并进行含水率调整试验。

②土料碾压试验应进行铺土方式、铺土厚度、碾压机械类型及重量碾压遍数、碾压含水率、压实土的干密度等试验。

(2)填筑土料的含水率应控制在最优含水率附近，填筑土料的含水率与最优含水率的允许偏差为 -2% ~ +3%。

(3)渠堤填筑土料黏粒含量宜为15% ~30%，塑性指数宜为1 ~17，有机质含量不大于5%，水溶盐含量不大于3%。膨胀岩(土)换填黏性土料黏粒含量宜为15% ~40%，塑性指数宜为10 ~20，有机质含量不大于2%，水溶盐含量不大于3%，有较好的塑性和渗透稳定性，填筑后渗透系数不大于 $10^{-5}$ cm/s。

(4)填筑体应分层回填，分层碾压，填筑土料的压实度不小于100%，垫层料的相对密度不小于0.7。

**(四)填筑与压实技术要求**

1.填筑作业的技术要求

(1)在渠堤填筑的过程中，应分别检查和控制铺土厚度、土块大小、含水率、干密度与压实层间的结合是否符合设计及施工要求。

(2)地面起伏不平时，应按水平分层由低处开始逐层填筑，不得顺坡铺填。渠道横断面上的地面坡度陡于1∶3时，应将地面坡度削缓至1∶3。

(3)分段作业面的最小长度不应小于100 m，人工施工时，段长可适当减短。

(4)作业面应分层统一铺土、统一碾压，并配备人员或平土机具参与整平作业，严禁出现界沟。

(5)已铺土料表面在压实前被晒干时，应洒水湿润，控制填筑时土料的含水率，以便充分压实。

(6)应优先考虑采用凸块振动碾,若用光面碾压实黏性土填筑层,在新层铺料前,应对压光层面进行刨毛处理。铺料与碾压工序宜连续进行,填筑层检验合格后因故未继续施工,因搁置较久或经过雨淋干湿交替使表面产生疏松层时,复工前应进行复压处理。

(7)当发现局部"弹簧土"层间岩面、层间中空、松土层或剪切破坏等质量问题时,应及时进行处理,并经检验合格后,方准铺填新土。

(8)施工过程中应保证观测设备的埋设安装和测量工作的正常进行,并保护观测设备和测量标志完好。

(9)对占压堤身断面的土堤临时坡道作补缺口处理,应将已板结老土刨松,与新铺土料统一按填筑要求进行分层压实。

(10)渠堤身全断面填筑完毕后,应作整坡压实及削坡处理,并对堤防两侧护堤地面的坑洼进行铺填平整。

2. 铺土作业的技术要求

(1)应按要求将土料铺至规定部位,严禁漏砂(砾)料或其他透水料与黏性土料混杂,土渠堤土料中的杂质应予以清除。

(2)铺土厚度和土块直径的限制尺寸通过碾压试验确定。

(3)铺土至堤边时,应在设计边线外侧各超填一定余量,人工铺料宜为 10 cm,机械铺料宜为 30 cm。

3. 压实作业技术要求

土是松散颗粒的集合体,其本身的稳定性主要取决于土料的内摩擦力和黏结力。而土料的内摩擦角、黏结力和抗渗性能与土料密实性有关,密实性越大,物理力学性能就越好。如干密度为 1.4 $t/m^3$ 的砂壤土,压实后若提高到 1.7 $t/m^3$,其抗压强度可提高 4 倍,渗透系数将降至原来的 1/2 000,由于土料的压实可使渠坡稳定。

土料压实效果与土料的性质、颗粒组成有关。黏性土与非黏性土的压实有显著的差别,一般黏性土的黏结力大,摩擦力较小,具有较大的压缩性,但由于它的透水性小、排水困难、压缩过程慢,所以很难达到固结压实,而非黏性土料则正好相反,它的黏结力小、摩擦力大,具有较小的压缩性,但由于它的透水性大、排水容易、压缩过程快,所以能很快达到密实。土料颗粒的大小与组成也是影响压实效果的重要因素之一,颗粒越细,压实效果越好。含水率也是影响土压实的因素,含水率过大,碾压时会产生弹簧,含水率过小,碾压时有松土现象。压实功能的大小也是影响土料压实的功效。

因此,在进行膨胀岩(土)压实作业时,应注意以下几项作业技术要求:

(1)应严格按照碾压试验确定的填筑施工参数施工。

(2)分段填筑,各段应设立标志以防漏压、欠压和过压,上下层的分段接缝位置应错开。

(3)相邻施工段的作业面宜均衡上升,若段与段之间不可避免出现高差时应以斜坡面相接,坡度不陡于 1∶3,高差大时宜用缓坡。在土坡的斜坡结合面上填筑时,应符合下列要求:①应随填筑面上升进行削坡并削至质量合格层;②削坡合格后,应控制好结合面土料的含水率,边刨毛、边铺土、边压实;③压实时压实机械应按照平行渠道轴线方向进行，相邻碾压机轨迹及相邻材料连接处的碾压至少应有0.5 cm搭接，不允许出现漏压。

垂直渠轴线的堤身接缝碾压时，应跨缝搭接碾压，其搭接宽度不小于3.0 m。

(4)机械碾压时，应按规范规定控制车速。

(5)机械碾压不到位的部位应辅以夯具夯实，夯实时应采用速环套打法，夯迹双向套压，夯压夯1/3，行压行1/3，分段分片夯实时，夯迹搭压宽度应不小于1/3夯径。

**(五)雨季与冬季施工技术要求**

1.雨季施工技术要求

雨季施工最重要的问题是土料含水率的变化给施工带来的不利影响。黏土对含水率反应敏感，应避开雨季施工，非黏性土可在小雨时施工、大雨时停工，雨季施工应采取以下措施：

(1)雨天应及时压实作业面，并做成中央凸起向两边倾斜，日降雨量大于50 mm，应停止填筑施工，并做好表面防雨保护，如设防雨帆布、油布等，覆盖毡布，并做好料场周围的排水系统，控制土料含水率。

(2)填筑面在下雨时行人不宜践踏，并应严禁车辆通行。雨后恢复施工，填筑面应经晾晒复压处理，必要时对表层再次进行清理，并待质检合格后及时复工。

2.冬季施工的要求

当气温降至0 ℃以下时，土料中发生水分迁移，结冰形成硬土层，难以压实。由于体积膨胀，土料间的距离扩大，破坏了土层结构，化冻后的土料变得疏松，降低了施工质量。由于黏土受冻时水分迁移慢，有一定的抗冻性，而非黏性土土粒粗，水分迁移快，极易受冻，故要求在日平均气温低于0 ℃时按低温季节施工。冬季一般采用的施工方式，要求土料压实温度必须在－1 ℃以上，当日最低气温在－10 ℃以下或虽在0 ℃以上但风速大于10 m/s时应停工，黏土料的含水率不大于塑限的90%，粒径小于5 mm的细砂砾料含水率应小于4%，填土中严禁带有冰雪、冻块，土、砂等料不得加水，防渗体不得受冻。低温施工应采取如下措施：

(1)要求用含冻土不超过20%的溶解土壤填筑。

(2)要求土壤含水率接近塑限。

(3)对取土场的要求：①在冬季需要开挖的土场，应在负气温来临之前加以翻耕和耕松，翻松的深度应达25 cm。②头几次降雪时，在翻耕过的地段借助于芦草、树枝、帆布篷覆盖。③在冬季开挖取土之前应先将冻结的土壤疏松，并将其由冻结的部分抛弃。④防冻措施：降低土料含水率或采用低含水率的土壤挖取在正温的材料，加大施工强度，薄层铺筑，增大压实功能，快速施工，争取在受冻时结束。⑤保温措施：加覆盖物保温，如塑料布、帆布篷等；设保温冰层，即在土料面上修土埂放水冻冰，深水层下的水放走，形成冰盖，冰盖下的空气夹层起到保温作用，在土料表面进行翻松等。⑥负温施工时，应取正温土料，装土、铺土、碾压、取样等工序都应采取快速连续作业，土料压实时的气温必须在－1 ℃以上。

**(六)渠道与建筑物相接的施工技术要求**

渠道建筑物与基础(含渠坡)的连接，有两个基本要求：

(1)对渠坡基面材料性质的要求。

(2)对接触面的几何尺寸和形状的要求。

建筑物与渠坡的连接是关键部位，处理措施是否得当是建筑物破坏的根源之一。其原因有以下几点：

(1)连接面或靠近连接处是关键，如发生水力劈裂连接处夹层的土壤或岩石节理和裂隙大量渗漏引起管涌。

(2)渠坡与建筑物的形状和坡度不当时，由于建筑物与渠坡之间的不均匀变形，建筑物与渠坡脱开、裂缝。

(3)连接面或靠近连接面残存软弱面影响渠坡稳定。

渠道与建筑物相接时施工的技术要求有以下几点：

(1)填土前，应清除建筑物表面的乳皮、粉尘及油污等，对表面外漏铁件宜割除，必要时对铁件残余露头需用水泥砂浆覆盖保护。

(2)对渠坡基础面上的草皮、树根、含有植物的表土蛮石、垃圾及其他废料的清除并引导清除后的地基表面土层压实。如采用机械往往不能清除干净，须辅以人工清理，要求清理后的地基表面土层进行压实，提高其抗渗透破坏的能力，防止出现软弱夹层，对提高稳定性有利。

(3)填筑时，须先将建筑物表面湿润，边涂泥浆，边铺土，边夯实。涂浆温度应与铺土厚度一致，涂层厚宜为3～5 mm并与下部涂层衔接，严禁泥浆干固后再铺土、夯实。

(4)制备泥浆应采用塑性指数 $I_P$ 大于17的黏土，泥浆的浓度可用1∶2.5～1∶3.0(水土质量比)。

(5)建筑物两侧或周围填土应保持均衡上升，贴边填筑宜用夯具夯实，铺土层厚度宜为15～20 cm。

(6)当回填达到排水盲沟或埋置构筑物基础底面时，应按设计要求形成排水盲沟或构筑物基础后，方可继续回填上升。

(7)与安全监测工程的配合应严格按照标书技术条款的规定执行。填筑施工应与观测仪器、电缆、光缆安装施工密切配合，严禁采用破坏仪器、电缆、光缆等的施工方法。

## 第五节　土工格栅+回填料处理层施工方案

土工格栅+回填料处理层施工方案主要是在南水北调中线工程总干渠膨胀岩(土)试验段工程(潞王坟段)试验1～8区的一级马道的上、下两处。具体的部位为：

(1)土工格栅+回填料方案处理试验区位于试验2区一级马道以下，厚度2 m。试验6区一级马道以下右半边，厚度2 m。试验8区一级马道以下左半边，厚度1.5 m。一级马道以下左岸边坡比1∶2，一级马道以下右岸边坡比1∶2.5。格栅层厚根据设计及试验结构由0.6 m调整为0.5 m，同时取消一级马道以下10 cm黏性土找平层，改为5 cm粗砂找平层。

(2)土工格栅+回填料方案处理试验区位于试验2区一级马道以上，厚度1.5 m。试验2区一级马道以上左岸坡比1∶1.75，试验1区一级马道以上坡比1∶2，格栅层厚根据设计及试验结构由0.6 m调整为0.5 m，同时取消一级马道以下10 cm黏性土找平层，改为

5 cm 粗砂找平层。

## 一、材料及技术指标

(1)施工材料:格栅处理层施工主要材料为开挖泥灰岩土料、土工格栅、中粗砂、编织袋草种等。

(2)材料的技术要求:土工格栅应采用耐久性能、耐温性能、施工性能良好的单向土工格栅,具体的技术参数如下:

格栅材料:高密度聚乙烯(HDPE)幅宽大于 1.0 m,抗拉强度≥80 kN/m,延伸率≤12%,2%应变对应强度≥23 kN/m,5%应变对应强度≥44 kN/m,碳黑含量≥2.0%,蠕变强度(20 ℃)≥20 kN/m。

开挖回填料:土工格栅回填料采用开采的泥灰岩料(中—弱膨胀性),其最大粒径应≤100 mm,大于5 mm 粒径的颗粒含量不超过50%,控制含水率为最优含水率+(1%~2%)。

中粗砂、找平层填料:具有良好级配的中粗砂。

编织袋及草种:一级马道以上格栅处理层选用普通编织袋装根植土,并预先拌和当地易于生长的、耐旱性草种。编织袋宜疏松,并有一定孔隙,以便草籽生长。

## 二、施工方法

### (一)施工程序

施工程序为:清基—碾压—放样—格栅铺设—铺土—碾压—反包固定搭接。

### (二)施工过程

#### 1. 清基

按照施工图要求开挖边坡,清除坡面及渠底浮土和各种杂质。要求基层平整度不超过±5 cm。遇地表积水应提前进行抽排,并清挖被水浸泡后的软土,换填黏性土压实,保证基坑清洁、干燥。

#### 2. 放样

严格按照施工图放样,做好边桩、填土高度、格栅边线、边坡坡比控制等工作。

#### 3. 格栅的铺设

土工格栅采用人工分层铺设,在坡面向上层包裹形成反包搭接,反包长度(从土工袋尾端起)不小于100 cm,相邻两块格栅之间平接,格栅之间用连接榫搭接,格栅与土体之间用 U 形钢筋锚接。详细施工步骤如下:

(1)首先根据图纸计算格栅需用长度,一次截断,在土工格栅+回填料碾压层底层铺设格栅材料,将格栅底部用 U 形钢筋固定于基层面。

(2)一级马道以上沿土工格栅+回填料碾压层外坡放线位置堆放装满根植土和草种的土工袋。用以在施工过程中挡住填土,格栅表面用黏性土找平形成平整的坡面,然后铺上草皮。为保证种草质量,要求土袋内填土充实,机器锁扣,码放紧密。

(3)使用张拉梁将格栅一自由端拽紧,并压上规定厚度的填土。填土用机械或人工堆放在拉紧后的格栅上面,车辆与施工机械不得直接碾压格栅,以免格栅损坏和松懈。

(4)回填料压实后，用灌水法取样，合格后，由监理工程师认可后，在压实面放样削成设计坡，将预留格栅反包到土工袋上面，平直段长度不小于100 cm，并与上层格栅用连接棒连接，或用U形钢筋固定。

(5)用通过格栅网孔而钩住格栅的张拉梁对主加筋格栅施加压力绷紧格栅之间的连接，并使其下结构面上的反包格栅绷紧。

(6)在保持张拉格栅的同时，用U形钢筋将本层格栅与下层土体锚接，以保证张拉设备移去后格栅不会回缩。

(7)重复以上施工步骤至顶层。

(8)顶层格栅应有足够长度埋在填土下面，保证填土可提供足够的约束力锚固格栅。

## 三、铺土

(1)回填料采用开挖料泥灰岩，在铺土前首先使备料场泥灰岩的含水率、自由膨胀率满足回填开挖料基本要求以后方可回填。若开挖料低于规定的含水率(12% ~13%)，应将土料用洒水车喷水湿润，用挖掘机翻拌均匀，达到以上要求后方可填筑施工。含水率调整后的土料，应及时用土工膜包裹，以防止含水率再次变化。

(2)铺土以挖掘机装车、汽运渠底道路为主，试验2区、试验3区一起施工，一起上料。试验4区修筑左右岸上坡道路进料，一级马道以上由一级马道和左岸顶部修路进料。

(3)土工格栅+回填料铺土采用进占法铺土，这样汽车在黏土上后退卸土，可以避免施工机械碾压土工格栅，保证质量。

## 四、碾压施工

格栅铺土采用推土机进占法进料，推土机粗平，再用人工精平，表面平整度不超过±5 cm。

铺土宽度考虑削坡宽度，以保证边坡的压实度。采用进退错距碾压法对回填料进行碾压，要求行车速度2.0~3.0 km/h。相邻碾迹的搭接宽度不小于碾宽的1/10。

车辆和压实机械不得直接碾压格栅。当铺土后遇天气发生变化或隔夜施工时，要采用防雨布对场地进行覆盖。

土工格栅处理层碾压施工的控制参数如表3-2所示。

## 五、施工质量控制

土工格栅处理层施工应重点控制原材料、碾压工艺和压实效果三个环节。其中，原材料应严格按照有关材料的技术指标进行控制碾压工艺。在满足压实效果的前提下，可根据实际情况进行施工优化或调整。格栅处理层坡面形成后的平整度不超过±2 cm，中粗砂、找平层按0.56的相对密度控制，处理层的压实效果按表3-3所规定的指标控制。

(1)每层(0.5 m)土工格栅压实达到要求压实度后，经现场监理工程师认可，方可进行下道工序。

(2)土工格栅+回填料一级马道以下处理层坡面，用粗砂找平，误差在规定范围内，每个单元测3个断面，每个断面不少于3个点。

表 3-2　土工格栅处理层碾压施工的控制参数

| 开挖料 | 压实工艺 | 铺料方式 | 含水率 | 碾压机具 | 碾压遍数（遍） | 行车速度（km/h） | 行车方式 |
|---|---|---|---|---|---|---|---|
| 泥灰岩 | 振动平碾 | 进占法 | 最优含水率 +（1% ~2%） | 18 t 振动平碾 | 12 | 2.0 ~3.0 | 进退错距法，相邻碾迹的搭接宽度不小于碾宽的 1/10 |

表 3-3　施工格栅处理层的控制指标

| 材料 | 最大粒径（mm） | 填筑含水率 | 压实度（%） | 压实后层厚（cm） |
|---|---|---|---|---|
| 泥灰岩 | <100 | 最优含水率 +（1% ~2%） | 95 | ≤50 |

# 第六节　复合土工膜处理层施工技术要求

根据《南水北调中线一期总干渠膨胀岩（土）试验段工程（潞王坟段）现场试验研究实施细则（修订稿）》试验 4 区、试验 6 区、试验 7 区中采用复合土工膜方案，其中处理层结构具体要求如下：试验 4 区渠道左侧一级马道以上采取复合土工膜覆盖坡面、喷护水泥砂浆保护层的处理措施，坡比 1:2，试验 4 区渠道右侧采用复合土工膜覆盖坡面，夹土工网的 50 cm 泥灰岩开挖料（中—弱膨胀性）+ 土工网垫 + 草皮护坡的处理措施，坡比 1:2。

## 一、材料及技术指标

**（一）材料**

复合土工膜处理层的主要材料有复合土工膜、土工网、土工网垫、砂、水泥、泥灰岩开挖料（中—弱膨胀岩性）、耕植土和草种等。

**（二）材料的技术指标**

1. 复合土工膜材料

复合土工膜中膜为厚 0.3 mm 的聚乙烯膜，布为宽幅（幅宽大于 5 m）聚酯长丝针刺土工布。复合土工膜技术性能指标应符合下列要求：

（1）聚乙烯膜：应符合《食品包装用聚乙烯成型品卫生标准》（GB 9687—88），密度大于 920 kg/$m^3$，破坏拉应力大于 17 MPa，断裂伸长率大于 45%，弹性模量在 5 ℃时不低于 70 MPa，抗冻性不低于 −70 ℃，撕裂强度大于 60 N/mm，渗透系数小于 $10^{-11}$ cm/s，抗渗强度在 1.05 MPa 水压力时 48 h 不渗水。

（2）复合土工膜（复合体）：复合体表面材料应采用经加糙处理的材料，不应采用通常的光滑表面草料。且复合土工膜分为复合土工膜 1、复合土工膜 2 两种，其具体技术参数如下：

①克重：复合土工膜 1 为 600 g/$m^2$（150 g/$m^2$ −0.3 mm −150 g/$m^2$），复合土工膜 2 为

850 g/m$^2$(上层150 g/m$^2$ -0.3 mm - 下层400 g/m$^2$)。

②厚度:复合土工膜1≥2.7 mm,复合土工膜2≥4.7 mm。

复合土工膜的其他指标:幅宽>5 m,断裂伸长率>50%,断裂强度≥27 kN/m,CBR顶破强力≥4.9 kN,撕破强力≥0.7 kN,剥离强度≥6 N/m,耐静水压力≥0.6 MPa/m,垂直渗透系数不大于$10^{-11}$ cm/s。

复合土工膜复合体的指标:厚度≥5 mm,幅宽>5 m,断裂伸长率>50%,断裂强度≥14 kN/m,CBR顶破强力≥2.8 kN,撕破强力≥0.4 kN,剥离强度≥6 N/m,耐静水压力≥0.6 MPa/m,垂直渗透系数不大于$10^{-11}$ cm/s。

2. 中粗砂、找平层填料

中粗砂、找平层填料应采用有良好级配的中粗砂。

3. 砂浆保护层

砂浆材料要求满足喷护施工要求,砂浆强度等级为M7.5,每级马道排水沟内壁的防水砂浆为M2.5,另加适量防水剂。

4. 泥灰岩开挖料(中—弱膨胀性)

其最大粒径应不大于5 cm,控制含水率为最优含水率±2%,压实度>85%。

5. 非膨胀性黏土料

非膨胀性黏土料最大粒径应不大于5 cm,施工控制含水率为最优含水率+(1%~2%),压实度>85%。

6. 根植土及草种

选用无膨胀性、利于植物生长的根植土,草皮绿化选择当地易于生长的、耐旱性好的草种。

## 二、施工过程

### (一)清基整平

按照施工要求开挖边坡(复合土工膜+50 cm,保护层区段设计线以下削坡50 cm),清除一切可能刺破复合土工膜的尖角岩石、土块、木桩等。凸凹处必须整填平,要求平整度不超过±5 cm。遇表层积水应提前进行抽排,保持基面清洁、干燥,基面所有的松土要清理干净。

### (二)放样

严格按照施工图放样,做好边坡、填土高度、边坡坡比控制等。

### (三)复合土工膜施工

(1)复合土工膜铺设须在坡面清基整平完工并经监理工程师验收合格后进行。

(2)坡面验收合格后,先开挖排水沟(按设计要求),并装设排水暗管($\phi$150软式透水管)。

(3)复合土工膜采用人工铺设,将成卷的复合土工膜沿坡顶向渠底方向铺设。计算好长度一次铺好,中间尽量减少接缝。

(4)复合土工膜采用热熔法双缝焊接(或其他有效拼接方式),焊接宽约10 cm,焊边方向与渠道走向垂直。在坡顶处将复合土工膜埋入已经开挖的排水沟槽内,槽内预置适量防水砂浆液体以形成膜下浅部隔水线。

(5)铺设复合土工膜时需留约1.5%的余幅,以便拼接和适应气温变化。铺设时随铺随压,以防风吹。

(6)试验4区、试验5区过渡带也须铺设复合土工膜至试验5区土工袋处理层底部,并向试验5区延伸1.0 m,在马道外排水沟向下复合土工膜的过渡应平顺连接,采用热熔法双缝焊接,焊缝宽度10 cm。

将仪器接头接线或穿管过复合土工膜后,需用土工膜胶进行黏结密封。

(7)施工中严禁推土机、压路机等机械在铺设的复合土工膜的坡面上行走,施工中发现有损伤应立即修补。施工过程中严禁烟火,施工人员需穿着无钉鞋或胶底鞋。

**(四)喷护砂浆保护层**

试验4区左侧一级马道以下采用复合土工膜覆盖坡面,喷护水泥砂浆保护层。厚度为8~10 mm。喷护砂浆采用42.5级普通硅酸盐水泥、优质机制砂石料。

(1)砂石料的质量必须满足《水工混凝土施工规范》(DL/T 5144—2001)有关条款的规定,即:①细骨料应质地坚硬、清洁、级配良好,人工砂的细度模数宜为2.4~2.8,天然砂的细度模数宜为2.2~3.0,使用山砂、粗砂、特细砂应经过试验论证;②细骨料在开采过程中应定期或按一定开采数量进行碱活性检验,当有潜在危害时,应采取相应措施,并经专门试验论证;③细骨料的含水率应保持稳定,含水率不宜超过6%,必要时应采取加速脱水措施;④细骨料的其他指标要求应符合表3-4的规定。

**表3-4　细骨料的指标要求**

| 项目 | | 指标 | | 备注 |
| --- | --- | --- | --- | --- |
| | | 天然砂 | 人工砂 | |
| 石粉含量(%) | | — | 6~18 | |
| 含泥量(%) | ≥$C_{90}$30和有抗冻要求的 | ≤3 | — | |
| | <$C_{90}$30 | ≤5 | | |
| 泥块含量 | | 不允许 | 不允许 | |
| 坚固性(%) | 有抗冻要求的混凝土 | ≤8 | ≤8 | |
| | 无抗冻要求的混凝土 | ≤10 | ≤10 | |
| 表观密度($kg/m^3$) | | ≥2 500 | ≥2 500 | |
| 硫化物及硫酸盐含量(%) | | ≤1 | ≤1 | 折算成$SO_3$,以质量计 |
| 有机质含量 | | 浅于标准色 | 不允许 | |
| 云母含量(%) | | ≤2 | ≤2 | |
| 轻物质含量(%) | | ≤1 | — | |

(2)施工中可使用速凝、早强、减水等外加剂,使用速凝剂时,水泥砂浆试验段的初凝时间不得大于5 min,终凝时间不得超过10 min。

(3)喷护的水泥砂浆强度等级为M7.5,由河南省水利第一工程局中心实验室提供,并应满足喷护要求:①水砂比为1:4.2;②水灰比为0.7。

(4)采用干喷法混合料拌制:

①采用含水率小于4%的干砂拌制时,速溶剂可在拌制时掺入拌好的混合料中,在20 min内使用完毕。

②不掺速凝剂的混合料,停放时间不宜超过2 h。

(5)喷射作业时,要进行电气设备的检查和机械设备的试运行,并在受喷面和各种机械设备的操作场所配备充足的照明设备。

(6)清除复合土工膜上的各种杂物,保持清洁,并设置控制厚度的标志。

(7)喷射作业要求:

①严格执行喷射操作规程,连续向喷射机供料,保持喷射机工作风压稳定,完成及中断喷射作业时,应将喷射机和输料管内的积料清除干净。

②干喷法施工时,喷射手应遵守的原则:经常保持喷头具有良好的工作性能,及时调整供水量,控制好水灰比,认真操作,减少回弹率,保证喷层厚度,提高喷层表面的平整度。

③较大范围的作业区应分段进行喷射,区段间的结合部和结构的接缝处应做妥善处理,不得存在漏喷部位。两次喷射完成8~10 cm厚作业。一次喷射的厚度以喷层不产生坠落和滑移为适度,后一次喷护应在第一层喷层终凝之后进行。

(8)按下列规定做好喷层的养生工作:

①喷层终凝2 h后开始喷水养护,在14 d之内使喷层表面经常处于湿润状态。

②由于喷层面积较大,设立专职养生人员养护。采用黑沾棉覆盖坡面,每日最少洒水4次,保证喷层湿润状态。

**(五)回填泥灰岩开挖料保护层**

(1)在坡面土工复合膜上铺回填土后碾压至设计要求,厚度25 cm。

具体的施工方法:复合土工膜按设计要求铺设后,经监理工程师验收后进行保护层施工。

①进料:从坡顶或坡底用自卸汽车进料。

②由于复合土工膜已铺设,采用进占法铺土。铺土前,在坡顶、坡脚设铺设标志来表示厚度(注意不能损坏土工膜)。由于机械不能在复合土工膜上行走,采用人工转运,人工摊铺的方法厚度用标尺掌握,松铺系数为1.1,虚铺土为27.5 cm。

③回填土铺设后,采用手扶式振动碾压实。用进退碾压法,在坡顶设牵引设备上、下碾压。每次错压1/3轨迹,上、下一次压实。行车速度由试验确定。

④回填土压实后,由质检人员采用灌水法取样,合格后由监理工程师认可才能进行下道工序。

(2)在坡面回填土上和坡顶复合土工膜上铺设土工网。

(3)在坡顶回填土并压实,厚度23 cm。

(4)在坡面、坡顶铺设土工网垫、喷撒拌和草种的耕植土,耕植土要求覆盖土工网垫2.0 cm。

(5)坡面排水沟和其他构筑物混凝土浇筑在保护面回填后进行。

### (六)土工网的铺设及拼装

将成卷的土工网沿坡顶向坡底方向铺设。土工网间连接方式如下:在机械加工方向(纵向)上搭接长度不小于7.5 cm,在横向上搭接长度不小于15 cm,横缝为顶坡搭接。然后使用塑料带把材料拴紧在一起。在机器加工方向(纵向)上连接间距为150 cm,在横向上连接间距为30 cm,如图3-2所示。

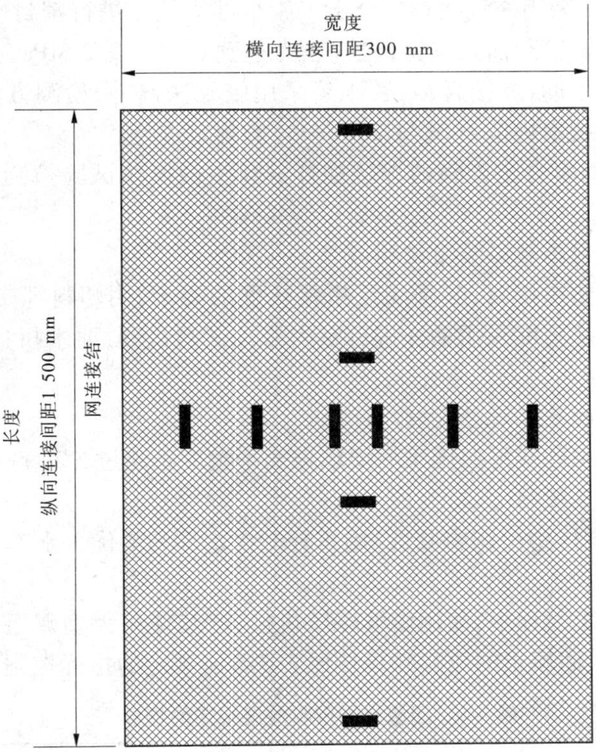


图3-2　土工网连接示意

无论何种方法均要求在坡顶有5 m以上长度的土工网铺在复合土工膜上,以利用其上土重增加抗滑性能。

### (七)土工网垫铺设与连接

土工网垫铺设于整个回填土层表面(包括坡面及坡顶),其连接方法和要求同土工网。

### (八)施工质量控制

复合土工膜处理层的施工应重点控制原材料、回填料压实和砂浆喷护。其中,原材料应严格按照规范和设计的技术指标进行控制。

1. 复合土工膜施工质量控制与检测标准

1)质量控制

各铺设幅之间搭接宽度不小于10 cm,采用现场双缝焊接(或其他有效拼接方法)。采用现场双缝焊接施工时,先进行撕拉试验检验焊接小样,当焊缝不破坏,而母材撕裂为合格时,方能以调整好状态的热熔焊机进行正式焊接,当采用其他拼接方法施工时,先进行撕拉试验检验拼接小样。当拼接处不被撕拉破坏，而母材撕裂为合格时，拼接处须满足密封性检测标准：①两项检测合格后，方能以此拼接方法进行正式拼接；②试验 4 区、试验 5 区过渡带，也须铺设复合土工膜至试验 5 区土工袋处理层底部，并向试验 5 区延伸 1.0 m。

2）检测标准

（1）密封性检测。采用充气法对复合土工膜全部拼接处进行密封性检测。将待测段（长度 30～60 m）两端封死，插入气针，充气压力达到 0.15～0.2 MPa，在 0.5 min 内压力表能维持读数的表明不漏，焊接合格；否则须采用胶黏法修补，检测方法按《水利水电工程土工合成材料应用技术规范》（SL/T 225—98）的规定进行。

（2）强度检测。对复合土工膜的焊接抽样进行室内撕拉试验检测，焊缝抗拉强度大于母材强度为合格。

2. 土工网及土工网垫施工质量控制

土工网及土工网垫拼接时，必须满足搭接长度的要求，用塑料绳带把材料拴紧在一起，不能有脱落，其连接强度采用抽样进行室内撕拉试验检测，要求拼接处抗拉强度大于母材的强度。

3. 中粗砂找平层的施工质量控制

一级马道以上中粗砂找平层施工后要求坡面平整度不超过 ±2 cm。

4. 回填土施工质量控制

回填泥灰岩开挖料（中—弱膨胀性）施工控制含水率为最优含水率 +（1%～2%），要求压实度≥85%。

在回填土碾压施工过程中，使用斜坡碾压机械，严禁使用大型碾压机械，以防止损伤复合土工膜、土工网。回填土的压实效果按照表 3-5 所规定的指标控制。

**表 3-5　回填土的压实效果规定的指标**

| 材料 | 最大粒径（mm） | 填筑含水率 | 压实度（%） | 最大干密度（$g/cm^3$） | 最优含水率（%） |
|---|---|---|---|---|---|
| 泥灰岩 | <50 | 最优含水率 +（1%～2%） | ≥85 | 1.98 | 12.9 |

## 第七节　土工袋处理层施工技术要求

南水北调中线总干渠潞王坟试验区位于新乡市潞王坟乡，长 1.5 km。其中试验段 568 m，共分 8 个试验区。该段渠坡岩性多由黏土岩和泥灰岩组成，局部砂岩或砂砾岩。其中黏土岩以中膨胀为主，上部胶结较好，下部稍差。一级马道以上为泥灰岩，渠底砂岩内局部有裂隙水渗出。

试验区为土工袋 + 开挖料回填方案处理试验区。一级马道以上采用土工袋 + 开挖料回填并确定草籽发芽率，渠道一级马道以上采用土工袋 + 开挖料回填及植草处理层厚 1.5 m。

## 一、材料及技术指标

### （一）施工材料

土工袋实施方案的主要材料有开挖泥灰岩料、土工袋、水泥、中粗砂、植草等。

### （二）材料的技术要求

土工编织袋采用两种规格，大土工编织袋 120 cm × 147 cm，小土工编织袋 45 cm × 57 cm。土工编织袋原材料成分主要是聚丙烯（PP）、掺有 1% 防老化剂（UV）。通过对碾压试验成果分析，早期提供的土工编织袋的强度参数富余量偏大，因此需要适当调整所用编织袋材料性能指标（包括拉力指标、伸长率指标及顶破强力指标），调整后的土工膜编织袋性能指标和土工袋处理方案细部结构参数如下。

1. 小土工编织袋性能指标

克重：≥100 $g/m^2$；经向抗力标准：≥20 kN/m。

经纬纱 UV 含量：1%（由人工老化试验测定，要求老化试验时间为 500 h 后，断裂强力保持率≥90%，断裂伸长保持率≥80%），纬向拉力标准 1.5 kN/m，经纬向伸长率标准≤28%。

顶破强力≥1.5 kN，颜色：黑色（黑色抗紫外线能力强）。

2. 土工袋处理方案细部结构参数

土工袋处理方案细部结构参数如表 3-6 所示。

**表 3-6 土工袋处理方案细部结构参数**

| 试验区序号 | 试验区桩号 | | 位置 | | 高程（m） | 坡比 | 土工袋处理厚度（m） | 水平宽度（m） |
|---|---|---|---|---|---|---|---|---|
| | 起始桩号 | 终止桩号 | | | | | | |
| 5 区 | SY0 + 328 | SY0 + 388 | 渠道左 | 一级马道以上 | 113.74 | 1:1.5 | 1.5 | 2.7 |
| | | | | | 101.74 | 1:1.75 | 1.5 | 3.0 |
| | | | | 一级马道以下 | 92.74 | 1:2 | 2.0 | 4.5 |
| | | | 渠道右 | 一级马道以上 | 113.74 | 1:1.5 | 1.5 | 2.7 |
| | | | | | 107.74 | 1:2 | 1.5 | 3.4 |
| | | | | | 101.74 | 1:2.25 | 1.5 | 3.7 |
| | | | | 一级马道以下 | 92.74 | 1:2.5 | 2.0 | 5.4 |

### （三）开挖料的要求

土工袋处理方案小土工袋装土料掺拌料最大粒径应≤50 mm，回填土料含水率要求，泥灰岩袋装土料和填缝土料的含水率控制在最优含水率 +（1% ~2%）。

### （四）水泥

水泥强度等级为 P · O42.5。

### （五）带草种的土工编织袋

一级马道以上土工编织袋处理层坡面处选用普通编织袋装填耕植土，并预先拌和当地易于生长的耐寒性草种，编织袋宜疏松，并有一定孔隙以便草籽生长。

## 二、施工方案

### （一）施工程序

施工程序为：清基—放样—土工袋装袋—渠道渠坡土工袋铺设—小土工袋碾压—取样合格—监理工程师认可，进行下一层铺填。

### （二）清基

土工袋铺设施工前，清除开挖断面表层浮土，清除软黏土，保持基面干燥。

### （三）放样

按照图纸进行施工放样，先固定边桩，控制坡面土工袋铺设边线，控制土工袋成坡后的坡比，排水管、排水沟位置等。

### （四）土工袋装袋

土工袋装袋在料场进行，首先对原材料（泥灰岩）进行筛选，大土工袋泥灰岩最大粒径控制在<10 cm，小土工袋粒径控制在<5 cm，并对料区含水率测试。如果含水率低于最优含水率，要求料场用洒水车加水，挖掘机拌三遍以上，用土工布覆盖，防止水分损失。含水率控制高于最优含水率+（1%~2%）。

泥灰岩拌制好后及时装袋、缝口（机械缝口），大土工袋（147 cm×140 cm）用特制装料器盛料，挖掘机挖装料。小土工袋（45 cm×47 cm）用人工装料。土工袋装好后在料区缝口，并及时运往现场填铺。如果一时不能运走，要求堆码好并及时洒水，用土工膜覆盖，防止水分损失。

### （五）土工袋

试验5区渠坡处采用小土工袋+植草填筑。

土工袋采用逐层铺设、逐层初平方式施工，土工袋初平采用小型振动平板夯。土工袋铺设后遇天气发生变化或隔夜施工时，要采用防雨布对场地进行覆盖。如施工进度缓慢，要求采取有效的临时保护措施，避免已经完成的结构体长时间地暴露在外界。

（1）小土工袋铺设：小土工袋采用人工铺设，袋子之间保留4~8 cm的间隙，使土工袋有足够的延伸空间，边坡铺设带草籽的土工袋。

（2）小土工袋的间隙回填：相邻土工袋之间的间隙用与装袋料相同岩性的土料回填，回填料的粒径≤5 cm。

（3）小土工袋初平：一个袋层铺设完毕后，用小型振动平板夯来回夯压2~3遍或用轻型碾压机械（≤16 t）静碾1~2遍，以确保土工袋能成扁平状。

（4）在初平后的土工袋层面继续（1）~（2）工序，直至铺厚40 cm左右（约4个小土工袋厚度），再用碾压机械进行相应遍数的振动碾压，碾压方法为进退错距法，行车速度为2.0~3.0 km/h，相邻碾迹的搭接宽度不小于碾宽的1/10。

为了增加土工袋组合体的稳定性，上、下层土工袋间需错缝错设，局部可以适当放宽袋子的间距而使上、下层面的土工袋相互错距。

土工袋（大、小两种尺寸）处理层碾压施工控制参数如表3-7所示。

表 3-7　土工袋处理层碾压施工控制参数

| 开挖料 | 压实工艺 | 铺料厚度（cm） | 含水率（%） | 碾压机具 | 碾压遍数（遍） | 行车速度（km/h） | 行车方式 |
|---|---|---|---|---|---|---|---|
| 泥灰岩 | 振动平碾 | ≤40 | 13～14 | 20 t 振动平碾 | 8 | 8 | 进退错距法，相邻碾迹的搭接宽度不小于碾宽的1/10 |

三、施工质量控制

土工袋处理层施工应重点控制原材料、碾压工艺和压实效果三个环节。其中原材料应严格控制相关的技术指标，土工袋处理层坡面用黏土找平形成后的外切平整度不超过±2 cm，大小土工袋的原材料生产厂家提供具有法律效力并符合有关规范要求的检测报告情况下，施工单位自检时可以只检测技术要求中的常规项目。处理层的压实质量控制标准见表3-8。

施工工艺如下：

（1）严格控制层厚，每层碾压后按规程在每层中下部取样，合格后经现场监理工程师认可后进入下一道工序。

（2）严格按照技术规范施工。

（3）控制好坡面平整度，坡面打桩、拉线控制平整度不超过±2 cm。

表 3-8　处理层的压实质量控制标准

| 材料 | 最大粒径（mm） | 填筑含水率（%） | 压实度（%） | 最大干密度（$g/cm^3$） | 压实层厚（cm） | 碾压层土工袋个数（个） |
|---|---|---|---|---|---|---|
| 泥灰岩 | ≤100（大土工袋） | 最优含水率+（1～2） | ≥85 | 1.98 | — | 2 |
| | ≤50（小土工袋） | 最优含水率+（1～2） | ≥85 | 1.98 | — | 4 |
| | ≤50（水泥土） | 最优含水率+（1～2） | ≥98 | 2.04 | 40 | — |

# 第八节　复合土工膜处理层施工方案

河南省水利第一工程南水北调中线潞王坟试验段项目部根据《南水北调中线一期总干渠膨胀岩（土）试验段工程（潞王坟段）现场试验研究实施细则》的要求，对该段复合土工膜方案的处理采取如下结构：

在试验4区渠道左侧一级马道以上采取复合土工膜覆盖坡面、喷护水泥砂浆保护层的处理措施，坡比为1∶2，右侧采取复合土工膜覆盖坡面、夹土工网的50 cm泥灰岩开挖料（中—弱膨胀性）+土工网垫+草皮护坡的处理措施，坡比为1∶2。

复合土工膜处理层主要材料有复合土工膜、土工网、土工网垫、砂、水泥、泥灰岩开挖料（中—弱膨胀性）、耕植土和草种等。复合土工膜中的膜为厚0.3 mm的聚乙烯膜、布为宽幅（幅宽大于 5 m）聚酯长丝针刺土工布。

## 一、复合土工膜的技术性能指标

复合土工膜技术性能指标应符合下列要求：

（1）聚乙烯膜：应符合《食品包装用聚乙烯成型品卫生标准》（GB 9687—88）。土工膜无毒性，对水质无污染。聚乙烯膜应采用全新原料，不得添加再生料。膜应无色透明，具体技术参数指标符合规范要求。

（2）复合土工膜（复合体）：复合体表面材料应采用经加糙处理过的材料，不应采用通常的光滑表面材料。复合土工膜分为复合土工膜 1、复合土工膜 2 两种，其具体技术参数如下：

克重：复合土工膜 1 为 600 $g/m^2$（上层 150 $g/m^2$ – 0.3 mm – 下层 150 $g/m^2$），复合土工膜 2 为 850 $g/m^2$（上层 150 $g/m^2$ – 0.3 mm – 下层 400 $g/m^2$）；

厚度：复合土工膜 1≥2.7 mm，复合土工膜 2≥4.7 mm。

下述标准适合复合土工膜 2（复合土工膜 1）的相应指标参数：

幅宽 >5 m，断裂伸长率 >50%，断裂强度≥27 kN/m，CBR 顶破强力≥4.9 kN，撕破强力≥0.7 kN，剥离强度≥6 N/m，耐静水压力≥0.6 MPa/m，垂直渗透系数不大于 $10^{-11}$ cm/s。

（3）土工网：指以高密度聚乙烯（HDPE）或其他高分子聚合物为主要原材料加入一定的抗紫外线助剂等辅料，经挤出成型的平面网状结构制品，应符合《土工合成材料塑料土工网国家标准》（GB/T 19470—2004），其性能指标应满足以下要求：

幅宽≥2 m，单位面积质量≥730 $g/m^2$，纵横向拉伸屈服强度≥6.2 kN/m，2.5 cm × 2.5 cm < 网眼尺寸 <8 cm × 6 cm，碳黑含量≥1%。

（4）土工网垫的指标要求：土工网垫是指以热塑性树脂为原料，经挤出成网，拉伸、复合成型等工序而制成的多层塑料三维土工网垫，应符合《土工合成材料塑料三维土工网垫国家标准》（GB/T 18744—2002），其性能指标应满足以下要求：

幅宽≥2 m，单位面积质量≥260 $g/m^2$，厚度≥12 mm，纵横向拉伸屈服强度≥1.4 kN/m，碳黑含量≥1%。

（5）中砂找平层填料：采用具有良好级配的中粗砂。

（6）砂浆保护层：砂浆保护层的材料要求满足《水利水电工程锚喷支护施工规范》（DL/T 5181—2003）喷护施工要求。砂浆强度等级为 M7.5，每级马道排水沟内壁的防水砂浆强度等级为 M7.5，另加适量防水剂。

（7）泥灰岩开挖料（中—弱膨胀性）：泥灰岩开挖料（中—弱膨胀性）最大粒径应不大于 5 cm，控制含水率为最优含水率 +（1% ~2%）。

（8）耕植土及草种：选用无膨胀性、利于植物生长的耕植土，草皮绿化选择当地易于生长的耐寒性的草种。

## 二、复合土工膜的施工方法与技术要求

施工程序：清基整平—放样—复合土工膜施工—喷护砂浆保护层—回填泥灰岩开挖

料(中—弱膨胀性)保护层—土工网铺设及拼装—土工网垫铺与连接。

**(一)清基整平**

按照施工要求开挖边坡(复合土工膜 +50 cm,保护层区段设计线以下削坡 50 cm),清除一切可能刺破复合土工膜的尖角岩石、土块、木桩等。凸凹处必须整平、填平,要求平整度不超过 ±5 cm,遇表层积水应提前进行抽排,保持基面清洁、干燥。

**(二)放样**

严格按照施工图放样,做好边桩、填土高度、边坡坡比控制等。

**(三)复合土工膜施工**

(1)复合土工膜铺设须在坡面清基整平完工并经监理验收合格后进行。

(2)坡面验收合格后,先开挖排水沟,并装设排水暗管($\phi$150 软式透水管),排水暗管应按设计要求安装。

(3)复合土工膜采用人工铺设,将成卷的复合土工膜沿坡顶向渠底方向铺设。计算好长度一次铺好,中间尽量减少接缝。

(4)复合土工膜采用热熔法双缝焊接(或其他有效拼接方式),焊接宽度约 10 cm,焊边方向与渠道走向垂直(具体拼接技术按设计要求)。在坡顶处将复合土工膜埋入固定沟内。对于有水沟的地方,复合土工膜铺设时须将土工膜埋入已经开挖的排水沟槽内,槽内预置适量防水砂浆液体以形成膜下浅部隔水线。

(5)铺设复合土工膜时需留约 1.5% 的余幅,以便拼接和适应气温变化。铺设时随铺随压,以防风吹。

(6)在各过渡带地区也须铺设复合土工膜至下区土工膜处理层底部,并向下区延伸 1.0 m。在马道外排水沟向下复合土工膜的过渡应平顺连接,采用热熔焊接,焊接宽度 10 cm。

将仪器接头接线或管穿过复合土工膜后,需用土工膜胶进行黏结密封。

(7)在施工过程中,严禁机械在已铺设的复合土工膜坡面行走,如发现施工中有损伤应立即修补。施工过程中严禁烟火,施工人员需要穿着无钉的鞋或胶底鞋进行工作。

## 第九节　混凝土框格 + 植草处理层施工技术方案

### 一、工程结构

混凝土框格 + 种植草护坡要求采用混凝土框格为 C15 混凝土预制件,混凝土构件厚度 100 mm,结构为六边形,单边长 250 mm。框格内植草护坡。混凝土框格预制件由工厂化生产。

### 二、排水系统工程

排水系统可分为纵、横排水沟工程。纵向排水沟布置于马道内侧,横向排水沟布置在桩号 SY0 +000—SY1 +500 左右岸,每 60 m 设一道排水沟。纵、横向排水沟为 C15 混凝土，断面尺寸见图 3-3。

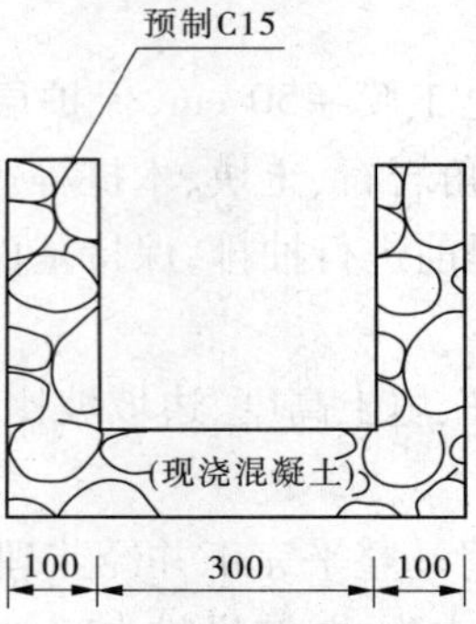


**图 3-3　排水沟断面尺寸**

（2～4 级马道）

图 3-3 为马道排水沟，底板为现浇混凝土 C15，左、右侧墙采用预制混凝土预制件，强度等级为 C15，尺寸为 280 mm × 100 mm × 480 mm，坐浆及接缝砂浆为 M7.5，内侧排水沟为现浇混凝土 C15。

## 三、材料及设计技术指标

### （一）施工材料

混凝土框格 + 植草处理层施工主要材料为 C15 的混凝土、M7.5 的砂浆、草种、耕植土等。

### （二）原材料的技术要求及试验成果

河南省水利第一工程南水北调中线潞王坟试验段项目部工程所采用的混凝土原材料：水泥为新乡平原同力水泥厂生产的 32.5 级普通硅酸盐水泥，其水泥质量检测结果如表 3-9 所示。

**表 3-9　新乡平原同力水泥厂生产的 32.5 级普通硅酸盐水泥质量检测结果**

| 项目 | 抗折强度（MPa） | | 抗压强度（MPa） | | 细度（%） | 密度（$g/cm^3$） | 凝结时间（h:min） | | 安定性 | 标准稠度用水量（%） | 碱含量（%） |
|---|---|---|---|---|---|---|---|---|---|---|---|
| | 3 d | 28 d | 3 d | 28 d | | | 初凝 | 终凝 | | | |
| 标准值 | ≥2.5 | ≥5.5 | ≥11.0 | ≥32.5 | ≤10 | — | ≥0:45 | ≤10:00 | 合格 | — | ≤0.60 |
| 检测值 | 4.5 | 8.9 | 17.6 | 45.6 | 2.0 | 3.09 | 3:33 | 5:39 | 合格 | 28.0 | 0.53 |
| 结论 | 该水泥所检项目符合《硅酸盐水泥、普通硅酸盐水泥》（GB 175—1999）标准要求 | | | | | | | | | | |
| 备注 | 碱含量标准值为南水北调中线干线工程标准《预防混凝土工程碱骨料反应条例（试行）》中的规定值 | | | | | | | | | | |

粉煤灰为新乡华新电力集团股份公司生产的Ⅱ级 F 类粉煤灰，其试验结果如表 3-10 所示。

表 3-10　新乡华新电力集团粉煤灰质量检验结果

| 项目 | 细度(%) | 密度($g/cm^3$) | 需水量比(%) | 烧失量(%) | 三氧化硫(%) | 碱含量(%) |
|---|---|---|---|---|---|---|
| 标准值 | ≤20 | — | ≤105 | ≤8 | ≤3 | ≤1.5 |
| 检测值 | 16.0 | 2.16 | 95 | 2.78 | 0.70 | 1.47 |
| 结论 | 粉煤灰的细度、需水量比、烧失量、三氧化硫含量、符合《水工混凝土掺用粉煤灰技术规范》(DL/T 5055—1996)中对粉煤灰的技术要求 | | | | | |
| 备注 | 碱含量标准 | | | | | |

外加剂选用西卡(中国)建筑材料有限公司天津分公司生产的 sikaviscocra te1210W 高效减水剂(液体),其检测结果如表 3-11 所示。

表 3-11　1210W 高效减水剂检测结果

| 项目 | 减水剂(%) | 泌水率比(%) | 含气量(%) | 凝结时间差(min) | | 抗压强度比(%) | | 碱含量(%) |
|---|---|---|---|---|---|---|---|---|
| | | | | 初凝 | 终凝 | 7 d | 28 d | |
| 标准指标 | ≥15 | ≤95 | ≤3.0 | -60 ~ +90 | -60 ~ +90 | ≥125 | ≥120 | 0.82 |
| 检测结果 | 16.8 | 50 | 1.8 | +30 | +40 | 125 | 121 | |
| 结论 | 合格 | 合格 | 合格 | 合格 | 合格 | 合格 | 合格 | 合格 |

骨料采用盘石头水库花尖脑料厂生产的 5 ~ 20 mm、20 ~ 40 mm 碎石和人工机制砂,其粗、细骨料的质量检验结果如表 3-12 ~ 表 3-14 所示。

表 3-12　5 ~ 20 mm 粗骨料的质量检验结果

| 项目 | 松散体积密度($g/m^3$) | 紧密体积密度($kg/m^3$) | 饱和面干密度($kg/m^3$) | 表观密度($kg/m^3$) | 空隙率(%) | 吸水率(%) | 泥块含量(%) | 含泥量(%) | 针、片状颗粒含量(%) | 压碎指标(%) | 超、逊径含量(%) | |
|---|---|---|---|---|---|---|---|---|---|---|---|---|
| 标准值 | — | — | — | ≥2 550 | — | — | 不允许 | ≤1 | ≤15 | ≤20 | 0 | ≤2 |
| 检测值 | 1 480 | 1 680 | 2 700 | 2 720 | 38 | 0.42 | 0 | 0.5 | 0 | 8.8 | 0 | 0 |

表 3-13　20 ~ 40 mm 粗骨料的质量检验结果

| 项目 | 松散体积密度($g/m^3$) | 紧密体积密度($kg/m^3$) | 饱和面干密度($kg/m^3$) | 表观密度($kg/m^3$) | 空隙率(%) | 吸水率(%) | 泥块含量(%) | 含泥量(%) | 针、片状颗粒含量(%) | 压碎指标(%) | 超、逊径含量(%) | |
|---|---|---|---|---|---|---|---|---|---|---|---|---|
| 标准值 | — | — | — | ≥2 550 | — | — | 不允许 | ≤1 | ≤15 | ≤20 | 0 | ≤2 |
| 检测值 | 1 510 | 1 680 | 2 710 | 2 720 | 38 | 0.32 | 0 | 0.2 | 0 | 8.1 | 0 | 1 |

**表 3-14　细骨料(砂)的质量检验结果**

| 项目 | 细度模数 | 石粉含量(%) | 泥块含量(%) | 空隙率(%) | 表观密度($kg/m^3$) | 饱和面干密度($kg/m^3$) | 松散体积密度($kg/m^3$) | 亚甲蓝*MB*值 | 吸水率(%) |
|---|---|---|---|---|---|---|---|---|---|
| 标准值 | — | 6~18 | 不允许 | — | ≥2 550 | — | — | <1.4 | — |
| 检测值 | 3.0 | 14.8 | 0 | 32 | 2 740 | 2 690 | 1 660 | 1.0 | 0.6 |
| 结论 | ①该细骨料为中砂;<br>②小于 0.08 mm 颗粒属于石粉 | | | | | | | | |

## 四、混凝土及砂浆配合比的推荐

根据对工程原材料质量检验及混凝土配合比室内试配试验,河南省水利基本建设工程质量检测中心推荐并经监理工程师认可,混凝土的配合比如表 3-15 所示。

**表 3-15　南水北调中线潞王坟试验段工程混凝土推荐配合比**

| 序号 | 强度等级 | 耐久性指标 | 级配 | 坍落度(mm) | 水胶比 | 砂率(%) | 粉煤灰掺量(%) | 1 $m^3$ 混凝土材料用量($kg/m^3$) | | | | | | |
|---|---|---|---|---|---|---|---|---|---|---|---|---|---|---|
| | | | | | | | | W | C | F | S | G | 1210W | AER50-C |
| 1 | C15 | | 二 | 20~40 | 0.65 | 41 | 20 | 134 | 165 | 41 | 868 | 1 249 | 1.75 | |
| 2 | C15 | | 一 | 10 | 0.57 | 40 | | 162 | 284 | | 798 | 1 196 | | 挤压式预制用 |
| 3 | C20 | W6F150 | 一 | 40~60 | 0.50 | 40 | 20 | 135 | 216 | 54 | 787 | 1 181 | 2.30 | 0.054 |
| 4 | C20 | W6F150 | 二 | 40~60 | 0.48 | 37 | 20 | 130 | 217 | 54 | 735 | 1 251 | 2.30 | 0.054 |
| 5 | M7.5 | | 一 | 30~50 | 0.85 | | | 230 | 270 | | 1 600 | | | |

## 五、技术要求

(1)护坡六角形空心框格为混凝土预制件,框格之间采用 M7.5 砂浆砌筑,并以混凝土护肩型式锁紧。

(2)六角框格种草皮护坡。

(3)一级马道排水沟为 600 mm×400 mm 现浇混凝土。

(4)马道纵、横向排水沟(300 mm×300 mm)底板为现浇混凝土,左、右侧为预制混凝土。技术要求应满足《水工混凝土施工规范》(DL/T 5144—2001)的要求。

(5)草种及耕植土。

草皮绿化选择当地易于生长的耐寒性好的草种。

选用无膨胀性利于植物生长的耕植土,要求质地疏松,干不开裂,湿不泥泞,空气流畅,团粒结构性强,厚度应不小于 30 cm。

## 六、施工过程

工艺流程:测量放样—修坡—矩形排水沟施工—混凝土框格渠道护砌—种植草皮—覆盖无纱布—后期管理—养护。

### (一)测量放样

在渠道大面积开挖,回填完成后,左、右岸边坡工作面出来后,即根据施工图进行护坡、定位、放样,在各级马道内、外侧及坡顶设控制桩,确定平台、坡肩线、坡脚、坡顶位置等。

### (二)修坡

根据放样控制桩,每 8 m 在坡顶、坡脚位置打入一木桩,木桩上面画出混凝土框格砌筑面高程。人工用平头铁锨精修渠坡达到设计要求,基础平整度不超过 ±5 cm。

由于框格内要求植草,坡面需预留植耕土位置 10 cm,以便于植草生长。

### (三)排水沟的施工

(1)放样:按设计图纸要求,确定纵、横向排水沟位置和高程及断面尺寸。

(2)排水沟采用两侧挂线,先根据放样标准尺寸开挖排水沟宽度、深度,由监理工程师认可后进行下一道工序。

(3)纵、横向排水沟(300 mm×300 mm),底板厚度 100 mm 现浇混凝土,达到三天强度后,即可以进行排水沟侧墙施工。侧墙 C15 混凝土采用预制件(280 mm×480 mm)浆砌,矩形排水沟(300 mm×300 mm)预制件由预制场集中预制,用小型自卸车运到施工现场,排水沟安装衬砌采用两侧挂线砌筑,从坡脚开始往上安砌。安砌前,先在现浇混凝土位置铺筑砂浆 2 cm 找平,沿双线安放排水沟,保持矩形排水沟缝宽 1.5 cm,缝内填实砂浆。在排水沟安砌完后,其两侧用黏土回填夯实。

(4)排水沟安装砌筑的质量要求:安砌稳固牢靠,做到线条直顺、平整、无错差,填缝饱满严密,整洁坚实,缝宽一致、平整。

(5)养护:排水沟安装后,用养护剂养护或覆盖洒水养护。

(6)混凝土框格渠道护砌:在渠道压实削坡完成,排水沟安装后,人工进行六角混凝土框格砌筑。其施工步骤如下:

①放样:在渠道边坡开挖 0.3 m,回填 0.2 m,削坡完成后,重新对控制桩进行校核,并重新划定砌筑面,每 8 m 一排控制桩,拉线控制混凝土框格面平整度及位置。

②混凝土框格预制件由预制厂采用专门挤压机械生产,产品应符合设计要求。

③混凝土框格护砌从坡底面开始,逐渐铺至堤顶,框格之间砌筑预留 1 cm 缝隙,用 M7.5 砂浆填实,六角形要砌筑成型,角棱规范平顺,结合紧密,外表美观,并以混凝土护肩型式锁紧,砌筑完成后需保证坡面平整。

④混凝土框格护坡铺设后,接头处及时喷养护剂养护,以保证混凝土构件的质量。

⑤混凝土框格护坡砌筑后,及时回填框格,回填材料为耕植土。回填时用人工,由下至上采用进占法,一定要保持砌筑成型混凝土框格不移动、不变形,坡面平整,回填植耕土

面低于混凝土框格面 1 cm。

## 七、草皮种植的要求

(1)草皮护坡采用人工播种法。播放要求种子纯度在 90% 以上,发芽率在 80% 以上,草皮播种前要精细整地,栽后草坪保持平整,无杂草。

(2)土层厚度。为了使草坪植物保持优良质量,土层厚度不应小于 30 cm,在小于 30 cm的地方应加厚土层。框格内填土高度不低于六角空框 1 cm。

(3)施底肥。在施工中提前将饼肥打碎撒在平整过的表土上,并翻松与土壤充分混合或在框格施工结束后,回填土混合底肥,使肥料与土壤充分混合。

(4)混合草籽:播种前一天用水浸泡催芽,时间为 12 ~ 24 小时,肥料采用高级复合肥,成分按 M: P: K = 1: 1: 1,再将浸泡催芽好的种籽、肥料、保水剂按比例混合,搅拌均匀。

(5)播草籽。混合料在混凝土框格、回填土完成后,土地整平,坡面平整,土壤含水率适中,天气良好时,适时播种采用人工播种,由专业人员指导,均匀地将混合材料喷撒在整个坡面上,并用土覆盖,播种结束后,及时采用人工降雨的方式,使土壤表面保持湿润,促进草籽发芽生长。

(6)覆盖无纺布。在撒播完草籽混合料的坡面上,由人工自上而下覆盖一层无纺布,保护未发芽扎根的草籽,以免被风吹、雨水冲毁,并可保持坡面水分,促使种子均匀分布。

(7)后期管理。当年栽种的种籽草坪除雨季外应每周浇透 2 ~4 次,以水渗入地下 10 ~15 cm 处为宜,应在每年土地解冻后至发芽前灌一次返青水,晚秋在草叶枯黄后至土地冻结前灌一次防冻水。水量要充足,要使水渗入地下 15 ~20 cm。

(8)养护。种植后,要坚持"三分栽,七分管"的原则,除了做到边栽边管外,还特别强调栽后一年内的养护工作,并要做到以下几点:①设专班专人,进行日常性养护管理,在施工队撤离时留下技术过硬、认真负责的管理人员进行养护管理;②坚持天天检查,发现问题及时解决;③浇水、除草、施肥根据气候变化和苗木草坪需水情况进行科学合理的浇水,及时清除杂草,保持草坪洁净,视苗木、草坪需要酌情施肥,促使草坪苗木健壮生长;④防治病虫害,勤观察,勤记录,发现病虫害要尽早治疗。

## 八、质量控制

渠坡坡面处理层混凝土框格 + 植草排水系统质量控制应重点控制原材料,并注重控制以下几项。

### (一)回填土施工质量控制

回填耕植土施工的含水率为最优含水率 + (1% ~2%),要求压实度≥85%,最大粒径<50 mm,在回填过程中使用小型机器,如振动板、手扶式振动碾压实。框格内充分洒水,自然密实。

### (二)混凝土框格质量控制

混凝土六角空心框格预制护坡施工时应符合以下要求:

(1)预制块强度应符合设计要求。

(2)预制块外观质量标准,尺寸准确,整齐统一,表面清洁平整。

(3)预制块铺砌应平整、稳定,缝隙紧密,缝线规则。

(4)预制块护坡质量检测项目为:坡面平整度应达到 2 m 靠尺检测,凹凸不超过 1 cm。

(5)预制块护坡单元工程坡面平整度质量检测沿堤线每 10 ~ 20 m 应不少于一个点次。

(6)混凝土六角框格预制块护坡单元工程的评定标准应符合以下规定:检查项目达到标准,坡面平整度合格率不小于 90%。

**(三)排水沟的质量控制**

(1)现浇:预制混凝土的配合比应由有资质的实验室提出,并经监理工程师同意后,方可使用。

(2)按照"三检制"要求,对排水沟的开挖断面尺寸衬砌质量进行自检、复检,项目部质检部门抽检,然后通知监理验收后再进行下道工序。

(3)混凝土预制块排水沟衬砌要求缝线顺直,砂浆饱满度达到 80% 以上。平整度标准 1 cm/2 m。砌筑砂浆为 M7.5。

(4)排水沟每 10 m 一条伸缩缝,缝宽 2 cm,充填泡沫板。

**(四)养护**

现浇、预制混凝土块要求用养护剂或黑沾棉覆盖养护,养护时间不少于 28 天。

**(五)植草**

要求选种、选土、种植、养护,保证成活率,保证坡面稳定、安全,不冲刷。

## 第十节　砌石拱处理层施工方案

南水北调中线一期工程总干渠膨胀岩(土)试验段工程按规定部分采用砌石拱,砌石拱中间为草皮护坡,耕植土厚度为 20 cm 的施工方案,其具体的技术要求如下:

砌石拱为浆砌石块石,断面尺寸 300 mm × 300 mm,石拱半径 1 500 mm,采用 M7.5 砂浆砌筑,如图 3-4 所示。

### 一、材料

砌石拱所用的材料有块石、砂、水泥、水及草籽、耕植土等。

### 二、各项材料的技术要求

**(一)块石**

砌石体的石料应材质新鲜、坚硬,无风化剥落或裂缝,石材表面无污垢、水锈等。用于表面的石材要求色泽均匀,石料的各项物理力学指标应符合设计要求。

**(二)砂、水泥、水**

(1)砂采用人工机制砂,各项物理力学指标符合《水工混凝土施工规范》(DL/T

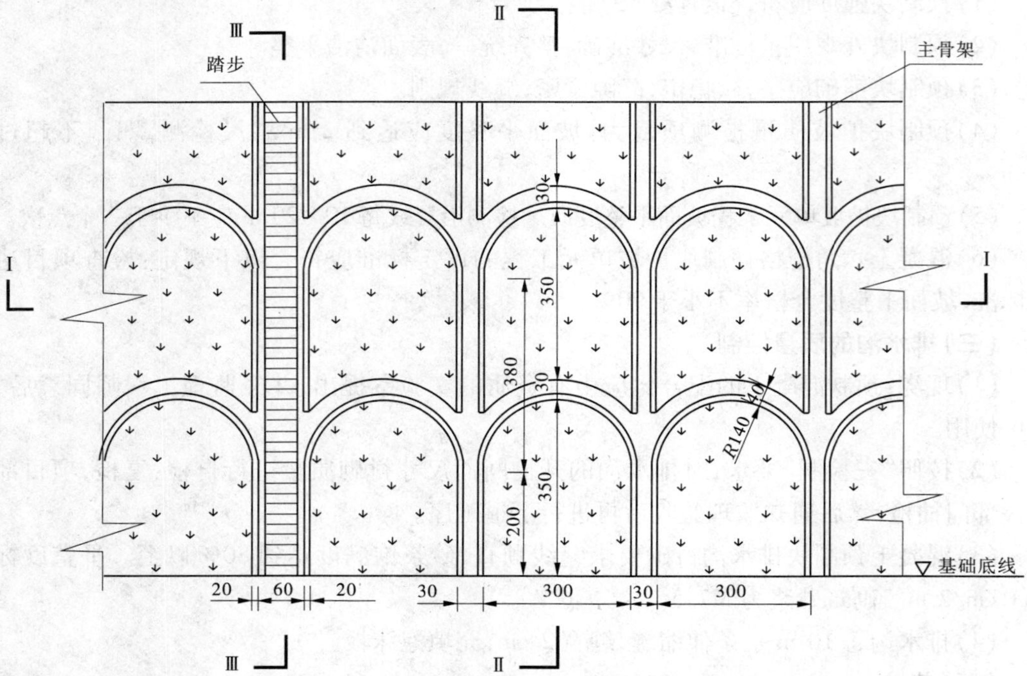


**图 3-4　砌石联拱 + 植草平面布置**

5144—2001）的要求。

（2）水泥宜采用 P·O42.5 级普通硅酸盐水泥，应具有出厂合格证，并现场抽检，经监理人员批准后使用。

（3）M7.5 砂浆应满足施工图纸规定强度和施工和易性要求。

（4）拌制用水采用饮用水标准。

（5）施工过程中当施工单位需要改变胶凝材料配合比时，应重新试验并经监理工程师批准。

**（三）草籽、耕植草**

采用耐旱、易活，适宜当地生长，符合工程要求的草籽。

耕植土：要求弱膨胀性，粒径≥50 mm，厚度 30 cm，质地疏松，干不开裂，湿不泥泞，空气流畅，排水良好，富含养分而且团粒结构性强，能经常保持土壤中的水分。

## 三、施工过程

工艺流程：放样—削坡、修坡—浆砌石拱—种植草皮—覆盖无纺布—后期管理。

**（一）放样**

在开挖回填工作面完成后，即根据施工图每 8 m 设一排控制桩，用全站仪确定坡脚和坡顶平台肩线、坡脚位置线。

**（二）削坡、修坡的要求**

（1）根据放样砌石面设计线，削坡 10 cm，先用挖掘机挖斗前沿加削坡板粗削，人工精削。

(2)人工削坡前重新放样，除在坡脚、平台肩、坡顶放样外，还要求放样砌石拱位置及控制桩，并画砌石高程，以便精确控制砌石厚度。人工根据放样线削坡、修坡，尤其是砌石拱位置，一定要拉线控制，达到设计砌石厚度。修坡合格后，由监理工程师验收认可后，进行下一道砌拱工序。

**(三)浆砌石拱的技术要求**

(1)校核砌石拱放样砌石线及控制桩，方法是采用双线控制砌石面，保证砌石拱的断面尺寸。按施工图要求进行挖基槽，清理干净，经验收合格后砌筑浆砌块石。

(2)选择石料。石料的材质应质地坚硬，新鲜，完整，无风化剥落和裂纹，石材表面无污垢、水锈等杂质，砌筑前应清理干净。块石的厚度大于 15 cm，至少有两个基本平行面，砌体表层的石料必须具有一个可作为砌筑表面的平整面。

(3)砌筑所用的砂浆。原材料(砂、水泥、水)必须符合国家标准的规定。砂浆的配合比必须经过试验确定，其强度和和易性必须满足设计要求，并征得监理工程师同意。砌筑土料中按规定要求取样检查。

(4)砂浆的拌制。砂浆采用 0.35 $m^3$ 拌和机拌和，拌和机设置在施工现场附近，配料须经过衡器称量并控制在允许的误差范围内。拌和时间符合规范要求，砂浆稠度为 30 ~ 50 mm。当气温变化时，适当调整。

(5)块石和砂浆运输。块石在料场取料，采用机动翻斗车人工装车运至工作面，工作面内由人工搬运。砂浆采用翻斗车运输，在运输过程中如果发生离析，泌水的砂浆必须要重新拌和，已初凝的砂浆不许使用。

(6)砌筑。块石砌筑采用铺筑法砌筑，分层卧砌，上下错缝，内外搭砌，严禁采用外面侧立石块，内部填心的砌筑方法，块石砌体的转角处和交接处同时砌筑，对不能同时砌筑的面，留置临时间断处，并砌成斜槎。块石砌筑前要洒水湿润，灰缝宽度 20 ~ 30 mm，砂浆饱满，石块间较大的空隙采用先填砂浆，后用碎石或片石嵌石的方法，石块间不相互接触，块石砌石第一皮及转角处选用较大的块石砌筑。

(7)勾缝。砌石表面勾缝，保持块石砌筑后的自然接缝，要求美观匀称，块石形状突出，表面平整，勾缝砂浆应单独拌制，不得与砌筑砂浆混用。清缝宜在砌筑 24 小时后进行，缝宽不小于砌缝宽度，缝深不小于缝宽的两倍，勾缝前必须将缝槽冲洗干净，不得残留积水和灰渣，并保持缝面湿润，勾缝砂浆分几次向缝内填充压实直至与外表齐平，然后压光，勾缝完毕后将砌体表面溅染的砂浆清除干净。

(8)养护。砌筑结束后，浆砌石表面覆盖黑沾棉或土工膜，洒水养护 14 天。

(9)回填耕植土。砌石拱强度达到 50% ~70% 后，石拱内及时回填耕植土。由坡顶或一级马道用小型自卸车进料，人工撒耕植土，采用进占法回填。保护好已砌好的浆砌石拱，不得损坏石拱的棱角边框等。回填后采用人工降雨的方法，使耕植土密实，并保持土壤的养分，以利于下道工序——植草护坡。回填面要求低于砌石拱面 1 cm。

## 四、施工质量控制

(1)原材料、块石、水泥、砂、水、耕植土、草籽控制原材料的符合规定的技术要求，并经监理工程师同意，且要有国家有资质单位认可的检验单。

(2)砌筑砂浆采用 M7.5,砂浆强度和和易性应符合设计要求。

(3)浆砌石拱质量保证措施:

①砌筑必须采用铺筑法砌筑,砌体石块宜分层卧砌,上下错缝,内外搭砌。不得采用外面侧立石块、中间填心的砌筑方法。

②在铺砌之前,石料洒水湿润,使其表面充分吸收,但不得残留积水。灌砌砂浆应饱满密实。

③砌体基础的第一层石块应先铺砂浆,并将大石朝下。砌体基础的扩大部分如做成阶梯形,上级阶梯的石块应至少压砌下级阶梯的1/2,相邻阶梯的石块应相互错缝搭砌。砌体的第一层及其转角处、交接处和洞口处应选用较大的平整块石砌筑。

④砌体结构尺寸和位置的允许偏差,轴线位移不得超过 50 mm,基础和顶面标高不得超过 20 mm,面坡度不得超过 0.5%$H$,2 m 长度上表面平整度不得超过 30 mm。

⑤控制好灰缝的宽度为 20~30 mm,宽度均匀一致。

⑥做好浆砌石勾缝,勾缝砂浆应严格按配合比拌制。水泥、砂用同一品种,使缝色泽一致。

⑦砌体外露面宜在砌筑后 12~18 小时之内及时养护,经常保护外露面的湿润,养护时间一般为 14 天。

⑧当最低气温为 0~5 ℃时,砌筑作业应注意表面保护,当最低气温在 0 ℃以下或最高气温超过 30 ℃时,应停止砌筑。无防雨棚的仓面遇大雨应立即停止施工,妥善保护表面,雨后应先排除积水,并及时处理受雨水冲刷部位。

⑨加强检查报验制度。

⑩严格按照图纸和施工规范进行施工。

⑪严格控制材料的进出库制度。

⑫砌筑时必须挂线,每层用相同宽度的块石砌筑,确保砌筑成型。

⑬每天砌筑停工后,必须将砌石表面清理干净。

⑭施工人员必须跟班作业,确保工程质量。

(4)砌体工程的检查、验收:

①砌体工程在砌筑前应进行砌筑体测量放样成果的检查和基础面开挖清理质量的检查和验收。

②外观检查砌体砌筑面的平整度和勾缝质量,石块嵌挤的紧密度,缝隙砂浆的饱满度等。

③在砌体工程的砌筑过程中,按有关规定对砌体砌筑质量进行检查和验收。

(5)草皮护坡的检查:草皮种植要求选种、选土、种植、养护,保证成活率,保证坡面稳定、安全,不冲刷。

## 第十一节　干渠护坡喷护处理层施工方案

河南省水利第一工程局南水北调中线潞王坟试验段项目部根据《南水北调中线一期工程总干渠膨胀岩(土)现场试验研究实施细则》和施工图设计要求的规定,对渠坡采取喷护砂浆保护层处理措施。其施工方案和各项技术要求如下。

## 一、材料及技术要求

要求满足《水利水电工程喷锚支护施工规范》(DL/T 5181—2003)喷护施工的要求。配合比应由有资质的实验室配置,并经监理认可,所用水泥为 P·O42.5 级、中砂均应符合设计要求,喷护厚度为 8 ~ 10 mm,砂浆强度等级为 M7.5。

## 二、植喷的要求

(1)锚杆 L 形钉:采用钢筋Φ 12 ~ Φ 16 加工制成,长度为 30 ~ 60 cm。

(2)土工网、土工网垫:根据设计要求,应符合《土工合成材料塑料土工网国标》(GB/T 19470—2004)和《土工合成材料塑料三维土工网垫国标》(GB/T 18744—2002)。

土工网性能应满足以下要求:

幅宽≥2 m,单位面积质量≥730 $g/m^2$,碳黑含量≥1%,2.5 cm×2.5 cm < 网眼尺寸 < 8 cm×6 cm,纵横向拉伸屈服强度≥6.2 kN/m。

土工网垫性能应满足以下要求:

幅宽≥2 m,单位面积质量≥260 $g/m^2$,厚度 12 mm,纵横向拉伸屈服强度≥1.4 kN/m,碳黑含量≥1%。

(3)植物种子:要求耐旱、易活、固结土壤性强、发芽率高。

(4)耕植土:要求透气、团粒结构好。

(5)喷护其他材料:按设计要求确定。

## 三、施工工艺的要点

### (一)清基削坡

按照施工图要求开挖边坡,清除坡面浮土、浮石或爆破震松的岩块等,要求清基到基岩面新鲜岩石。

植喷要求:基面低于设计面 15 cm 进行削坡,严格按标准放样,挖掘机和人工结合削坡,基面平整度不超过 ±5 cm。

### (二)放样

严格按照施工图纸要求放样,做好边桩喷射厚度、边桩控制等。

### (三)喷射砂浆 M7.5 工艺要求

(1)安排好施工场地,缩短混合料的运输距离,喷射机与受喷面之间的距离要适当,最好由试验喷射确定距离。

(2)喷射作业前,应进行电气设备的检查和机械设备的试运行,并在受喷面和各种机械设备的操作场所配备充足的照明设备。

(3)喷护所用的砂浆应由实验室确定配合比。采用干喷法施工时,喷射时不得出现离析和脉冲等现象。

(4)作业区分段进行喷射,区、段间的结合部接缝处应做妥善处理,不得存在漏喷的部位。

(5)喷射机操作应遵守下列规定:

①严格执行喷射机操作规程;

②连续向喷射机供料;

③保持喷射机工作风压稳定;

④完成或因故中断喷射作业时,将喷射机和输料管内的积料清除干净。

(6)喷射手应遵守下列规定:

①经常保持喷头具有良好的工作性能;

②及时调整供水量,控制好水灰比;

③认真操作保证喷层厚度,提高喷层表面平整度。

(7)一次喷射厚度以喷层不发生坠落和滑移为适度,后一次喷射应在喷层终凝后进行。

(8)做好喷层的养护工作,喷层终凝2小时后可开始喷水养护,在14天内应使喷层表面处于湿润状态。

**(四)植喷工艺(厚度15 cm)**

由于膨胀岩处理的特殊性,植喷工艺由试验决定。小片试验由建管处、设计、监理认可后,方能大面积实施。

施工工艺流程:清理坡面—喷射基材10 cm—喷射混合草籽基材3 cm—张土工网垫—固定土工网垫—喷射2 cm耕植土—养护。

1. 清理坡面

先清除坡面上的浮土,浮石、坚硬岩石用手风钻钻孔。钻孔时,作业人员应带有安全带作业,一端固定在坡顶,确保作业人员安全。

2. 张土工网垫

土工网垫从顶向下放,并按土工网间规定连接方式为在机器加工方向(纵向)上搭接长度不小于7.5 cm,在横向上搭接长度不小于15 cm。横向为顺坡搭接。然后用塑料绳带把材料拴紧在一起。在机器加工方向(纵向)上连接间距为150 cm,在横向上连接间距为30 cm。

土工网垫在植喷表面,防止种子被风吹走。土工网垫表面,喷护壤土2 cm,并用L形锚钉及锚杆固定于植喷土中。

3. 种植基材

选择适宜当地生长的种子和壤土,采用喷射机喷射,遍布整个坡面,分三次喷射,第一次喷射10 cm厚,不含草种基材;第二次喷射3 cm厚,含草种基材,喷射完成后张土工网垫,并固定好;第三次喷射2 cm覆盖土工网垫。

喷射基材配合比由试验确定。土料粒径 <5 mm(过筛),加水量由试喷决定。

4. 养护

基材种植完成后,采用喷淋式水枪养护,水枪不得直接击基材表面,应朝天空,然后形成雾状落在基材上,待植草出来后,可自由养护,保证基材的成活率。

**(五)施工质量控制**

1. 喷护砂浆质量控制三个环节

喷护砂浆质量控制的三个环节为控制原材料、喷射工艺和养护。控制原材料水泥应符合规范规定并经试验合格且经监理认可。

砂子最大粒径为 15 mm,并满足级配要求。

2. 施工工艺控制

(1)基础面整个合格,按“三检制”验收合格后,经监理签字认可才能进行下道工序。

(2)喷护所用的配合比 M7.5 砂浆由试验确定,经监理认可,并在实践中检验,如果有不合适处,应重做试验调整配合比,且返工处理。

(3)不掺速凝剂的混合料,停放的时间不宜超过 2 小时。

(4)操作喷射机要严格执行喷射机操作规程,喷射手要求认真操作,保证喷层厚度,提高喷层平整度。

(5)如发现脱落的喷层,必须及时清除,重新喷射,保证喷射质量。

3. 养生工作注意事项

(1)喷层终凝 2 小时后开始喷水养护,24 小时后用土工膜覆盖养护,在 14 天之内使喷层表面经常处于湿润状态。

(2)设立专职养生人员,24 小时不间断养护。

4. 植喷质量控制

植喷质量控制可分为原材料控制、施工工艺和养生三道环节。

(1)原材料控制。锚杆 L 形钉采用Φ 12 ~ Φ 16 钢筋,长度 30 ~ 61 cm,钢筋符合规定,要求牢固固定土工网,岩石部分用手风钻钻孔,砂浆填缝固定。

(2)土工网应符合国家技术要求,并经监理认可。

(3)种植基材。选择的土壤要求施底肥,团粒结构强,基材含水率经试验确定符合喷射要求。

## 第十二节　改性水泥施工技术简介

### 一、水泥改性土的概念

采用水泥作为改性剂,将水泥土和天然原土强制拌和形成水泥土,利用水泥和原土之间产生的一系列物理化学反应解决膨胀土的胀缩性。掺合水泥是膨胀土改性的有效方法,可以改良膨胀土的物理力学性能,提高膨胀土的强度和稳定性。由于施工简便,原材料易得,所以其应用广泛。水泥可以改性膨胀土是由于钙酸盐和铝的水化物与颗粒相互间的胶结作用及胶结物逐渐脱水和新生矿物的结晶作用,降低了液限和体变,增大了抗剪强度。

### 二、水泥的力学性能

用水泥改性土能明显改善膨胀土的物理力学性质,提高膨胀土的性能,能大幅度提高其强度和耐久性。水泥改性土的塑限和液限均有所下降，由于液限的下降幅度更大，导致塑性指数下降，膨胀土的膨胀性减小。水泥改性土的团粒作用、硬凝反应和碳酸反应有利于改性土的骨架形成、粒间连接力的增强，促使抗压强度增大，由于水泥自身具有硬化胶结的能力，随着水泥含量的增加，强度改良将更加明显，随着时间的增长，水化反应更充分，改性效果也更好。同时水泥改性土具有良好的耐久性。水泥改性土的抗剪强度较膨胀土的抗剪强度较大幅度的提高，而且水泥改性土的抗剪强度随水泥掺入量和龄期的增加而增大。水泥改性土的抗渗能力较膨胀土有大幅度增加，并且随水泥掺入量的增加而增大。

## 三、水泥改性土填筑施工要点

水泥改性土是有效的膨胀土处理措施，水泥土是施工中比较常用的施工方法，广泛应用于水利、交通、电力、建筑等行业。施工过程主要包括筛分、渣场铺料平整、洒水闷料、布灰、拌和、运输、铺料整平、碾压等，施工过程中要注意以下几点：

（1）水泥土施工应认真做好前期准备工作，对原土性质、水泥性能、水泥土的技术条件、施工设备及其性能、技术人员和工人及天气条件等方面进行充足准备。

（2）严格控制施工过程质量，保证各项指标满足施工要求，如摊铺厚度、拌和前及拌和后的含水率、配合比、拌和均匀程度等。

（3）水泥土施工受温度影响很大，为避免因温度差异而加剧水泥土的技术指标变化，一般宜控制在 20～25 ℃温度条件下施工。

（4）及时检测压实度指标，不得对成型后的水泥土进行二次补压，否则会造成水泥土结构的破坏。

（5）水泥土施工应遵循“三快一密实”原则，即快速摊铺、快速整平、快速检测、碾压密实，以保证整个施工过程在水泥初凝前结束。

# 第四章　渠道混凝土衬砌机械化施工技术

南水北调大型渠道混凝土衬砌机械化施工应结合实际,因时制宜,统筹安排,妥善处理各部位施工。为规范南水北调工程大型渠道混凝土衬砌机械化施工,保证渠道混凝土衬砌工程的质量,提高施工功效,有利于加快工程进度。

因南水北调大型渠道薄板素混凝土衬砌工程,采用混凝土衬砌机械化施工,除应符合南水北调工程建设采用的技术标准《渠道混凝土衬砌机械化施工技术规程》(NSBD5—2006)外,还应符合国家和行业及国务院南水北调工程建设委员会办公室现行有关标准的规定。

衬砌机械化施工是采用削坡机、布料机、振动滑模(碾压)衬砌机、切缝机、填缝机等机械,进行削坡、垫层铺设、自动上料(混凝土)、振动滑模(碾压)成型、抹面等一次衬砌成型到混凝土衬砌渠坡(底)的施工方法,也就是在施工中充分利用上述机械设备各自的特点,统筹安排布设,妥善处理各部位的施工。

(1)振动滑模衬砌机:自动完成坡面、坡顶和坡脚弧面及渠底衬砌混凝土上料、布料、振捣密实、挤压成型。

(2)振动碾压衬砌机:将坡面、坡顶和坡脚弧面及渠底衬砌混凝土振动碾压成型。

(3)削坡机:将衬砌基面的土坡铣刨修整至设计要求。

(4)布料机:利用皮带或螺旋输送的方式,将混凝土或砂砾均匀地铺设在垫层或衬砌基面上。

(5)切缝机:对衬砌混凝土薄板自动切割分缝。

(6)填缝机:将密封材料填充伸缩缝。

(7)衬砌机工作速度:混凝土拌合物充分供应时衬砌机的行走速度。

## 第一节　渠道混凝土衬砌机械化施工准备

渠道混凝土衬砌机械化施工前应编制施工技术方案。

编制施工技术方案应掌握下列情况和资料:

(1)现场地形、地貌、建筑物和其他设施的情况。

(2)工程地质、水文地质资料。

(3)气象资料。

(4)工程用地、交通运输及施工排水的条件。

(5)施工供水供电条件及建筑材料的其他情况和资料。

(6)结合工程特点及现场条件的其他情况和资料。

依据设计图纸、合同文件、施工自然条件和《渠道混凝土衬砌机械化施工技术规程》

(NSBD5—2006),统筹考虑桥梁、涵闸等建筑物的施工安排和衬砌机械化施工连续进行的特点,编制施工方案。施工方案的主要内容包括:

(1)工程概况、施工组织计划、材料、施工方法和主要施工设备配置。

(2)保证工程质量、安全和工期及技术措施。

(3)施工总平面图。

(4)对主要的施工方法分别编制专门的施工设计。

(5)机械化施工工艺流程。

**[例]** 河南省水利第一工程局南水北调中线潞王坟试验段项目部所编制的渠道混凝土衬砌机施工方案。

1.编制渠道混凝土衬砌机施工方案的依据

(1)《南水北调中线一期工程总干渠膨胀岩(土)试验段工程(潞王坟段)现场试验研究实施细则(修订稿)》

长江水利委员会长江科学院、河南省水利勘测设计研究有限公司,2007年7月

(2)总干渠膨胀岩(土)试验段工程(潞王坟段)试验区试验断面渠道衬砌结构图

河南省水利勘测设计研究有限公司,2008年1月

(3)南水北调中线一期工程总干渠膨胀岩(土)试验段工程(潞王坟段)试验区渠道混凝土衬砌施工方案。

2.渠道衬砌概况

试验段渠道衬砌部分位于试验区一级马道以下,试验2区、试验3区、试验4区、试验5区(0+148—0+388)全长240 m,试验7区、试验8区(0+560—0+680)全长120 m。试验1区(0+000—0+148)为裸坡区,试验6区(0+388—0+448)为干铺区,不做混凝土衬砌。边坡混凝土衬砌厚度为10 cm。只有试验4区混凝土衬砌厚度分别为8 cm(右边坡20 m)、10 cm、20 cm(右边坡20 m)衬砌混凝土,渠底混凝土衬砌厚度均为8 cm,共计混凝土工程量1 948 $m^3$,纵向(顺水流方向)、横向设计伸缩缝均为4 m一半缝,8 m一通缝,渠底9.5 m分缝4道。

渠道衬砌结构为:膨胀岩面处理层以上5 cm厚粗砂,2 mm厚聚苯乙烯板,复合土工膜一层,8~10 cm厚混凝土现浇板。

3.试验区渠道混凝土衬砌的施工方案

(1)试验区渠道衬砌试验2区、试验3区分仓及混凝土浇筑顺序。

试验2区、试验3区各区纵向长度为60 m,其中设计渐变段10 m。

根据设计纵向(顺水流方向),分缝规定4 m一道半缝,8 m一道通缝。结合施工实际分为8~10 m一仓,左右边坡和渠底分缝一致,衬砌机作业每区分5仓×2=10仓。

横向分缝根据设计图规定,左边坡(1:2)坡长20.125 m,右边坡(1:2.5)坡长24.247 m,分别为5仓和6仓,4 m一半缝,8 m一通缝。

渠底9.5 m宽,分三部分,3 m左右切缝一道。

浇筑顺序从试验2区0+148开始,先浇筑左、右边坡,最后浇筑渠底。渠底12~16 m一仓,共分4仓,采用后退法浇筑混凝土,左右坡面采用跳仓浇筑混凝土。试验2区、试

验3区试验断面渠道衬砌分仓浇筑图见图4-1。

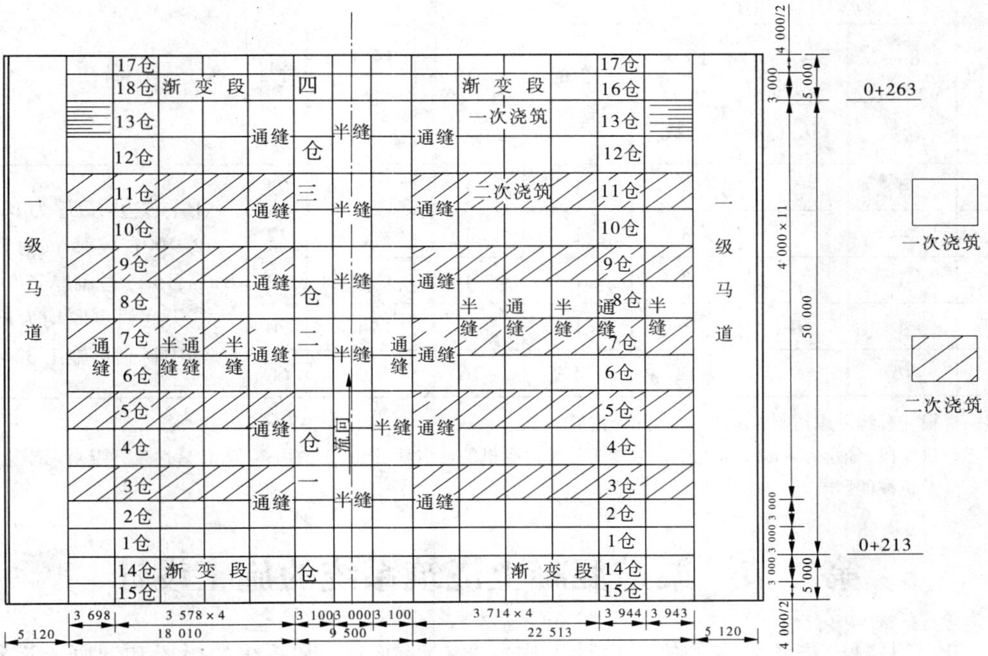

**图4-1　渠道衬砌浇筑图**　（单位:cm）

(2)试验区渠道衬砌4区、5区分仓及混凝土浇筑顺序:

①试验4区、试验5区纵向(顺水流方向)长度均为60 m,两端设计渐变段各5 m。5区纵向、横向分缝和试验2区、试验3区相同,渠道混凝土衬砌和试验2区、试验3区也相同。

②试验4区设计边坡混凝土衬砌三段各不相同。

第一段0+273—0+288,长15 m,左边坡混凝土衬砌厚度为10 cm,右边坡混凝土衬砌厚度为8 cm;第二段0+288—0+308,长20 m,左边坡混凝土衬砌厚度和右边坡混凝土衬砌厚度均为10 cm;第三段0+308—0+323,长15 m,左边坡面铺筑5 cm厚粗砂、2 cm聚苯乙烯板、复合土工膜一层、衬砌厚10 cm;右边坡面层铺筑5 cm厚粗砂、2 cm聚苯乙烯板、复合土工膜一层,混凝土衬砌厚20 cm。

③纵向左右边坡分仓。

第一段:15 m分3仓(4 m)和1仓(3 m);第二段20 m分5仓(4 m),两端渐变段各5 m,分2仓(3 m)和2仓(2 m)。渠底衬砌分3仓,每仓长10~50 m,左右边坡9×2=18(仓),渠道4仓,渐变段4仓。

④混凝土浇筑顺序先从试验4区开始,其第一、第二、第三段依次进行渠道边坡衬砌,渠底衬砌采用后退法浇筑厚8 cm混凝土板。

(3)试验区渠道衬砌试验2~5区现浇混凝土板纵向分仓数量见表4-1。

**表 4-1　试验区渠道衬砌现浇混凝土板纵向分仓数量**

| 部位 | 左坡 | | 渠底 | | 右坡 | | 合计 | 备注 |
|---|---|---|---|---|---|---|---|---|
| | 8～18 m仓数 | 3～4 m仓数（人工） | 15～16 m仓数 | 12 m仓数 | 8～18 m仓数 | 3～4 m仓数（人工） | | |
| 2 区 | 4 | 5 | 3 | 1 | 4 | 5 | 22 | ①左右边衬砌厚为 10 cm<br>②4 区右坡 15 m 衬砌厚 8 cm,15 m 衬砌厚 20 cm<br>③渠底衬砌厚均为 8 cm<br>其中衬砌机施工 32 仓 |
| 3 区 | 4 | | 3 | 1 | 4 | | 12 | |
| 4 区 | 4 | | 3 | 1 | 4 | | 12 | |
| 5 区 | 4 | 4 | 3 | 1 | 4 | 4 | 20 | |
| 合计 | 16 | 9 | 12 | 4 | 16 | 9 | 66 | |

**注**:1. 横向分缝采用切割法施工,不再分仓施工。

2. 试验段:分仓为 4 m(2 区左岸),主要为检验衬砌机的适应性、混凝土的坍落度、和易性及气温对混凝土浇筑及机械的影响。

# 第二节　渠道混凝土浇筑系统的施工设计

渠道混凝土浇筑系统的施工设计工作主要有混凝土拌和系统的设置和混凝土运输配置及工地实验室等。

## 一、混凝土拌和系统的设置条件

(1)设置的位置应统筹考虑原材料和成品混凝土的输送,并符合环境保护要求。

(2)应保证电力供应并配置备用发电机。电机总容量应包括拌和系统夜间施工照明及生活用电的全部负荷。

(3)应保证水源供应,并配备蓄水池,其储量满足拌和需水量,水质标准达到有关技术要求。

(4)应有完整、合格的计量设施。

(5)砂石储料场地面应硬化,不同规格的砂石料应有明显标识,相互间应设置间隔,不允许料堆积水和泥土污染。砂石料堆应设置防雨、防雪、隔晒设施。

(6)拌和楼数量为两台以上时宜分设进出口道,并备有临时停车场。拌和楼下路面应硬化,并设置清洗排水沟及集水坑进行废水回收处理。

(7)拌和站的配置:混凝土总拌和生产能力要满足现场浇筑量的要求。

## 二、混凝土运输配置要求

(1)要计划有配套的混凝土运输车辆数量,宜根据浇筑需求及拌和站的拌和能力、施工进度、动量运距及路况综合确定。

(2)运输车辆应选用混凝土搅拌运输车,每辆载重容量宜不小于 6 $m^3$。

(3)场内运输道路应保持平整通畅,并宜对重车送料和空车返回道路进行分设,避免施工车辆对已成型的衬砌混凝土板的扰动。

河南省水利第一工程局南水北调中线潞王坟试验段项目部的混凝土浇筑系统施工设计为:渠道边坡混凝土浇筑采用汽车垂直运输入仓,坡面移动式振捣,人工摊铺、抹面,渠道坡面衬砌机施工如图 4-2 所示。

图 4-2 渠道坡面衬砌机施工

三、工地实验室

(1)工地实验室配备应符合国家有关计量认证要求。检测人员应持证上岗。

(2)试验检验项目宜满足混凝土原材料、垫层相对密度、混凝土坍落度及含气量、混凝土抗压强度、表面平整度、渠道几何尺寸等参数的检验要求。

河南省水利第一工程局南水北调中线潞王坟试验段项目部由河南省水利第一工程局中心实验室在新乡市设立实验室后提供混凝土浇筑的各项收据,经监理工程师批准后实施,以保证工地拌和站提供合格熟料。

## 第三节 渠道混凝土衬砌机械化施工设备的要求

渠道混凝土衬砌机械化施工设备可选择振动滑模衬砌机或振动碾衬砌机和相应配套机械,其基本的原则是:机械性能可靠,工作稳定高效,操作简便适用。具体的要求应根据渠道的坡长、坡度、垫层形式、施工部位等合理选配衬砌机械。

(1)振动滑模衬砌机适应性较强,效率较高,保证衬砌质量,宜优先选用。

(2)在坡长较短、衬砌厚度较小的情况下,可选用振动碾压衬砌机。

(3)振动滑模衬砌机配备有削坡机、切缝机、填缝机和人工台车等。

(4)振动碾压衬砌机配备有削坡机、混凝土布料机、切缝机、填缝机和人工台车等。

(5)对设有砂砾垫层的衬砌渠道,上述设备组合还应配备砂砾石布料、振动碾压等设备。

(6)渠底衬砌机械化施工应配备皮带式混凝土输送机或大型滑槽。

(7)渠道混凝土衬砌机械化施工主要机械设备、机具配备可参照表 4-2。

**表 4-2　衬砌机械化施工主要机械设备、机具配备**

| 名称 | 基本特性 | 用途 |
| --- | --- | --- |
| 振动滑模衬砌机 | 振捣棒振频≥8 000 ~ 1 200 Hz | 混凝土衬砌 |
| 振动碾压衬砌机 | 振动碾压磙子≥2 kN,振频≥3 000 Hz | 混凝土衬砌、垫层密实成型 |
| 搅拌运输车 | ≥6 $m^3$ | 混凝土运输 |
| 削坡机 | 一次削坡厚度≥3 cm,削坡精度≤1 cm/2 m | 坡面修整 |
| 布料机 | ≥6 $m^3$/h | 垫层、混凝土布料 |
| 工作台车 | 刚度满足使用要求 | 混凝土表面处理(局部) |
| 切缝机 | 可根据设计分缝宽度和厚度进行调整 | 切缝 |
| 填缝机 | 可根据设计要求选择 | 伸缩缝处理 |

河南省水利第一工程局南水北调中线潞王坟试验段项目部渠道混凝土衬砌机械施工,主要施工机械设备计划一览见表 4-3。

**表 4-3　主要施工机械设备计划一览**

| 序号 | 名称 | 规格 | 单位 | 数量 |
| --- | --- | --- | --- | --- |
| 1 | 挖掘机 | 1 $m^3$ | 台 | 3 |
| 2 | 自卸车 | 10 ~ 15 t | 台 | 10 |
| 3 | 装载机 | ZL - 50 | 台 | 4 |
| 4 | 拌和设备 | 1.0 $m^3$ | 套 | 1 |
| 5 | 衬砌机 | | 套 | 1 |
| 6 | 变压器 | 315 kVA | 台 | 1 |
| 7 | 发电机 | 250 kW | 台 | 1 |
| 8 | 拌和车 | 6 $m^3$ | 台 | 2 |
| 9 | 抽水机 | 5 ~ 10 kW | 台 | 5 |
| 10 | 热熔焊接机 | 2PR-210 | 台 | 2 |
| 11 | 切缝机 | | 台 | 2 |
| 12 | 电动抹面机 | | 台 | 6 |
| 13 | 手扶式振动碾 | | 台 | 1 |
| 14 | 小型封口机 | | 台 | 2 |
| 15 | 平板振捣器 | 0.75 kW | 台 | 2 |

(8)设备安装调试与检查验收要求:①衬砌机械化施工设备应为国家主管部门鉴定或认可及同意引进的产品;②衬砌机及其配备设备到场后,应按生产厂家要求进行安装调试,并经过施工检验;③拌和系统的性能、计量精度等应经过全面检查和调试;④设备经安装、调试达到施工要求的生产能力和质量标准后,应报监理单位进行验收。

(9)设备运行操作与保养维修的要求:①设备应配备专职机械和电气管理人员;②设备运行操作应严格按照操作规程要求的程序进行;③设备运行过程中应随时观察各种仪表的工作状态;④设备操作人员应经过专业培训,掌握设备的构造、工作原理和操作要求,并经过考核合格后上岗,上岗人员必须持证;⑤按设备生产厂家有关保养维修的具体要求进行施工前、施工中及设备存放期的保养与维修。

## 第四节　渠道混凝土衬砌机械化施工方法

渠道混凝土衬砌机械化施工的基本准则,应注重如下机械施工关键:①衬砌基面处理;②衬砌机械化施工;③混凝土养护;④混凝土伸缩缝施工;⑤安全文明生产。

### 一、衬砌基面处理要求

#### (一)永久排水设施

根据工程建设地点的水文地质情况,如工程运行工况在地下水位接近或超过渠底高程的工况,应考虑设置永久排水设施,满足自挖疏干渠道两侧及渠底的既定影响范围内地下水的要求。永久排水设施应按照设计要求合理安排与衬砌施工的衔接,永久排水设施经验收合格后方可进行衬砌机械施工。

#### (二)削坡

衬砌施工放样应按设计要求进行。渠口(底)边线的允许偏差:直线段±20 mm,曲线段±50 mm。对具体有湿陷的黄土渠段膨胀土渠段和其他不良地质渠段,应按照设计要求进行特殊处理。雨淋沟和坍坡应进行补坡,补坡前将坡面清理成锯齿形,补坡厚度应高出设计断面,并按设计要求压实。压实后的渠坡常采用削坡机削坡整平,削坡后的平整度应不大于1 cm/2 m。当上覆为砂砾料垫层时,削坡后的平整度应不大于2 cm/2 m。

#### (三)垫层、防渗层及保温层铺设要求

垫层、防渗层及保温层铺设应在基面削坡验收合格后进行。

*1.砂砾料垫层铺设要求*

(1)砂砾料应质地坚硬、清洁、级配良好,并满足设计要求。

(2)砂砾料的铺料厚度、压实方法、遍数和含水率等施工参数应根据现场铺料碾压试验确定。

(3)砂砾料垫层宜采用布料机铺设,采用振动碾压机械碾压密实。

(4)砂砾料垫层应平整,表面平整度宜不大于1 cm/2 m。

(5)砂砾料表面应按设计要求作表面防渗处理,检验合格后进行衬砌混凝土板施工。

2. 防渗膜铺设要求

(1)铺设前应按设计要求,并参照《土工合成材料测试规程》(SL/T 235—1999)进行检查。

(2)防渗膜铺设应自然松弛,与基面贴实,不应出现褶皱现象。

(3)防渗膜铺设后边缘部位应压紧固定。

3. 保温板铺设要求

(1)铺设前应按设计要求进行检查,不应使用缺角、断裂、尺寸不够、局部凹陷的材料。

(2)保温板应铺设整齐,黏结严密,两板连续处的高差不得大于 2 mm。

(3)保温板铺设后应保持板面完整、洁净,不应踩踏或放置重物。

**【例】** 河南省水利第一工程局南水北调中线潞王坟试验段项目部的做法。

1. 基础面清理及验收

(1)测量放线:用全站仪在一级马道及坡脚每 8 m 各打桩一排,中间加密拉线控制,误差不超过 ±2 cm。

(2)削坡采用挖掘机粗平,人工精平。在反铲前面安装刮料板效果很好。削坡将近达到标准时,在横向边坡上隔 4 m 从上到下立钢筋桩,拉控制线,用铁锹冲击约 25 cm 宽的标准控制带,再沿纵向拉线控制进行削坡,削坡工具用窄长平面铁锨较为理想。经验收检查可以达到 2 cm/2 m 的标准。基础面自检后要经过联测合格报请现场监理工程师组织建基面联合验收。

(3)下道工序铺粗砂前,测量人员校正控制桩,质检人员检测坡面,以保证下道工序的正确无误。

2. 基层的铺筑要求标准

粗砂 5 cm 厚,聚苯乙烯板 2 cm 厚,复合土工布一层铺筑。

渠坡设置纵向集水暗管,渠底沿中心线设一排纵向暗管,暗管直径 150 mm,每隔16 m 设一个逆止式排水器,施工先安装排水管,再进行粗砂垫层施工。

(1)集水暗管采用软式透水管,软式透水管采用全新料,不得添加再生料。钢丝外震 PVC 厚度应均匀,保护膜应采用过塑法,不得采用浸泡法生产。钢丝应符合高碳弹簧钢丝的标准。软式透水管单根长度应大于 50 m,中间不能有接头。钢丝与滤布之间应黏结牢靠。软式透水管集水暗管技术指标见表 4-4。

施工程序为:管沟开挖—粗砂垫层—集水管安装—粗砂回填—保护盒安装—铺设复合土工膜—浇筑一期混凝土板—安装逆止阀—浇筑二期混凝土板。

(2)管沟开挖:软岩开挖根据岩石厚度,采用铁锹人工开挖或浅孔爆破及挖掘机、风镐等机械开挖的方法。

(3)排水管的安装:排水管采用 $\phi$150 软式透水管,渗透系数 ≥0.1 cm/s。排水管周围换填粗料。排水管分左右坡脚两条,渠底中心一条。排水管间距 16 m,设出水口 3 个,出水口安装 PVC 逆止阀排水器,技术指标如下:

①逆止水阀的开启水头应为 2 ~ 5 cm,10 cm 水头内达到设计流量,厂家应提供 10 cm 水头下的排水流量。

表4-4　软式透水管集水暗管技术指标

| 序号 | 项目 | 性能指标 |
|---|---|---|
| 1 | 外径偏差 | ±3.5 mm |
| 2 | 高端弹簧钢丝直径 | ≥2 mm |
| 3 | 弹簧钢丝外震 PVC 保护膜厚度 | ≥0.5 mm |
| 4 | 每延米钢丝圈数 | ≥25 圈 |
| 5 | 滤布层纵向抗拉强度 | ≥1.0 kN/5 cm |
| 6 | 滤布层横向抗拉强度 | ≥0.8 kN/5 cm |
| 7 | 滤布层纵向伸长率 | ≥12% |
| 8 | 滤布层横向伸长率 | ≥12% |
| 9 | CBR 顶破强力 | ≥2.8 kN |
| 10 | 渗透系数 | ≥0.1 cm/s |
| 11 | 等效孔径 | 0.06～0.26 mm |

②应在水压力 0～200 kPa 作用下，保证逆向不渗漏，逆止阀应分为固定和可拆卸两部分部件，固定部分部件使用年限不少于50年，可拆卸部分部件使用年限不少于10年。

③止回性是逆止阀不发生渠底漏水的重要性能，各部件之间应做好密封，应防止渠水外渗。

④逆止阀应设置两道止水环，一道嵌入混凝土内，一道与土工膜相接，避免产生新的渗漏通道，止水环需设置牢靠，便于施工。

⑤逆止阀与混凝土衬砌板接触部分需做成磨砂面。

⑥逆止阀制造材料必须满足环保要求，对水质无污染。

排水管的安装：首先开挖管沟，然后铺填管沟内底部粗砂，铺设完成后进行排水管安装，采用人工安装，在安装过程中要保证排水管接头严密、管身顺直。排水管安装合格经监理验收后，管口封闭，管沟回填粗砂，上层铺设保温板复合土工膜。在逆止阀位置固定 30 cm×30 cm×10 cm 泡沫保护板，然后浇一期混凝土。

混凝土拆模后，清除泡沫板、安装逆止阀，逆止阀通过 PVC 三通及支管与软式透水管连接，要求连接紧密，垂直性好。采用二期混凝土浇筑，要求与复合土工膜一期混凝土紧密相连，防止发生新的泄露现象。

(4)粗砂、垫层施工要点：粗砂、垫层铺筑时，由一端向另一端依次铺筑，施工顺序为先渠坡后渠底。

施工前，首先进行料场清理和复查，选用料需经试验并报监理工程师批准后方可使用。粗砂垫层采用分段施工。运输采用自卸汽车至一级马道或渠底，由坡顶向下倒或用滑槽由下向上铺筑，人工运料平整。粗砂料顶面高程采用打桩控制，粗砂含水率控制在最优含水率偏高一些。其标准以用手可握成团，落地(1.2 m 高度)可散开为宜。若粗砂含水率不具备上述标准,应洒水达到上述标准。粗砂料采用振动板振实,铺一仓振实一仓,平整度仍采用打桩拉线检查,经监理工程师验收合格后方可进行下一施工工序,经工地现场试验相对密度确定为0.56。

(5)聚苯乙烯保温板的铺设要求:

①物理力学性能如表4-5所示。

**表4-5 聚苯乙烯泡沫板的物理力学性能**

| 项目 | 密度 ($kg/m^3$) | 吸水性 ($g/m^2$) | 压缩强度 (压缩50%) (kPa) | 弯曲强度 (kPa) | 尺寸稳定性 (-70~-40℃) | 导热系统 (W/(m·K)) |
|---|---|---|---|---|---|---|
| 数值 | 20~35 | <80 | ≥200 | ≥220 | ±0.5 | ≤0.04 |

②保温板的铺设分为技术准备和施工作业条件准备。

技术准备工作如下:

a.参加施工的有关人员要认真熟悉图纸和施工方法,掌握施工工序。解决与落实技术问题、图纸问题。

b.制定施工技术措施,办理好审批手续。

c.配备专人负责技术资料的收集和整理工作。

d.写好各工序的书面技术交底,并在开工前组织工人进行交底。

e.做好加工机械的准备工作。

施工作业条件的准备工作如下:

a.基础表面必须干净坚固、无油垢、无杂物,并通过建设监理单位验收合格。

b.合格的施工材料已经进场。

c.施工机具准备齐全。

③施工工艺流程为:基层处理—放线—打磨修理—铺设保温板—监理验收。

a.基层处理:利用修平机将基层凸出部分修平,平整渠道断面。

b.放线:拉线划出定位分格线。

c.打磨修理:对接缝不平或其他凸出部分进行打磨处理,并将打磨修理的残渣清理干净。

d.铺设保温板:根据立位分格线,利用定位靠尺铺设保温板,铺设一层竹桩固定一层。

e.保温板应由下向上错缝铺设。

(6)质量检查与验收:

①检查聚苯乙烯泡沫板的出厂合格证,抽查聚苯乙烯泡沫板的规格和各项技术指标,保证符合《渠道混凝土衬砌机械化施工技术规程》(NSBD5—2006)及有关标准的要求。

②观察和用手推拉检查聚苯板之间的接缝,保证接缝符合设计要求。

③观察和用2 m靠尺检查保温板铺设的平整度,保证平整度偏差在允许范围之内。

(7)质量保证措施:

①建立健全质量保证体系,严格把关克服质量通病,执行"三检制",发挥各级质量员

的作用，将质量事故消灭在萌芽状态。

②加强对原始资料的收集、整理，资料管理执行建设行业主管部门的文件及各种管理制度，严格按照监理程序办理，对每道工序进行检查验收，做到资料齐全、无误。

③严格执行材料管理制度，不合格的材料不准进入施工工地，坚持执行限额领料制度，严格依照材料消耗定额考核生产、安装施工。施工现场设材料库房，对材料进场严格点检，加强保卫，防止丢失，严禁烟火。

④严格执行质量事故报告制度，出现质量事故要在24小时之内逐级上报，在施工过程中执行奖罚制度。

⑤施工中各专业工种应紧密配合，合理安排工序，严禁颠倒工序作业。

⑥不断提高专业操作技能，严格按施工程序进行操作。坚持每道工序的检验，避免返工事故的发生，各种材料应分类存放，并挂牌标明材料名称，不得用错。

⑦安装施工所需的测量定线、结构修理等工作应提前进行。

(8)复合土工膜的铺设要求：

①土工膜的物理力学性能指标：

a. 密度不低于900 $kg/m^3$。

b. 破坏拉应力不应低于12 MPa。

c. 断裂伸长率不应低于300%。

d. 弹性模量(在5 ℃)不应低于70 MPa。

e. 抗冻性(脆性温度)不应低于 -60 ℃。

f. 黏结强度应大于母材强度。

g. 撕裂强度应大于或等于40 kN/mm。

h. 抗渗强度在1.05 MPa，水压力48小时应不渗水。

i. 渗透系数应小于 $10^{-1}$ cm/s。

j. 符合《食品包装用聚苯乙烯成品卫生标准》(GB 9687—88)，土工膜无毒性，对土质无污染。

②复合土工膜的性能指标：

物理性能指标：单位面积质量≥576 $g/m^2$(膜厚0.3 mm)。

厚度(与法向压力关系)：≥2.7 mm。

③水力学性能指标：

断裂伸长率：>50%，断裂强度：≥14.0 kN/m，

撕破强度：≥0.4 kN/m，耐静水压：0.6 MPa，CBR顶破强力≥1.5 kN。

外观要求指标：土工膜不允许有砂眼、疵点杂质，宽幅≥5 m，不允许有厚薄不均匀的现象。

(9)施工要点：

①土工膜的施工工艺流程：

准备工作—铺设—拼接—质量检验—下道工序。

②订货和运输：

a. 土工膜选用宽幅，减少拼接质量，在工厂加工成设计要求的块体，卷在钢管上妥善

运到工地。

b. 装卸过程中轻装轻卸,防止对卷材造成损害,订货时按卷材的下料长度留有适当的余量。

c. 产品外表贴有标签,标明该产品的制造厂名称、制造号、安装号、类型、厚度、尺寸及质量,并附专门的装卸和使用说明书。

(10)平整场地,清除一切尖角杂物:

①土工膜铺设:在渠道平地上铺设时,使用拖拉机或人工滚放,在坡面上时,将卷材装在卷扬机上,自坡顶、坡底处按设计要求进行锚固。单块铺设、现场焊接。

注意事项如下:

a. 铺放选择在干燥和暖天气条件下进行。

b. 铺放时不要过紧,留足余额(大约1.5%),以便拼装和适应气温变化。

c. 铺放时随铺随压,防止风吹。

d. 接缝与最大拉力方向平行。

e. 坡面弯曲处特别注意裁剪尺寸。

f. 施工时发现损伤,立即修补。

g. 密切注意防火,不得抽烟。

h. 施工人员穿无钉鞋或胶底鞋。

②土工膜的拼接注意事项:

采用热熔焊法和胶黏法,大量拼接采用热熔焊法,局部修补采用胶黏法。焊缝搭接宽度约10 cm。为保证拼接的施工质量,要注意下述事项:

a. 进行试拼装。做工艺试验,确定施工参数,用以正式指导施工。

b. 所用胶料在蓄水后不溶解。

c. 拼接前必须对黏结面进行清扫,要求黏结面不得有油污、灰尘,阴雨天应在雨棚下作业,保持黏(搭)结面干燥。

d. 在黏结面均匀布满黏结剂,做到不过厚、不漏涂。在黏结过程中和黏结后2 h内,黏结面不得承受任何压力,严禁黏结面发生错动,保证黏结强度不低于母材强度的80%。

e. 在斜坡上搭接时,将高处的膜搭接在低处的膜面上。

f. 土工膜应裁剪整齐,保证足够的黏(搭)结宽度。当施工中出现脱空、收缩、起皱及扭曲、鼓包等现象时,应将其剔除后重新进行黏结。土工合成材料与基础及支持层之间压平贴紧,避免架空,清除气泡。

g. 在施工过程中,若气温低于0 ℃,必须对黏结剂和黏结面进行加热处理,以保证黏结强度。

h. 土工膜黏结好后,必须妥善保护,避免阳光直晒,以防受损。

i. 尽量选用宽幅的土工合成材料,若选择的幅窄,则在工厂内拼成宽幅,以减少现场接缝和黏结的工程量。

j. 黏结施工前一定要做工艺试验,质量合格后方可施工。

③接缝的检测:

采用的方法为目测法、现场检漏法和抽样测试法。

a. 目测法:观察有无漏接,接缝有无烫损、褶皱,是否拼接均匀等。

b. 现场检漏法:对全部焊缝进行检测。采用充气法,焊缝为双条,两条之间留有约 10 mm 的空腔。将待测两端封死,插入气针,充气至 0.05 ~ 0.20 MPa(视膜厚选择),静观 0.5 min,观察真空表,如气压不降,表明不漏,接缝合格,否则进行及时修补。

c. 抽样检测法:约 1 000 $m^2$,取一试样,做拉伸强度试验,要求强度不低于母材强度的 80%,且试样断裂不得在接缝处,否则接缝质量不合格。

d. 回填保护:土工膜施工完毕后,检验合格马上进行混凝土浇筑,浇筑过程中采取措施防止损伤土工膜。

## 二、坡面模板工程

坡面模板的设计有两种情况:①边坡模板采用[10 槽钢两根,长度 4 m、5 m、4.2 m 三种型号,设计宽度 0.2 m,中间 0.5 m,横隔梁一道,采用∟40×4 角钢,如图 4-3 所示。②齿槽模板采用在[10 槽钢下部加模板一块,如图 4-4 所示。

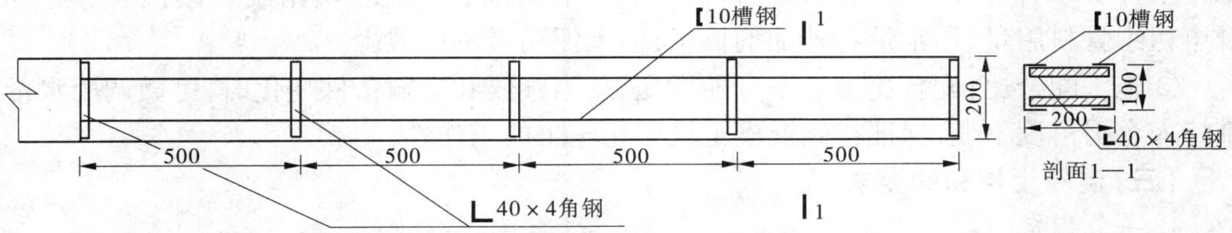


**图 4-3 渠边坡衬砌现浇混凝土板、模板设计平面图** (单位:mm)

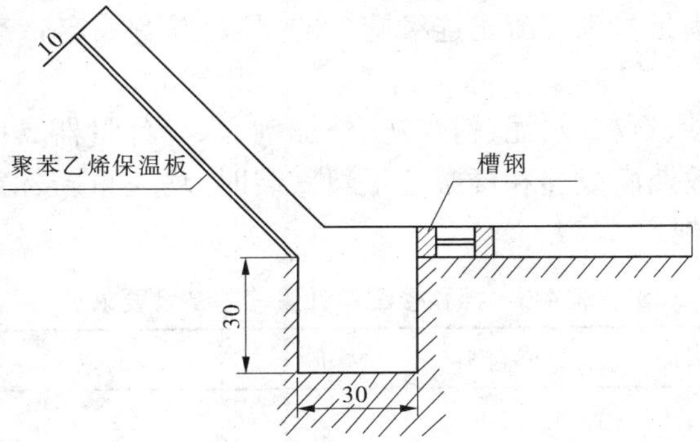


**图 4-4 齿槽模板** (单位:cm)

## 三、衬砌机械化施工

### (一)基准线设置依据

基准线应根据布设的导线控制桩、设计断面尺寸和衬砌机技术参数确定。

(1)按生产厂家的要求步骤进行基准线设置。

(2)基准线的位置误差:水平误差为 ±5 mm,垂直误差为 ±2 mm。

### (二)原材料与混凝土配合比选择

(1)原材料选用:水泥、粉煤灰、砂、石、水、外加剂等原材料的选用应符合设计和有关规范要求。

(2)配合比选择基本要求:①衬砌混凝土配合比应满足耐久性、强度和经济性等基本要求,并适应机械化施工的工作性能要求;②混凝土宜掺用外加剂和掺合料,以降低水胶比;③骨料的最大粒径应不大于衬砌混凝土板厚度的1/3;④混凝土拌合物的坍落度宜为4~6 cm,含气量为4%~6%。

(3)配合比设计、试验、衬砌混凝土的用水量、砂率、水胶比及掺合料的比例应通过优化试验确定。

①实验室试拌配合比:

a.用外加剂最佳掺量试验成果进行实验室试拌配合比试验。

b.试拌中检验拌合物的坍落度和含气量。

c.以实测混凝土的密度与计算混凝土密度的比值进行混凝土配合比调整,但水泥用量不应减少,调整后配合比应复测,其拌合物密度允许偏差为±2.5%。

②拌和楼实拌配合比:实验室的配合比应通过拌和楼实拌检验,以适应机械化施工的工作条件要求,根据砂石的含水率、拌合物的实测密度、含气量、坍落度及其损失、调整混凝土粗细骨料用量、用水量和外加剂掺量,但水泥用量不应减少。

③施工配合比:配合比参数不应随意变更,当气候和运输条件变化时,可微调用水量,维持入仓坍落度不变,保证衬砌混凝土机械化施工的工作性。

### (三)混凝土拌和的要求

1.一般规定

拌和站的生产能力及每座拌和楼的配套设施应满足衬砌施工的要求。水、电供应可靠,原材料的储备应满足衬砌混凝土连续施工的要求,并有一定储备。

2.配料、计量精度

在投入生产前,砂、石料、水泥、粉煤灰、外加剂、水等计量器具应经计量部门标定,并试拌正常,在标定有效期满或拌和楼搬迁重新安装时,均应重新标定,拌和楼配料计量偏差不应超过表4-6的规定。

**表4-6 拌和楼配料计量偏差精度要求**

| 材料名称 | 水泥 | 掺合料 | 砂 | 石 | 水 | 外加剂 |
|---|---|---|---|---|---|---|
| 允许误差(%) | ±1 | ±1 | ±2 | ±2 | ±1 | ±1 |

在施工中应经常检验拌和楼的计量精度,衬砌混凝土应在配备自动称料和砂石含水率自动反馈控制系统的拌和楼中进行生产,不应使用手动配料。根据需要打印称料配料数据和误差,对每天、每周、每旬、每月的混凝土配料统计数据及误差与表4-6中的允许误差分析比较,以保证拌和计量精度。

3.外加剂的使用

外加剂宜采用后掺法掺入。外加剂应以液体式掺加,其浓度和掺量根据配合比试验确定。

4.拌合物质量检验与控制

混凝土拌合物应均匀一致,不得有未加水的干料、未拌均匀的生料和离析的现象,干料和生料不得用于衬砌。一座拌和楼盘与盘或拌和楼之间，混凝土拌合物的坍落度允许误差为 ±1 cm，拌和楼的出口的坍落度应按最适宜坍落度值加上运输时间所消耗的坍落度损失值确定。雨天或降雨后应按砂石料的实际含水率及时调减用水量。

在拌和过程中的拌合物质量检验应按有关规定的检测频率及时检测拌合物的坍落度损失、含水率、泌水率、混凝土凝结时间、砂石料含水率、混凝土密度等。

**（四）混凝土的运输注意事项**

1. 运输时间

混凝土拌合物从拌和楼出料到运输、卸料完毕的允许最长运输时间可参照表 4-7。

**表 4-7 混凝土拌合物允许最长运输时间**

| 施工温度（℃） | 允许最长运输时间（h） |
|---|---|
| 5 ~ 18 | 1.75 |
| 19 ~ 28 | 1.5 |
| 29 ~ 33 | 1.25 |

注：施工温度指平均温度。

2. 混凝土运输的技术要求

（1）混凝土运输过程中应防止离析。

（2）应明确拌合物的运输、卸料完毕的允许时间，超过允许时间的混凝土不应用于机械化衬砌。

（3）混凝土在车内超过初凝时间应采取紧急措施处理，防止混凝土硬化在车罐内。

（4）在混凝土运输过程中要防止漏浆、漏料、污染路面，每次装混凝土前应将车罐清洗干净，保持罐内湿润，罐内不应存水。

（5）混凝土搅拌运输车在装、运、卸过程中不应加水，应及时冲刷罐外出口处及滑槽内的残留混凝土，停车时仔细清洗罐内残留物。

**（五）生产性施工检验**

生产性施工检验应注意以下几点：

（1）衬砌混凝土机械化施工应首先进行生产性施工检验，检验段的长度不小于 100 m。

（2）生产性检验应达到如下目的：

①检验衬砌机械化施工系统的机械性能和生产能力，检验与实际生产能力相匹配的配套机械的性能。

②确定衬砌机械的适宜工作参数。包括衬砌机工作速度、振捣时间、抹面压光的适宜时间和遍数及切缝时间等。

③确定辅助机械、机具的种类和数量，使用各种机械、机具的劳动力数量和定岗、定员等。确定施工组织形式和人员编制，制定施工组织方案和施工工艺流程。

④检验新拌混凝土的坍落度、含气量、泌水量、水胶比等适应衬砌机械化施工的情况。

⑤确定施工产量和进度，完善施工进度计划。

**（六）振动滑模衬砌机坡面施工的技术要求**

1. 准备工作

施工前，应对施工现场准备工作进行如下检查：

(1)垫层基面应检验合格,验收后方可进行下一道工序。

(2)校核基准线。

(3)拌和系统应试运转正常,运输车辆准备到位。

(4)模板、工作台车、养护洒水等施工辅助设备状态良好。

(5)衬砌机设定到正确高度和位置空载试运正常。

(6)检查衬砌板厚的设置,板厚与设计值的允许偏差在控制范围内。

2. 工作参数的初步确定

通过生产性的施工检验确定工作参数,施工时根据具体情况变化及时调整。

3. 混凝土布料

(1)应安排专人负责指挥布料,布料前质检员对混凝土拌合物进行坍落度和含气量的检测。

(2)混凝土运输车辆卸料时混凝土的自由下落高度不应大于1.5 m。

(3)采用螺旋布料器布料时,料位的正常高度应在螺旋布料器叶片最高点以下,但不应缺料。

(4)当采用皮带输送机布料时,应保持各料仓的料量均匀。

4. 操作要点

(1)衬砌机宜匀速连续工作。

(2)在衬砌施工过程中,应经常检查振捣棒的工作情况,如发现衬砌机衬砌后的面板出现露石、蜂窝、麻面或横向拉裂现象,必须停机检查、修理或更换振捣棒,并对已浇混凝土进行处理。

(3)应控制振捣棒的时间,使混凝土不过振、漏振或欠振,达到表面出浆,不出现露石、蜂窝、麻面等现象。

(4)衬砌机料仓内应保持充足的混凝土拌合物,仓内拌合物料位应高于振捣棒20 cm。

(5)进入弯道施工时,应保持衬砌机始终与渠道上口线保持垂直工作状态。

5. 衬砌机施工停工的处理

对衬砌施工过程中停机中断施工时应进行以下操作处理:

(1)停机时同时应解除自动跟踪控制,升起机架,将衬砌机驶离工作面,清理黏附的混凝土,整修停机衬砌端面,同时对衬砌机进行保养。

(2)当衬砌机出现故障时,应立即通知拌和站停止生产,在故障排除时间内,衬砌机混凝土尚未初凝允许继续衬砌。待停机时间超过2小时,应将衬砌机驶离工作面及时清理仓内混凝土,故障出现后浇筑的混凝土衬砌需进行严格的质量检查,并清理分缝位置以外的浇筑物,为恢复衬砌作业作好准备。

**(七)振动碾压衬砌坡面的施工要点**

1. 准备工作

施工前,应对施工现场准备工作进行如下检查:

(1)垫层基面验收合格并校核基准线。

(2)拌和系统应试运转正常,模板、工作台车、运输车辆准备到位,状态良好,养护洒水等准备齐全。

(3)衬砌机设定到正确高度和位置,空载试运行正常。

(4)检查衬砌板厚的设置,板厚与设计值的允许偏差在控制范围内。

2. 工作参数的初步设定

(1)通过生产性施工检验确定工作参数,施工时根据变化及时调整。

(2)单趟振动碾压遍数和重复振动碾压遍数为 2 遍,每次挪位间距一般为 30 ~ 40 cm,混凝土的重复振动碾压遍数为 6 ~ 8 遍。

3. 混凝土布料

(1)应安排专人负责指挥布料,布料前质检员应对混凝土拌合物进行坍落度和含气量的检测。

(2)当混凝土运输车辆卸料时,混凝土的自由坍落高度应不大于 1.5 m。

(3)当采用螺旋布料器布料时,混凝土的料位正常高度应在螺旋布料器叶片最高点以下,但不应缺料。

(4)当采用皮带输送机布料时,料量应分布均匀。

(5)应控制布料厚度,松铺系数应根据坍落度的大小由试铺确定。当坍落度为 4 ~ 6 cm 时,松铺系数宜为 1.1 ~ 1.15。

(6)布料应与振动碾压速度相适应。布料机与衬砌机之间的待振碾距离宜控制为 5 ~ 10 m。

4. 操作要点

(1)衬砌机宜匀速连续工作,振动碾压小车上下行走速度宜为 3 ~ 6 m/min。

(2)应控制振动碾压时间,使混凝土不过振、漏振或欠振,达到表面出浆,不出现露石、蜂窝、麻面等。

(3)衬砌后的板面上出现局部露石、蜂窝等现象,应立即人工补原浆混凝土,重新振动碾压。

(4)振动碾小车行走过程中出现局部欠料或露石现象,应及时人工补料。当出现壅料时,应及时进行人工平整。

(5)当衬砌机行走前移时,混凝土表面出现带状隆起,表明振动碾小车高度设置有误,应及时调整并重新碾压。

(6)渠坡衬砌的顶部出现缺料、漏振时应及时人工补料,并采用平板振捣器辅助振捣。

(7)进入弯道施工时,应保证衬砌机始终与渠道上口线保持垂直工作状态。

5. 衬砌施工停机处理

停机时应解除自动跟踪控制,升起机架,将衬砌机驶离工作面,并清理仓内混凝土,同时对衬砌机进行保护。

**(八)渠底混凝土施工的要求**

1. 施工现场准备工作

施工前,应对施工现场准备工作进行如下检查:垫层基面验收合格,校核基准线,检查各类相关机械设备的完好率和衬砌板厚度等。

2. 工作参数初步确定

通过生产性施工检验确定施工参数并及时调整。

3. 混凝土布料注意事项

(1)应安排专人负责指挥布料,布料前质检员应对混凝土拌合物进行坍落度和含气量等的检测,合格后方可使用。

(2)采用运输车辆、皮带输送机或泵送卸料时,混凝土的自由下落高度应不大于1.5 m。

4. 操作要点

(1)衬砌机宜匀速、连续地工作。

(2)应控制振动碾的时间,碾压时不要使混凝土过振、偏振或欠振,达到表面出浆,不出现露石、蜂窝、麻面等缺陷。

(3)衬砌后的板面上出现局部露石子、蜂窝等现象,应立即用人工填补原浆混凝土,重新振动碾压。

(4)振动碾压小车行走过程中,出现局部欠料或露石子现象时,应及时人工补料,当出现壅料时,应及时进行人工整平。

(5)当衬砌机行走前移时,混凝土表面出现带状隆起,表明振动碾压小车高度设置有误,应及时调整,并重新碾压。

(6)衬砌机施工停机处理:方法同前所述。

**(九)抹面压光**

抹面压光应注意以下几点:

(1)衬砌成型后的混凝土宜利用工作台车进行抹面,以满足渠道糙率要求。混凝土表面平整度应控制在5 mm/2 m以内。

(2)初凝前应及时进行压光处理,消除表面气泡,使混凝土表面平整、光滑、无抹痕。

**【例】** 河南省水利第一工程局南水北调中线潞王坟试验段项目部的施工方案。

1. 坡面模板工程施工步骤

(1)模板由加工厂汽运到施工现场,共5套模板,共计240 m,4套立模。

(2)立模方法:采用在坡面上下两端打固定点,固定模板,每5 m设锁定梁一套,防止胀膜,模板外侧每2 m焊接2根钢筋用编织袋固定牢,两根槽钢,一根做模板用,一根做轨道用。

(3)由于用复合土工膜做防渗,不能穿洞,在模板底留0.15 m接头,拆模后,热熔法焊接复合土工膜。

2. 试验区混凝土板的浇筑工序

试验区混凝土板的浇筑工序为:拌和—水平运输—入仓振捣—收面—压光。

(1)渠道两岸边坡混凝土采用机械拌和,由拌和站按照监理工程师批准的配合比配制混凝土混合物。浇筑顺序由渠底向坡上部一级马道逐步升高,在一级马道位置用拌和车进料。采用衬砌机入仓、平仓、振捣、抹面、压光。

(2)渠道边坡衬砌现浇混凝土分仓:纵向(顺水流方向)8～18 m一仓浇筑,试验2区、试验3区、试验4区、试验5区每个试验区长度60 m,除去渐变段10 m,余50 m,共分3仓,渐变段单独一仓浇筑,衬砌机在右岸浇筑结束后移动到左岸浇筑,隔离堤部分和渠底仍采用振动梁方法浇筑。

3. 混凝土衬砌的施工规定

1)准备工作

施工前,对施工现场准备工作进行如下检查:

(1)永久分缝处及边模模板应支立牢固,并且位置准确。

(2)浇筑仓面验收合格。

(3)拌和系统试运转正常,混凝土拌合物合格,运输车辆准备就绪。

(4)衬砌机及养护洒水等施工辅助设备状态良好。

(5)衬砌机设定到正确高度和位置,空载试运行正常。

(6)检查衬砌板厚的位置,板厚与设计值的允许偏差应符合设计要求。

(7)伸缩缝全缝(8 m)位置固定2 cm×6 cm泡沫板,位置正确、牢固。

2)衬砌参数的设定

结合衬砌混凝土的厚度通过生产性试验确定施工参数,当混凝土厚度小于20 cm时,第一幅混凝土单趟振动碾压为3遍,之后的单趟振动碾压为2遍。每次挪位间距为振捣箱宽度的2/3,约为50 cm。由于渠道衬砌采用的是一级配常态混凝土,混凝土经衬砌机重复振捣碾压后,由专用的抹光机收面压光2～3遍。施工过程应视天气气温情况调整相应的浇筑速度。

3)混凝土布料

(1)布料顺序从下到上沿浇筑机前进方向进行,安排专人负责指挥衬砌机进行混凝土布料。

(2)整个布料过程由上布料的小车完成,严格控制下料斗高度,混凝土的自由下落高度不得大于1.0 m。

(3)混凝土罐车下料时,输送皮带上的料量分布需保持均匀,同时避免罐车出料口堵料。

(4)应控制布料厚度,松铺系数应根据坍落度的大小确定。当坍落度为6～8 cm时,松铺系数控制为1.1～1.15。

(5)布料应与振动碾速度相适应,既不能在振捣箱前堆集过多的混凝土料,也不能使振动箱因缺料而出现空振。

4)混凝土衬砌时的要点

(1)衬砌机应匀速连续工作,衬砌小车行走速度宜为3 m/min,可结合现场振捣效果做适当调整。

(2)衬砌施工过程中应经常查振捣棒及振捣箱的工作情况,如发现衬砌后的混凝土板面上出现露石子、蜂窝、麻面现象,必须重新振捣,以防止漏振。

(3)衬砌机振捣箱前应保持充足的混凝土拌合物,料粒应高于振捣箱底面2～3 cm。

(4)衬砌小车行走过程中,当出现局部欠料或露石现象时,应及时人工补料、填补原浆混凝土重新振捣,以防漏振。当出现壅料时,应及时进行人工整平。

(5)应控制振动碾压时间,使混凝土不过振、漏振或欠振,达到表面出浆,不出现露石子、蜂窝、麻面等缺陷。

(6)当衬砌机行走前移时混凝土表面出现带状隆起,衬砌小车高度设置有误,应及时调整,并重新碾压。

(7)渠坡衬砌的顶部及仓号四周出现缺料、漏振时,应及时用人工补料,并采用平板振捣器辅助振捣。

(8)进入弯道施工时,可通过调整轨道保持衬砌机始终与渠道轴线垂直的工作状态。

5)衬砌施工停机处理

当衬砌施工过程中停机中断施工时,进行以下操作:

(1)停机同时应解除电控操作控制,升起机架,将衬砌机驶离工作面,清理黏附的混凝土,同时对衬砌机进行保养。

(2)当衬砌机出现故障时,应立即通知拌和站停止出料,在故障排除时间内衬砌仓号内的混凝土尚未初凝,允许继续衬砌。当预计衬砌机故障在混凝土初凝前无法排除时,应将衬砌机驶离工作面,由人工继续浇筑。当浇筑面宽度满足设计缝分缝的宽度要求,或在出现故障的部位立即安装横向模板时,在此部位设置横向通缝,对已铺筑的混凝土重新进行振捣、收面压光,并清除分缝位置以外的混凝土料,为恢复衬砌作业作好准备。

6)抹面压光

衬砌成型后的混凝土在初凝前进行抹面,由人工操作电动提浆抹光机进行收面压光,边角部位由人工采用抹灰刀配合整平压光,并在收面结束后及时派人对混凝土表面局部残留的气泡及划痕进行压实抹光,以满足渠道混凝土平整度的要求。采用抹光机收面要注意以下几项要求:

(1)掌握抹光机及时抹面。

(2)先用抹盘压、收面,适宜时再用叶片收光。

(3)不允许抹面中加浆、洒水,以免影响混凝土质量。

7)模板注意事项

模板有专人看护,拉线控制,发现位移,及时处理。

4.渠底板混凝土的施工方案

1)分仓

渠道底板厚8 cm,纵向分3仓,左、中、右宽度分别为310 cm、300 cm、310 cm。横向分仓和渠坡保持一样,4 m一道半缝,8 m一道通缝。

2)施工方法

(1)一次浇筑渠底混凝土以25~50 m为宜,在渐变段齿槽分缝。

(2)混凝土入仓采用左右岸一级马道拌和车运料、溜槽入仓的进料方式。

(3)振捣方式:采用振动梁振实,用人工抹面、压光的方法,用2 m尺杆及两端拉线掌握平整度。

(4)纵、横伸缩缝采用切缝方法实施。

## 四、混凝土伸缩缝施工技术要求

### (一)伸缩缝的型式

伸缩缝有半缝和通缝两种型式。

(1)半缝:深度为混凝土板厚的0.5~0.75倍。

(2)通缝:是贯穿全部衬砌板厚度的缝。当底部铺设防渗层时,通缝的切割深度宜为混凝土板厚的0.9倍。

### (二)混凝土伸缩缝的基本要求

(1)混凝土衬砌机械化施工的伸缩缝间距及型式应满足设计要求。

(2)宜采用切割机进行切缝施工。

(3)伸缩缝切割时间宜在衬砌混凝土抗压强度为1~5 MPa时进行。

(4)伸缩缝的清理:清缝前应检查伸缩缝的深度和宽度,伸缩缝应底部平坦,宽度均匀一致,对深度不符合设计要求的应做补切缝处理,且采用水枪、风机等清除缝内的浮浆、碎渣等杂物。

(5)填充伸缩塑性板:填充前缝壁应保持干净、干燥,并应采用专用工具将伸缩性板压入缝内,并保证上层填充密封胶的设计深度。

(6)填充密封胶:设计中常用的密封胶种类有双组分聚硫密封胶、聚氨酯密封胶、硅酮胶等。其施工要点为:①密封胶与混凝土应黏接牢固,注胶前首先在清理干净的基面上均匀刷深界面剂,待界面剂完全固化以后注胶;②注胶应饱满,用刮刀压紧刮平;③压入注胶后应及时检查,如有凹凸不平、气泡、粗糙外溢、表面膜胶下垂等现象应及时修补整齐;④密封胶表面干燥及固化期内应注意保护,避免雨水等侵入缝内。

【例】 河南省水利第一工程局南水北调中线潞王坟试验段项目部对混凝土伸缩缝的施工技术要求。

1.混凝土伸缩缝根据设计要求

混凝土伸缩缝的设计要求为4 m一半缝,8 m一通缝。

(1)边坡:纵向水平缝,采用现场施工时在需要设置施工伸缩缝处,采用切缝机形成,半缝为混凝土板厚的0.5~0.75倍,通缝为混凝土板厚的0.9倍。

(2)边坡:横向伸缩缝(包括通缝、半缝)的位置用型钢立模分仓浇筑。用水泥钉或胶水固定闭孔泡沫塑料板。由于衬砌渠底分块大,宜采用切缝形式,切缝厚度和上述要求相同。

2.切缝施工

(1)切缝的时间应在混凝土收盘后20~36小时进行或在混凝土抗压强度为2~5 MPa时进行,切缝时以锯片不破坏缝两侧混凝土、缝壁光滑为时间控制标准,宜早不宜迟,避免大面积混凝土结构产生裂缝。

(2)切缝的施工:采用定制的合金锯片切缝,斜坡宜由低处向高处进行。边坡上先在横向伸缩缝上设固定点后,铺设切缝机轨道,再切割水平缝,切缝位置、深度由轨道控制,并在切缝位置用墨斗打线,明显标注伸缩缝位置,以便于控制。

3. 伸缩缝处理

1)对材料的技术要求

总干渠道采用的聚硫密封胶为专门厂家生产的合格产品,并提供无毒报告,渠道伸缩缝的下部隔缝材料为聚乙烯闭孔泡沫塑料板。聚硫密封胶应具有自黏结性能,高温不流淌,低温不硬化,技术要求:密度为规定值 ±0.1 g/cm$^3$,下垂度不大于 3 mm,表干时间不大于 4 h,黏结拉伸强度不小于 0.4 MPa,黏结拉伸伸长率不小于 400%,低温柔性(-40 ℃)弹性恢复率不小于 80%。聚乙烯泡沫塑料板技术指标应符合新规范 SJ—2007—05 的技术要求。

2)施工方法

渠道伸缩缝的下部隔缝材料为聚乙烯闭孔泡沫板。渠道通缝的隔缝材料要铺设在先浇筑的衬砌板滑模模板内侧,浇筑混凝土后,直接粘贴于混凝土侧面上;闭孔塑料板安放不能超高,按照设计要求,渠底闭孔塑料板宽度为 60 mm,渠坡闭孔塑料板宽度为 80 mm,施工时,预留尺寸要大于设计尺寸 20 mm,把聚硫密封胶的空间先预留出来,待伸缩缝两侧的衬砌板浇筑完成且混凝土达到一定强度后,取掉顶部 20 mm 的板条,在闭孔塑料板上填充聚硫密封胶。渠道半缝采用切缝机切缝,缝宽 20 mm,缝深 60 mm,施工时先用墨斗将需要切缝的位置弹上墨线,然后用切缝机沿线切缝。缝内放置 40 mm 的闭孔塑料板上填充 20 mm 的聚硫密封胶。

3)施工时的注意事项

(1)注胶前,应将结构缝整平,用高压气流将结构缝内清理干净,并保持干燥。

(2)对聚硫密封胶的配制、混胶及注入等参照产品说明书,并在施工前进行现场试验确定施工工艺。

## 第五节 渠道混凝土衬砌机械化特殊气候施工与混凝土养护

### 一、渠道混凝土衬砌机械化特殊气候施工

渠道混凝土衬砌机械化特殊气候的施工主要是:风天施工、雨季施工、高温季节施工及低温季节施工。

**(一)风天施工**

根据天气情况,应适当调整混凝土外加剂的掺量和用水量,确保混凝土入仓时的坍落度满足施工要求,同时应进行混凝土表面喷雾养护。

**(二)雨季施工**

在雨季施工时应做好下列工作:

(1)砂石料场的排水设施应畅通无阻。

(2)运输工具应有防雨及防滑设备。

(3)浇筑仓面宜有防雨设施。

(4)加强骨料含水率的测定工作。

对无防雨棚仓面，在小雨中进行浇筑时，应采取下列措施：

（1）减少混凝土拌和的用水量。

（2）加强仓面积水的排除工作。

（3）做好新浇混凝土面的保护工作。

（4）防止周围的雨水流入仓内。

无防雨棚的仓面，在浇筑过程中如遇大雨、暴雨，应立即停止浇筑，并遮盖混凝土表面。雨后必须先排除仓面内的积水，受雨水冲刷的部位应立即处理，如停止浇筑的混凝土尚未超过允许间歇时间或还能重塑，应加砂浆继续浇筑，否则应按工作缝处理。

对抗冲、耐磨和要抹面的部位，混凝土不得在雨天施工。

**（三）高温季节施工**

当日最高温度超过30 ℃时，宜选择在早晨、傍晚或夜间施工，并采取添加缓凝剂、控制水温等措施，当现场气温超过35 ℃时，应停止施工。

**（四）低温季节施工**

当日平均气温连续5天稳定在5 ℃以下或现场最低气温在0 ℃以下时，应采取添加防冻剂、控制水温等措施，以保证混凝土拌合物的入仓温度不低于5 ℃。低温季节施工，尤其是在寒冷地区，施工的部位不宜分散。当所浇筑的有保温要求的混凝土在进入低温季节之前，应采取妥善保温措施，防止混凝土产生裂缝，并注意以下事项：

（1）施工期间采用加热、保温、防冻材料，应事先准备好，并应有防火措施。

（2）低温季节混凝土的施工，在温和地区可以不采用暖棚法，寒冷地区在日平均气温为－5 ℃以下时，应停止施工。

（3）混凝土的浇筑温度应符合设计要求，大体积混凝土的浇筑温度，在温和地区不宜低于3 ℃，在寒冷地区不宜低于5 ℃。

（4）寒冷地区低温季节施工的混凝土掺加气剂时，其含气量可适当增加，有早强要求者，可掺早强剂等。

（5）原材料的加热、输送、储存和混凝土的拌和、运输、浇筑设备及设施，均应根据气候条件采取适宜的保温措施。加热过的骨料及混凝土，应尽量缩短运距，减少倒运次数。

（6）砂石骨料宜在进入低温季节前筛选完毕。成品料堆应有足够的储备和堆高，并宜进行覆盖，以防冰雪和冻结。

（7）提高混凝土拌合物温度的方法：首先应考虑加热拌和水，当加热拌和用水尚不满足浇筑温度要求时，再加热砂石骨料。水泥不得直接加热。当砂石骨料不加热时，应注意不能掺混冰雪，其表面不能结冰。

（8）拌和用水的温度一般不宜超过60 ℃，超过60 ℃时应改变拌和料的顺序，将骨料与水先拌和，然后加入水泥，以免水泥假凝。

（9）骨料加热的方法：宜采用蒸汽排管法，粗骨料可以直接用蒸汽加热但不得影响混凝土的水灰比。

（10）拌和混凝土前，应用热水或蒸汽冲洗拌和机，并将水或冰水排除。混凝土的拌和时间应比常温季节适当延长，延长时间由试验确定。

（11）仓面清理宜采用喷洒温水配合热风轮或机械方法，寒冷期间亦可采用蒸汽轮或风水轮。

（12）在软基上浇筑第一层基础混凝土时，必须防止与地基接触的混凝土遭受冻害和地基受冻变形。

（13）浇筑混凝土前和浇筑过程中，应注意清除钢筋、模板和设备上附着的冰雪和冻块，严禁将冰雪和冻块带入仓内。

（14）在浇筑过程中，应注意控制并及时调节混凝土的温度，尽量减少被动，保持浇筑温度均匀。控制的方法以调节水温为宜。

（15）混凝土浇筑完毕后，外露表面应及时保湿，对易受冻的部分应加保温。

（16）混凝土当采用蒸汽加热或电热法施工时，应专门按设计文件进行。

（17）温和地区和结构表面面积系数小于 3 者，宜用蓄热法施工。

（18）低温季节施工的保温模板，除应符合一般模板的要求外，还必须满足保温效果的要求，所有孔洞缝隙均应填塞封堵，保温层的衔接必须严密可靠。

（19）外挂保温层必须牢靠地固定于模板上。内贴保温层的表面应平整，并有可靠措施保证其固定在混凝土表面，不因拆模而脱落。

（20）在低温季节施工的模板一般在整个低温期间不宜拆除。如果需要拆除，必须遵守下列规定：①混凝土强度必须大于允许受冻的临界强度；②具体拆模时间及拆模后的要求应满足温控防裂要求。

（21）低温季节施工期间，应特别注意温控检查：①外界气温及暖棚内气温每 4 小时至少测量一次；②水温及骨料温度每 2 小时至少测量一次；③混凝土的机口温度和浇筑温度，每 2 小时至少测量一次；④已浇块体内部温度，浇后三天内应特别加强观测，以后可按气温及构件情况定期观测，测温时应该注意边角最易降温的部位。

## 二、混凝土养护

衬砌混凝土应保证湿润养护不少于 28 天，并注意以下事宜：

（1）衬砌混凝土浇筑完毕后，应及时洒水养护，以保持混凝土表面经常湿润。低流态混凝土浇筑完毕后应加强养护，并延长养护时间。

（2）混凝土浇筑完后表面的养护：早期应避免太阳暴晒，混凝土表面宜加遮盖。

（3）一般应在混凝土浇筑完毕后 12 ~ 18 小时内开始养护，但在炎热、干燥气候情况下应提前养护。

（4）混凝土养护时间，应根据所用水泥品种而定，但不应少于表 4-8 中的数值。重要部位和利用后期强度的混凝土，以及在干燥炎热气候条件下，应延长养护时间（至少养护 28 天）。

**表 4-8　混凝土养护时间**

| 混凝土用水泥的种类 | 养护时间（天） |
|---|---|
| 硅酸盐水泥和普通硅酸盐水泥 | 14 |
| 火山灰质硅酸盐水泥、矿渣硅酸盐水泥、粉煤灰硅酸盐水泥、硅酸盐大坝水泥 | 21 |

（5）混凝土的养护工作应由专人负责，并应作好养护记录。

(6)衬砌混凝土的养护方式:①干旱、多风、日晒的天气施工时,初凝前宜采用喷雾器不间断喷雾养护。②水流充足时,宜采取草苫、草帘、毡布等覆盖保温养护。③水源无保障时,宜采用喷施养护剂养护。养护剂喷洒量、成膜厚度、喷洒时间等应通过现场试验确定。④当出现低温或负温天气时,应采取保温养护。

河南省水利第一工程局南水北调中线潞王坟试验段项目部的养护方法:

采用黑沾棉直接覆盖养护法,一般在混凝土浇筑完成后12~18小时即开始养护,先在混凝土表面均匀洒上一层水,再用黑沾棉覆盖在上面,搭接部位重叠10~20 cm,用砖石或方木将黑沾棉压好。其优点:通过日晒,内部产生一定的温度,将水转化为水蒸气,增加养护效果,晚间温度比外部温度高,有利于混凝土强度的增长,黑沾棉养护保水性比较好,一般在4~10小时后才需补充洒水,养护质量保证系数较高。

养护时的注意事项:衬砌混凝土浇筑完后,养护前宜避免太阳光暴晒,混凝土应连续养护,养护期内始终使混凝土表面保持湿润,混凝土养护时间不宜少于28天,当日平均气温低于0 ℃时,必须加盖草帘加以保温以防混凝土受冻,平均气温低于5 ℃时,不得洒水,混凝土养护设专人负责,并作好养护记录。

## 第六节　衬砌混凝土伸缩缝的施工要求

混凝土衬砌机械化施工伸缩缝的间距及型式应满足设计要求。

伸缩缝的型式可分为半缝与通缝两种。半缝深度为混凝土板厚的0.5~0.75倍。通缝是贯穿全部衬砌板厚度的缝。当底部铺设防渗层时,通缝切割深度宜为混凝土板厚的0.9倍。

施工时宜采用切割机进行切缝施工。

伸缩缝切割宜在衬砌混凝土抗压强度为1~5 MPa时进行。

伸缩缝的清理要求如下:

(1)清缝前应检查伸缩缝的深度和宽度,伸缩缝应底部平坦,宽度均匀一致,对深度不符合设计要求的应做补切缝处理。

(2)宜采用水枪、风机等清除缝内的浮浆、碎渣等杂质。

填充伸缩塑性板要求如下:

(1)填充前缝壁应保持干净、干燥。

(2)伸缩塑性板应采用专用工具压入缝内,并保持上层填充密封胶的设计深度。

设计中常采用的密封胶种类有双组分聚硫密封胶、聚氨酯密封胶、硅酮胶等。其施工要点时如下:

(1)密封胶与混凝土应黏接牢固,注胶前先在清理干净的基面上均匀刷涂界面剂,完全固化后再注胶。

(2)注胶应饱满,用刮刀压紧刮平。

(3)压力注浆后应及时检查,如有凹凸不平、气泡、粗糙外溢、表面脱胶、下垂等现象应及时修补整齐。

(4)密封胶表面干燥及固化期间应注意保护,避免雨水等侵入缝内。

河南省水利第一工程局南水北调中线潞王坟试验段项目部的施工要点是：总干渠渠道专用聚硫密封胶应为专业厂家生产的合格产品，并提供无毒报告，检验单位要具有相应的资质。

渠道伸缩缝的下部隔缝材料为聚乙烯闭孔泡沫板。渠道通缝的隔缝材料要铺设在先浇筑的衬砌板滑模模板内侧，浇筑混凝土后直接粘贴于混凝土侧面，闭孔塑料板的安放不能超高。按设计要求，渠底闭孔塑料板宽度为 60 mm，渠坡闭孔塑料板宽度为 80 mm，施工时预留尺寸要大于设计尺寸 20 mm，把聚硫密封胶的空间先预留出来，待伸缩缝两侧的衬砌板浇筑完成且混凝土达到一定强度后取掉顶部 20 mm 的板条，在闭孔塑料板上填充聚硫密封胶。渠道半缝采用切缝机切缝，缝宽 20 mm，缝深 60 mm，施工时先用墨斗将需要切缝的位置弹上墨线，切缝机沿线切缝。缝内放置 40 mm 的闭孔塑料板，在闭孔塑料板上填充 20 mm 的聚硫密封胶。

施工注意事项如下：

(1)注胶前应将结构缝整平，清理干净，并保持干燥。

(2)聚硫密封胶的配制、混胶及注入等参照产品说明书，并在现场施工前进行试验确定施工工艺。

# 第七节　渠道膨胀岩(土)衬砌机械化施工技术混凝土质量控制措施

为保证质量目标的实现，对于膨胀岩(土)衬砌机械化施工技术混凝土质量的控制，应依据质量管理体系要求(GB/T 19001—2001idtISO9001:2000)及《中华人民共和国产品质量法》、《中华人民共和国建筑法》、《建设工程质量管理条例》等有关国家和部颁的标准。首先对于工程建立有效的质量管理体系，严格按国标、国家部颁的质量标准，建立以质量意识、技术素质为基础的组织机构和规章制度及检查检测试验控制的质量保证体系，制订严格周密的保证计划、措施及岗位责任制，进行施工、运行、管理，以期达到质量目标的顺利实现。

## 一、混凝土质量控制的保证体系

混凝土质量控制的保证体系如图 4-5 所示。

## 二、混凝土质量控制措施

### (一)原材料选择及质量控制

1. 水泥

选用水泥品质符合现行的国家标准及有关部颁标准的规定，即水泥应选用具有日产 2 000 t 级以上的新型干法生产线的国家大型水泥生产企业的产品。选用水泥强度等级的原则如下：选用的水泥强度等级与混凝土设计强度等级相适应。在每批水泥进入库前，均对水泥的品质进行检查复检，每批水泥均应附有出厂合格证和复检资料。袋装水泥的出厂日期不应超过 3 个月，散装水泥不应超过 6 个月，块硬水泥不应超过 1 个月，不符合

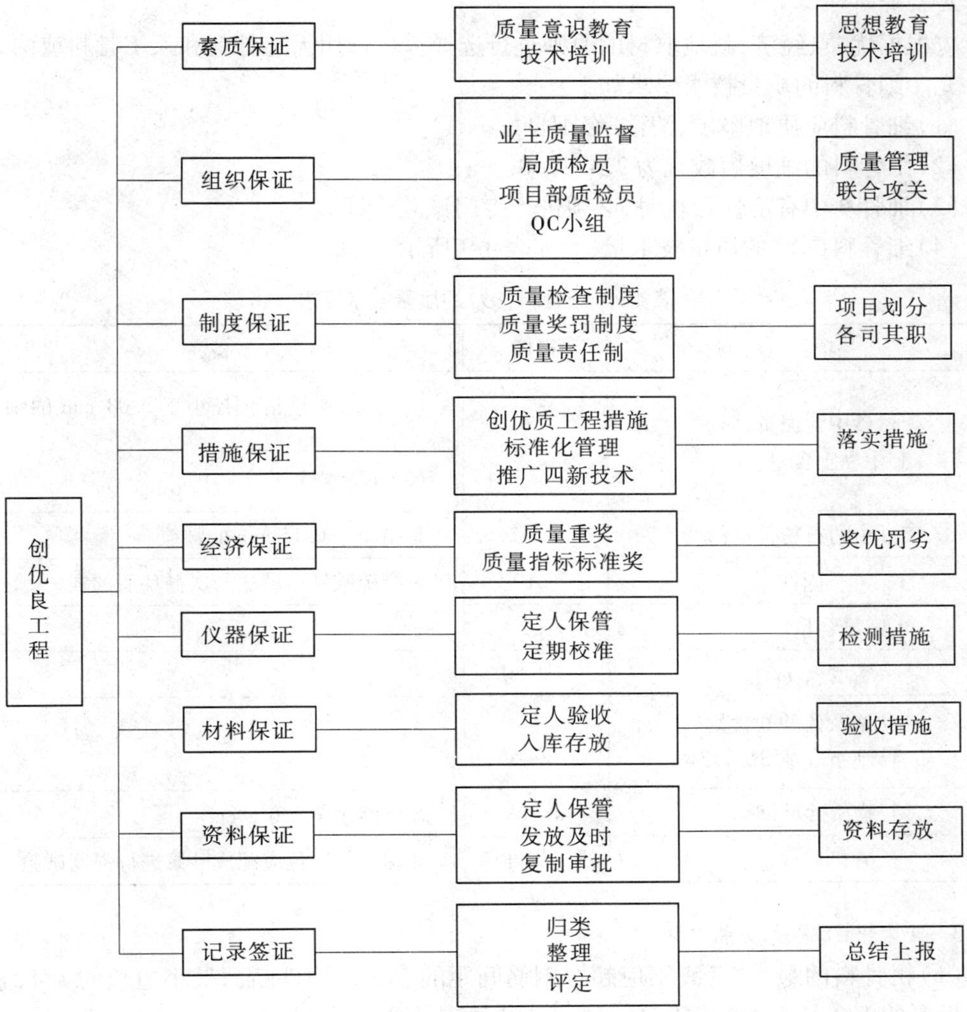


**图 4-5　混凝土质量控制的保证体系**

技术条款要求的水泥不能使用。水泥的运输、保管及使用应符合下列要求：

(1)水泥的品种、强度等级不得混杂。

(2)运输过程中应防止水泥受潮。

(3)大中型工程应专设水泥仓库或储罐。水泥仓库宜设置在干燥地点并设有排水通风设施。

(4)堆放水泥袋应标明品种、标号、厂家、出厂日期，并分别堆放，留出运通道。

(5)散装水泥应及时倒灌，一般一个月倒灌一次。

(6)先到的水泥应先用。袋装水泥储运时间超过 3 个月，散装水泥超过 6 个月，使用前应重新检验。

(7)堆放袋装水泥时应设防潮层，距地面、边墙至少 30 cm，堆放高度不得超过 15 袋。

(8)避免水泥的散失浪费，注意环境保护。

2. 细骨料

应根据优质、经济、就地取材的原则进行选择。可选用天然骨料和人工骨料或两者互相补充。细骨料的质量技术要求如下：

(1)细骨料应质地坚硬、清洁、级配良好。

(2)细骨料的细度模数宜为2.4~2.8。

(3)细骨料中有活性骨料时，必须进行专门试验论证。

(4)细骨料(砂)的质量技术指标，如表4-9所示。

表4-9 细骨料(砂)的质量技术要求

| 项目 | 指标 | 备注 |
| --- | --- | --- |
| 天然砂中含泥量(%)<br>其中黏土含量(%) | <3<br><3 | (1)含水率是指粒径小于0.08 mm的细屑、淤泥和黏土的总量；<br>(2)不含黏土团粒 |
| 人工砂中的石粉含量(%) | 6~12 | 是指小于0.15 mm的颗粒 |
| 坚固性 | <10 | 是指硫酸钠溶液法与次循环后的损失 |
| 云母含量(%) | <2 | |
| 密度($t/m^3$) | >2.50 | |
| 硫化物及硫酸盐含量按质量计(折算成$SO_3$)(%) | <1 | |
| 轻物质含量(%) | <1 | 视密度小于2.0 $g/cm^3$ |
| 有机质含量 | 浅于标准色 | 如深于标准色应配成砂浆进行强度试验 |

3. 粗骨料的质量技术要求

(1)粗骨料的最大粒径：不应超过钢筋间距的2/3及构件断面最小边长的1/4，素混凝土板厚的1/2。对少筋或无筋结构，应选用较大的粗骨料粒径。

(2)施工中宜将粗骨料按粒径分成下列几个粒径级：

①当最大粒径为40 mm时，分成5~20 mm和20~40 mm两级。

②当最大粒径为80 mm时，分成5~20 mm、20~40 mm和40~80 mm三级。

(3)应严格控制各级骨料的超、逊径含量，以原孔筛检查、控制其标准：超径<5%，逊径<10%，当以超、逊径检验时，其控制标准超径为零，逊径<2%。

(4)采用连续级配或间断级配应由试验确定，如采用间断级配应注意混凝土运输中骨料分离问题。

(5)粗骨料中含量有活性骨料、黄锈等，必须进行专门试验论证。

(6)粗骨料的质量技术要求如表4-10所示。

4. 水

凡适于饮用的水均可以拌制和养护混凝土。拌和用水所含物质不应影响混凝土和易性与强度的增长，以免引起钢筋和混凝土的腐蚀，其指标如表4-11所示。

**表 4-10　粗骨料的质量技术要求**

| 项目 | 指标 | 备注 |
| --- | --- | --- |
| 含泥量(%) | $D_{20}$、$D_{40}$粒径级<1<br>$D_{80}$、$D_{150}$(或 $D_{120}$)<br>粒径级<0.5 | 各粒径 |
| 坚固性(%) | <5<br><12 | 有抗冻要求的混凝土<br>无抗冻要求的混凝土 |
| 硫酸盐及硫化物含量<br>按质量计(折算成 $SO_3$)(%) | <0.5 | |
| 有机质含量 | 浅于标准色 | 如深于标准色,应进行混凝土强度对比试验 |
| 密度($t/m^3$) | >2.55 | |
| 吸水率(%) | <2.5 | |
| 针、片状颗粒含量(%) | <15 | 碎石经试验论证,可以放宽至25% |

**表 4-11　水的技术指标**

| 项目 | 钢筋混凝土 | 素混凝土 |
| --- | --- | --- |
| pH 值 | >4 | >4 |
| 不溶物(mg/L) | <2 000 | <5 000 |
| 可溶物(mg/L) | <5 000 | <10 000 |
| 氯化物(mg/L) | <1 200 | <3 500 |
| 硫酸盐(mg/L) | <2 700 | <2 700 |

5. 外加剂的技术要求

为改善混凝土的性能,提高混凝土的质量及合理降低水泥用量,必须在混凝土中掺加适量的外加剂,其掺量应通过试验确定。拌和混凝土或水泥砂浆常用的外加剂有减水剂、加气剂、缓凝剂、速凝剂和早强剂等。应根据施工需要、对混凝土性能的要求及建筑物所处的环境条件选择适当的外加剂,并通过试验来确定。

(1)有抗冻要求的混凝土必须掺用加气剂,并严格控制水灰比。

(2)混凝土的含气量宜采用下列数值:①骨料最大粒径为 20 mm,6%;②骨料最大粒径为 40 mm,5%;③骨料最大粒径为 80 mm,4%;④骨料最大粒径为 150 mm,3%。

(3)如需提高混凝土的早期强度,宜在混凝土中掺早强剂,工业用氯化钙只宜用于素混凝土,其掺量(以无水氯化钙占水泥质量的百分数计)不得超过 3%,在砂浆中的掺量不得超过 5%。为了避免氯化钙腐蚀钢筋,在钢筋混凝土中应掺用非氯盐早强剂。

(4)使用早强剂后,混凝土初凝将加速,应尽量缩短混凝土的运输时间和浇筑时间,并应特别注意洒水养护，保持混凝土表面湿润。

（5）使用外加剂时应注意以下事项：

①外加剂必须与水混合配成一定浓度的溶液，各种成分用量应准确。对含有大量固体的外加剂（如含石灰的减水剂），其溶液应通过0.6 mm孔眼的筛子过滤。

②外加剂溶液必须搅拌均匀，并定期取有代表性的样品进行鉴定。

③当外加剂储存时间过长，对其质量有怀疑时，必须进行试验鉴定，严禁使用变质的外加剂。

**（二）混凝土拌和系统的设置和拌合物的控制**

1.混凝土拌和系统的设置

1）拌和系统和设置条件

（1）设置位置应统筹考虑材料和成品混凝土的输送，并符合环境保护要求。

（2）应保证电力供应，并配置备用发电机。电力总容量包括拌和系统，夜间施工照明及生活用电的全部负荷。

（3）应保证水源供应，并配备蓄水池，其储量满足拌和需水量，水质应达到有关技术要求。

（4）应有完整、合格的计量设施。

（5）砂石储料场地面应硬化，不同规格的砂石料应有明显标志，相互间应设置间隔，不允许料堆积水和泥土污染。砂石料堆应设置降雨、防雪、隔晒设施。

（6）拌和楼数量为两台以上时宜分设进出口道路，并备有临时的停车场，拌和楼下路面应硬化，并设置清洗排水沟及集水坑，进行废水回收处理。

2）拌和站的配置

混凝土总拌和生产能力应根据现场实际用量情况和设置配置能力来计算。

3）混凝土运输配置

（1）配套的混凝土运输车数量宜根据浇筑需求及拌和站的拌和能力、施工进度、动量、运距及路况综合确定。

（2）运输车辆应选用未用的混凝土搅抖运输车，每辆车载重容量不宜小于6 $m^3$。

（3）场内运输道路应保持平整通畅，并宜将重车送料和空车返回道路进行分设，避免施工车辆对已成型的衬砌混凝土板扰动。

4）混凝土拌合物的质量控制

（1）混凝土施工配合比必须通过试验确定，满足设计技术指标和施工要求，并经过监理工程师审批后方可使用。混凝土施工配料单必须经检验以后签发，并严格按签发的混凝土施工配料单进行配料，严禁擅自更改。

（2）混凝土拌和站的计量器具要定期检验校正，必要时随时抽检，每班称量前，对称量设备进行零点检验。

（3）在混凝土拌和生产中，定期对混凝土拌合物的均匀性、拌和时间和称量衡器的精度进行检验，如发现问题应立即处理。

（4）在混凝土拌和生产中，对各种原材料的配料称量进行检查并记录，每8小时不少于2次。

(5)混凝土拌和时间每 4 小时检测 1 次。

(6)混凝土坍落度每 4 小时检测 1 ~2 次。

(7)混凝土拌合物温度、气温和原材料温度每 4 小时检测 1 次。

**(三)浇筑质量检查与控制**

(1)按规范要求对基础面或混凝土施工缝面进行处理,取得开仓证后进行混凝土浇筑。

(2)混凝土拌合物入仓后观察其均匀性与和易性,发现异常及时处理。

(3)浇筑混凝土时,设置专人在仓内检查并对施工过程与出现的问题及其处理进行详细记录。

(4)混凝土工程质量技术保证措施如下:

①工地应设置实验室:工地实验室配备应符合国家有关计量认证要求,检测人员应持证上岗。

②为保证混凝土质量达到施工详图和设计的要求,对混凝土原材料、配合比及施工过程中的各项主要工艺实施及硬化后的混凝土质量进行控制检查。

③结合工程混凝土的配合比情况,检验拌和设备的性能,在整个混凝土生产运行过程中,拌和设备应经常检查,包括混凝土拌合物的均匀性、拌和时间、量衡器的准确性、机器及叶片的磨损程度等,发现问题应立即进行处理。

④严格遵守试验确定并经监理单位批准的配合比进行配料,严禁擅自更改。

⑤混凝土在运输中应尽量缩短时间,并减少转运次数,混凝土自由下落高度以不大于 2 m 为宜。

⑥混凝土浇筑前,检查钢筋位置及保护层是否符合规范和设计图纸要求,检查模板是否清理干净,是否安装稳固。

⑦混凝土应连续浇筑,如因故中断且超过允许间歇时间,则应按工作缝处理。

⑧混凝土浇筑时如果表面泌水太多应及时清除并研究减少泌水的措施,严禁在模板上开孔赶水,以免带走灰浆。

⑨拆除侧面模板时须保证构件不变形,棱角完整无裂缝。

⑩混凝土浇筑完毕凝固后采取洒水养护措施,使混凝土表面经常保持湿润状态。

## 第八节　安全文明生产的要求

按照国家安全生产规定,施工单位应具有相应的安全资质,特殊工种施工人员持证上岗,施工前应对相关人员进行安全文明生产教育,树立安全第一、注重文明的思想。

机械化衬砌安全生产的规定:应遵守拌和楼、运输车辆、衬砌机及施工辅助机械设备的安全操作规程,并应做到以下几点:

(1)清理拌和楼内的混凝土时,应安排专人值守操作台。拌和站机械工作区内不允许闲杂人员通过。

(2)运输车辆倒退时,应鸣后退警报,并由专人指挥和查看。

(3)施工中严禁在衬砌机支腿上站人、夜间操作施工应有照明装置,并有明显的警示标志。

(4)施工中操作人员不得擅自离开操作台,严禁用手触摸或修理正在运转的机件。

(5)场内安全文明施工的注意事宜:

①施工范围内应设定明显的安全警示和文明宣传标志。

②场内各种设备不得带病工作,原材料应放置有序,并安排专人负责保管。

③应配备专人负责安全文明生产工作。

(6)安全防护工作:

①现场操作人员应按照规定佩戴防护用具。

②所有机械、电力、燃料、动力等的操作部位严禁吸烟,严禁明火。

③拌和站、储油罐、发电机、配电站等重要设施应配备消防设备。

④特殊气候条件下施工应有专门的安全防护措施。

(7)安全监控体系建立的基本要求:为了保证国家安全生产方针、政策、法规、标准和企业安全生产规章制度的贯彻执行,加强科学管理,实现安全生产,必须设置强有力的安全管理机构,配备认真负责的安全检查员,建立健全安全生产规章制度,认真落实安全生产措施,否则,安全生产难以实现。建立安全监控体系,是为了切实对施工安全进行有效的控制。在监理工程师的组织机构中,应设立办公室并配备专职的安全工程师。在施工企业安全科、工区设置安全人员,施工队设专职安全员,班组设兼职安全员。安全工程师和安全检查员必须十分熟悉党和国家的安全生产方针及劳动保护政策、法规、规程、标准、条例,熟悉各种施工方法、作业安排和安全操作规程,熟悉安全业务,了解各种潜在危害的设计标准,并且要能独当一面,具有认真细致的工作作风,身体健康,热爱安全工作,只有这样,才能担负起安全工作的重任。

安全工程师和施工企业专职安全员的职责,有下列几个方面:

(1)全面贯彻执行党和国家的安全生产及劳动保护的政策法规。

(2)做好安全生产的宣传教育和管理工作,及时总结交流和推广安全生产的先进经验。

(3)经常深入基层,指导承包商和下级安全技术人员的工作,掌握安全生产情况,调查研究安全中的不安全问题,提出改进意见和措施。

(4)组织安全活动,定期召开安全工作会议,进行施工安全检查。

(5)参加审查施工方案和安全技术措施计划,督促检查贯彻执行情况。

(6)在审核新技术、新工艺、新结构、新材料、新设备等方案时,同时审核有无相应的安全技术操作规程。

(7)与有关部门共同做好新工人、特殊工种工人的安全技术训练,考核发证工作。

(8)发现隐患应督促有关人员限期解决,对违章指挥、违章作业应立即制止,遇有严重险情,有权暂停生产或施工,并报告主管领导处理。

(9)进行工伤事故统计、分析和报告,及时参与组织工伤事故的调查和处理。

(10)研究施工过程中有损职工身体健康的各种职业病和职业性中毒的防范措施,变有害作业为安全作业。

(11)从系统观点出发,安全系统是以人为中心的工程。因此,在重点控制“人的不安全行为”和“物的不安全状态”两个方面，尤其应以人为安全控制的核心。

河南省水利第一工程局南水北调中线潞王坟试验段项目部的安全生产措施如下：

(1)安全生产保证体系。为保证施工生产的人身安全、设备安全、结构安全、财产安全和适宜的施工环境，按照《中华人民共和国安全生产法》(GB/T 28001—2001)、《职业健康安全管理体系规范》(GB/T 28001—2010)为项目建立完善的职业健康安全管理体系，通过对安全生产计划、组织指挥、协调和监控的一系列活动，按时、优质、高效交付满意的工程。

①项目安全生产必须坚持“安全第一、预防为主”的方针。

②通过对施工中人的不安全行为、物的不安全状态、作业环境的不安全因素等进行风险评价、识别工程施工中高处坠落、物体打击、机械设备伤害、电伤害、气象灾害、职业病危害等危险源，并制定安全技术保证措施和管理方案进行控制，达到预防的目的。

③安全管理体系采用 PDCA 循环原理的模式，通过策划—实施与运行—检查与纠正措施—管理评审等过程，实现体系的持续改进。

④根据项目特点制定安全施工组织设计或安全保证计划，通过对影响安全的各个环节和要素进行有效控制，达到持续改进。

(2)项目部人员配备。项目经理为第一责任人，安全生产副经理为直接责任，安全环境部是专职的安全管理机构，配有一个安全工程师和专职的安全员；在各部门和各施工队内设兼职安全员(持证上岗)的安全生产组织保证体系，保证项目的安全目标实现。

# 第五章 膨胀岩(土)渠道的安全监测

膨胀岩(土)渠道安全监测的目的主要是监测渠道在施工期和运行期的工作实态，对渠道运行状况评估和预测预报，为保证工程安全改进和提高设计、施工和管理技术水平提供科学依据。

膨胀岩(土)渠坡开挖期观测主要是对开挖过程中的变形(卸荷变形和胀缩变形)、应力和含水率的变化，调整完善初步拟定的处理方案，为膨胀岩边坡失稳机理研究、防护和加固时机的选择提供依据。

## 第一节 安全监测的目的、项目和仪器设备

膨胀岩(土)渠道安全监测，必须根据工程的规模、结构型式及其地形条件和地理环境等因素，设置必要的监测项目及相应的设施，进行定期系统的观测。

### 一、安全监测的目的

(1)通过开挖过程中的现场观测，掌握卸荷过程中渠坡不同部位的变形发展规律，并根据渠坡滑塌发生前后的变形和应力等观测资料，建立施工期渠坡稳定现场控制标准(包括监控变量的选择，其临界值的确定)，为今后渠道大面积信息化施工奠定基础。

(2)观测并分析渠道开挖过程中的变形、应力、含水率变化规律，以及对膨胀岩裂缝扩展过程进行量化描述，为膨胀岩(土)边坡失稳机理研究，防护加固时机的选择提供依据。

(3)针对膨胀岩(土)在开挖过程中及后继干湿循环过程中工程特性的变化特点，确定开挖面的保护时机，将专项辅助性试验中提出的防护材料用于现场试验区验证防护效果。

### 二、渠道膨胀岩(土)现场测试项目

(1)旁压试验。通过旁压试验测试膨胀岩(土)在不同深度的变形特性参数，研究比较干湿循环条件下及处理后膨胀岩(土)的变形模量。

(2)大型直剪试验。通过膨胀岩及软弱结构面大型剪切试验，研究比较处理前后膨胀岩及软弱结构面的抗剪强度指标。

(3)DMT 试验。通过 DMT 试验测试膨胀岩在不同深度的侧膨胀系数，研究比较处理前后膨胀岩(土)的变形特性参数。

(4)原位渗透试验。通过现场双环试验，测定膨胀岩(土)的现场渗透系数。

## 三、现场测试的仪器设备

(1)大型直剪试验仪。大型直剪试验主要设备由垂直加载装置、水平推力装置、剪切盒、水平及垂直位移计等组成,其基本参数如下:

①压力表,千斤顶4~6个,击力150~200 kN,压力表为1.5级;

②拉力计量程:0~100 kN,准确度为量程的1.0%;

③百分表:2~4个,量程10~25 mm,分度值0.01 mm;

④牵引及导向装置:钢丝绳、滑轮、三角架、锚座等;

⑤其他设备:加荷台、起重葫芦、秒表、土锚、工字钢、槽钢、垫块、滚珠轴承、链条钳、加重物若干块等。

(2)旁压仪。预钻式旁压仪,主要由旁压器、压力与体积控制装置及导管等三部分组成,试验用旁压仪可选用GA型旁压仪,其基本参数如下:

①探头:AX型($\phi$44),初始体积为535 $cm^3$;

②刻度标尺:1 $cm^3$;

③开缝保护钢管:$\phi$65 mm;

④量程范围:0~10 MPa。

(3)原位渗透仪。原位渗透试验采用试坑注水法,适用于测定非饱和土的渗透系数,基本参数如下:

①双套环(外环100 cm,内环50 cm);

②供水水桶、量筒、秒表、温度计及其他。

(4)扁铲式侧胀仪(DMT)。采用意大利产MARCHETTI扁铲式侧胀仪,其基本参数如下:

①测试压力范围:0~4 MPa;

②试验深度:0~50 m,软土可加深。

## 四、观测仪器设备的选型

根据试验研究的内容和目的,以选用国内外同行认可的稳定性及精度、耐久性较高的国内知名厂商的产品为主,具体选型如下。

### (一)体积含水率的探头

采用高精度土壤水分测量仪,该仪器能够对各类土壤和多种介质的水分进行测量,可作为水分定点监测或移动测量的基本工具。

仪器设备的组成如下:

(1)HH2水分读表:读取探头水分测量值,可读取和储存数据。

(2)MLZX水分探头:圆柱式防水探头,4根不锈钢探针。

(3)软件:数据下载与储存,储存文件直接可以导入EXCEL。

(4)MLZX水分探头基本技术指标:

①精度:±1%(特殊标定后);

②工作温度:-10~+70 ℃;

③探针尺寸:长 60 mm,总长 207 mm;

④标准电缆长度:5 m(最长可至 100 m)。

(5)HH2 水分读表技术指标:

①精度:1 mV;②内存:1 100 个读数;③电池寿命:6 500 个读数;④显示:显示 4 种输出。

**(二)基质吸力探头**

根据仪器量程选择张力计探头和热传导探头。

1. 张力计探头

张力计探头是一种测量非饱和土基质吸力仪器。关键的元件是顶端的陶瓷头,其量程为 0 ~ 85 kPa。张力计的基本组成包括一个多孔陶瓷头、一个塑料管和一个真空表,张力计里面的真空与土壤水分张力平衡,读数表直接读出张力计真空压力,即土壤吸力。

南水北调中线潞王坟试验段选用的是 2725 型喷注张力计,根据不同埋深选择不同型号张力计。

2. 热传导探头

热传导探头是一种高吸力探头系统,由陶瓷传感器头、吸力传感器控制器(智能接口)和电源组成,通过密封在陶瓷头内的小型加热元件和温度传感器实现吸力测量,基本数据如下:

①测量单位:kPa;

②测量时间:90 s;

③测量量程:-1 ~ -1 500 kPa;

④精度:±5%;

⑤吸力分辨:<1.0 kPa;

⑥操作范围:-20 ~ 60 ℃;

⑦探头尺寸:长 65 mm,直径 28 mm,陶瓷头长度 30 mm;

⑧电缆:传感器与 smart 接口紧密相连,提供 5 m 电缆,数据采集用智能记录器。基本参数如下:a. 精度:±1%;b. 分辨率:16 bit;c. 处理速度达到 33 Hz;d. 取样速度:最小周期 1 s,最大周期 24 h;e. 通道数量:250;f. 内存:512 KB;g. 标准输出:RSZ32。

**(三)土压力盒**

可选用两种土压力盒:①TYJ-21 型振弦式土压力计,0.1 MPa,可测温;②GK4800 型压力计,0.35 MPa,可测温。

1. TYJ-21 型振弦式土压力计

振弦式土压力计是观测物体内部土压力变化量的有效监测设备,可同时测量埋设点的温度,其主要参数如下:

①产品规格:0.1 MPa、0.2 MPa;

②量程:0.1 MPa、0.2 MPa;

③分辨力:≤0.05% F.S;

④非直线度:≤0.5% F.S;

⑤综合误差:≤0.8% F.S;

⑥温度测量范围:-25 ~ +60 ℃。

二次仪表：选用 XPO5 型振弦频率仪，既可针对振弦式传感器进行测力、测压、测应变，也可针对数字温度传感器进行测量，主要参数如下：

①测量范围：频率 300 ~ 6 000 Hz；

②周期：166 ~ 3 333 μs；

③温度测量范围：-55 ~ +125 ℃；

④测量精度：频率 0.01%，温度 ±0.5 ℃；

⑤适用传感器：振弦传感器激振后信号幅度≥300 M，持续时间≥500 ms。

2. GK4800 型土压力计

该压力计为振弦压力传感器，其主要参数如下：

①标准量程：选用 0.35 MPa；

②温度范围：-20 ~ 80 ℃；

③超载能力：150% F. S（最大）；

④灵敏度：0.025% F. S；

⑤精度：±0.1% F. S；

⑥高度×直径：6 mm×230 mm。

二次仪表：选用 8001 型 LC-1 型单通道数据记录仪，该仪器装在一个坚固的外壳里，防水 Nema4X 设计可在野外条件下使用，采用两个可更换的"D"电池供电（对于长期遥控用途还可由外接直流电源活太阳能板提供），可储存 8 000 个读数。通过 Windows 版的数据采集软件，32 台 LC-1 数据记录仪可用一根二芯导线用 RS-485 接口与微机连接进行数据传输或在线监测，其主要参数如下：

①测量精度：0.02% F. S. R；

②测量分辨率：1/20 000；

③程序记忆：32KROM；1/20 000

④温度测量范围：-40 ~ 60 ℃；

⑤长×宽×高：115 mm×115 mm×80 mm。

**（四）孔隙水压力计**

检测岩体内孔隙水压力，所选择的孔隙水压力计探头有两种：①KYJ-31 型振弦式孔隙水压力计，0.2 MPa，可测温；②GK4500S 型孔隙水压力计，0.35 MPa，可测温。

1. KYJ-31 型振弦式孔隙水压力计

测量结构物地基内的孔隙（渗透）水压力，可同时测量埋点的温度。其主要参数如下：

①规格：选用 0.2 MPa；

②分辨率：≤0.05% F. S；

③非直线度：≤1.0% F. S；

④综合误差：≤1.2% F. S；

⑤温度测量范围：-25 ~ +60 ℃。

二次仪表：同土压力二次仪表。

2. GK4500S 型孔隙水压力计

GK4500S 型孔隙水压力计用以测量坝体、填土地下水位及孔隙水压力,其主要参数如下:

①规格:选用 0.35 MPa;

②温度测量范围:-20~80 ℃;

③灵敏度:0.025% F.S;

④精度:±0.1% F.S;

⑤高度×直径:133 mm×19 mm。

二次仪表:同土压力二次仪表。

**(五)定点位移计**

选用 TGCX-T 型定点位移计,其主要特点:抗干扰、耐疲劳能力强、防水、防腐、抗振动、抗冲击、适合长期监测等特点。其主要参数如下:

①长度规格:0.5~2.0 m;

②测量范围:0~±30 ℃;

③温度范围:-20~+70 ℃;

④最小读数:0.1 mm、0.001 mm;

⑤非线性误差:±0.000 4/F.S;

⑥重复性误差:±0.000 5/F.S;

⑦抗震动:1 200 g;

⑧抗冲击:3 500 g。

**(六)柔性位移计**

选用 YH-0505A 型高度智能型柔性位移计,量程 50 mm,灵敏度 0.01 mm。可测量各种土工格栅、土工布等土工材料的变形,柔性测杆由金属软管保护,可随土工材料曲线变形,两端夹持在土工材料上,测量其拉伸和压缩变形。其主要特性如下:①内置数据处理电器,直接输出位移量(单位:mm);②自动温度修正,测量精度高且真实可靠;③密封防水性好,适合长期监测。

二次仪表:采用 YH-6300 型,具有 U 盘接口、计算机接口、液晶显示器(128×64 汉字显示)。

**(七)测缝计**

选用 JM-S 振强式表面测缝计,主要参数如下:①量程:50 mm;②长度:419 mm;③直径:9 mm;④精度:±0.1% 范围;⑤分辨率:0.01 ms/0.01 V。

二次仪表:同柔性位移计二次仪表。

**(八)测斜管及测斜仪**

测斜管采用 CX-92 管,测斜仪采用 GEO800P 型轻便携式测斜仪,主要参数如下:

①角度范围:±5°;

②分辨率:0.000 1°;

③重复性:±0.004;

④直线性:1%。

## 第二节　安全监测的基本要求

渠道膨胀岩(土)安全监测工作应遵循如下原则:

(1)各监测仪器设备的布置应密切结合工程的具体条件,既能较全面地反映工程的运行状态,又要突出重点,做到少而精,相关项目应统筹安排,配合布置。

(2)各监测仪器设备的选择要在可靠、耐久、经济实用的前提下,力求先进和便于实现自动化观测。

(3)各监测仪器设备的安装埋设必须按设计要求精心施工,确保质量,安装和埋设完毕,应绘制竣工图,填写改正表,存档备查。

(4)应保证在恶劣气候条件下,仍然能进行必要的项目观测。必要时,可设专门的观测站(房)和观测廊道。

各阶段的监测工作应符合以下要求:

(1)可行性研究阶段。应提出安全监测的总体设计方案、观测项目及所需仪器设备的数量和投资估算(占主体建筑物总投资的1%～3%)。

(2)初步设计阶段。应优化安全监测系统的总体设计方案、测点布置、观测设备及仪器的数量和投资概算。

(3)招标设计阶段。应提出安全监测设备及仪器清单,各主要观测项目及观测资料,各观测设备、仪器安装的技术要求及投资预算。

(4)施工阶段。应根据监测系统设计和技术要求提供施工详图,承建的施工单位应做好仪器设备的埋设、安装、调试和保护,固定专人进行观测工作,并应保证观测工作设备完好及观测记录数据连续、准确、完整。工程竣工验收时,应将观测设施和竣工图埋设记录和施工期观测记录,以及整理、分析等全部资料汇编成正式文件,移交管理单位。

(5)初期通水阶段。应制订监测计划和主要监控指标,在渠道开始通水时,就做好安全监测工作,取得连续性的资料(初始值)并对膨胀岩(土)渠段的工作状态作出初步评估。

(6)运行阶段。应进行经常的及特殊情况下的巡视检查和观测工作,并负责监测资料的整编、监测报告的编写及监测技术档案的建立,还应根据巡视检查和观测资料定期对膨胀岩(土)渠段的工作状态作出分析和评估(工作状态可分为正常、异常和险情之类),为膨胀岩(土)渠段的安全鉴定提供依据。

(7)各监测项目的阶段和测次。应使用记录表格,认真记录、填写,严禁涂改、损坏和遗失。观测数据应随时整理和计算,如有异常,应立即复测,当影响工程安全时,应及时分析原因和采取对策,并上报主管部门。

(8)当发生有感地震、大洪水及渠道工作状态出现异常等特殊情况时,应加强巡视检查,并对重点部位的有关资料、项目加强观测。

(9)在采用自动化监测系统时,必须进行技术经济论证,仪器设备要稳定可靠,观测数据要连续、准确、完整,系统功能应包括数据采集、数据传输、数据处理和分析。

## 第三节　安全监测施工技术规程的制定

安全监测工程开始实施时，要按标书和设计要求的仪器设备型号、规格、数量尽早地向厂商询问其生产仪器的规格及报价，选择好厂商，只要资金落实，就尽快地签订合同，并要求迅速运到工地，购置仪器的数量应考虑搬运安装及施工过程的损坏量。因此，要求产品必须满足各项指标，根据工程的需要，要求产品有使用说明书、产品合格证，特别是对那些安装埋设后不易更换的仪器，订购仪器设备时，必须有此条款的要求。

安全监测工程的组织机构应根据工程规模来定，复杂的工程分专业组，由对监测工作有经验的工程师领导，由若干有实际经验的专业人员组成。一般人员也应经过专业培训之后上岗。其一般设技术、质量、安全、财务、物资供应、生活管理等。技术管理可分组(如室内率定组、现场安装组、零附件设计组等)，小工程也应有这方面的机构，但可兼职管理。

安全监测工程专业技术性强，新来人员必须经专业培训，培训分长期、中期和短期。长期培训为半年以上，中期培训为1~6个月，短期培训为1个月以内。一般人员可通过短期培训，只针对承担的监测工作进行培训，如介绍本工程的特点、所设的监测仪器种类、仪器的基本原理等。做到参加人员对工作的一整套工序有比较透彻的了解，并能掌握各种仪器的操作要领，使之做起来不会出现大的或原则性的错误操作。经培训后仍不合格者，不得独立进行操作。

为了保证安全监测工程严格地遵循有关的规程与规范，确保工程保质保量的完成，预期实现工程安全，达到质量要求的监测目的，为日后工程技术理论分析提供可靠的数据，使仪器正常发挥作用，需要编制一套现场实施技术规程。

### 一、技术规程的编制原则

(1)现场施工技术规程应根据设计要求和现行的有关规程、规范、技术标准编制。

(2)技术规程的类别与项目应与施工程序内容一致。

(3)内容应具体到工艺程序和标准，且切实可行。

(4)规定的技术要求应给执行者留有余地和随机量。

(5)技术规程应包括对影响安全和质量的因素提出的控制要求。

### 二、技术规程的内容

土建工程施工技术规程的内容包括钻孔开挖、注浆等。

#### (一)监测工程仪器孔

编制的内容包括打孔机械、孔位、钻孔个数、孔径、孔深、孔内是否冲洗、孔壁光滑度、是否下套管、孔斜率、工期、孔口装置及注意事项等。

#### (二)仪器孔的注浆

编制的内容包括注浆方式、砂灰比、浆液浓度与仪器安装的配合方式，注浆前后的处理，对仪器的保护及灌浆、进浆标准等。

### （三）自动化监测

自动化监测一般包括数据采集传输、处理、判识与评估等程序。从现实的情况看，由于电子技术、计算机技术等的发展，分段或整体上实施上述程序，尤其是处理判识、评估等，技术上应当不是主要问题，主要问题在于投资与效益，而在认识上也可能并非人人认同。

## 三、仪器设备的组装与率定的技术规程

监测仪器大多数在隐藏工作的环境下长期运行，仪器一旦安装埋设之后，一般无法再进行检修和更换。因此，对所有将予以埋设的仪器，必须要进行全面的检查和率定，其主要的任务是：

（1）校核仪器出厂时各项参数的可靠性。

（2）检验仪器工作的稳定性，以保证仪器性能长期稳定。

（3）检验仪器在搬运中是否损坏。

## 四、监测仪器现场检验的内容

监测仪器现场检验的内容如下：

（1）出厂时仪器资料参数卡片是否齐全，仪器数量与发货单是否一致。

（2）外观检查，仔细查看仪器外部有无损伤、痕迹和锈斑等。

（3）用可用表测量仪器线路有无断线。

## 五、仪器设备组装率定技术

仪器设备组装率定技术如下：

（1）应写明率定时使用的工具、仪器率定时的接压量分级数，循环次数，选定方法及要求，率定后的计算和对仪器的质量叛识标准。

（2）仪器的电缆连接包括电缆本身的要求、芯数、连接方式、接线前后的检查方式和质量标准。

（3）仪器附件要求包括设计加工的原则。要考虑尺寸大小要求，使用材料达到的性能。

（4）仪器设备安装埋设技术规范。仪器的安装埋设要求写明安装埋设时现场应具备的条件，埋设时的注意事项（特别是能发生质量安全事故的问题），埋设步骤、工艺要求和标准、环境要求、工具、材料及附件的要求，仪器保护及电缆走线要求。

（5）观测及资料整理分析技术规程。技术规程中提出观测频率的确定原则与方法，资料的处理和资料整理分析方法与要求，各种监测报告的编写要求。

此外，在技术规程中，对监测工程施工有影响的施工条件提出有限定的要求文件。

## 六、安全监测施工技术规程制定的一般规定

膨胀岩（土）渠道安全监测项目主要有渠道的表面变形、内部变形、裂缝和接缝及岸坡位移等观测。

安全监测工作用的平面坐标及水准高程应与设计施工和运行诸阶段的控制网坐标系统相一致。有条件的工程应与国家网建立联系。

安全监测工作应遵循下列规定：

(1)表面竖向位移及水平位移观测，一般应共用一个测点。深层竖向及水平位移观测应尽量结合布置，竖向及水平位移观测应尽量结合布置，竖向及水平位移观测应配合进行。

(2)观测基点应设在稳定区域内，测点应在渠道岸坡牢固结合。基点及测点应有可靠的保护装置，并受国家法律保护。

(3)安全监测(变形观测)的正负号规定：①竖向位移向下为正，向上为负。②水平位移向下游为正，向左岸为正，反之为负。③裂缝和接缝三向位移，对开合、张开为正，闭合为负，对沉陷规定同②；对滑移来讲，向坡下为正，向左岸为正，反之为负。

表面变形监测及观测布置要求如下：

(1)表面变形监测：包括竖向位移和水平位移，水平位移中包括垂直轴线的横向水平位移和平行轴线的纵向水平位移。

(2)观测布置要求：主要是测量基点的要求。

①各种基点均应布设在两岸的岩石或坚实的土基上，测点和基点的结构必须坚固可靠，且不易变形，并力求美观大方，协调实用。测点可采用柱式或墩式。同时兼作竖向和横向水平位移观测的测点，其立柱应高出地面0.6~1.0 m，立柱顶部应设有强制对中底盘，其对中误差均应小于0.2 mm。

②在土基上起测基点，可采用墩式混凝土结构。在岩基上的起测基点，可凿坑就地浇筑混凝土，在坚硬基岩埋深大于5~20 m的情况下，可采用深埋双金属管柱作为起测点。

③工作基点一般宜采用整体钢筋混凝土结构，立柱高度以司镜者操作方便为准，但应大于1.2 m，立柱顶部强制对中底盘的对中误差应小于0.1 mm。

④校核基点的结构和埋设要求与工作基点相同。

⑤水准基点结构与埋设可参照《国家一、二等水准测量规范》(GB 12897—91)和《国家三、四等水准测量规范》(GB 12898—91)的有关规定执行。

⑥水平位移观测的觇标，可用觇标杆、觇标碑或电子灯标，其尺寸与图案应根据观测条件选定。

⑦界面位移观测点通常布设在与岸坡连接处。

(3)各种位移的观测方法和要求：

①竖向位移。表面竖向位移一般用水准法测量，也可用连通法测量。用水准仪观测表面竖向位移时，可参照国家三等水准测量，采用《国家三、四等水准测量规范》(GB 12898—91)方法进行，但闭合差不得大于$\pm 1.4\sqrt{n}$ mm($n$为站数)，起测基点的引测、校测，可参照《国家一、二等水准测量规范》(GB 12897—91)方法进行，但闭合差不得大于$\pm 0.72\sqrt{n}$ mm($n$为站数)。

②用连通管观测表面竖向位移时，可采用移动式或固定式观测，应在气温最为稳定的时间进行，观测时应注意保持水面稳定，应平行观测两次，两次读数差不得大于2 mm。

③水平位移。横向水平位移一般用视准线法测量。必要且有条件时，也可设置倒垂

线或引张线装置观测水平位移。倒垂线和引张线装置的设计、安装与观测应结合渠道的变形特点，参照《土石坝安全监测规范》(SL 60—94)的相关要求执行。

④用视准线法观测横向水平位移时，可采用经纬仪或视准线仪。当视准线长度大于500 m时，应采用$DJ_1$级经纬仪和全站仪。

⑤视准线的观测方法。可根据实际情况选用活动觇标法或小角度法。观测时，宜在视准线两端各设固定测站，用各测站的仪器观测其靠点的位移测点的偏离值。

⑥用活动觇标法校测工作基点，观测增设的工作基点时，允许误差应不大于2 mm(取两倍中误差)，观测位移测点时，每侧面的允许误差应小于4 mm(即两倍中误差)，所需测回数不得少于两个测回。

⑦用小角度法观测横向水平位移时，一般应采用$DJ_1$级经纬仪，测微器两次重合读数之差不应超过0.4″，一测回中正倒镜的小角值较差不应超过3″，同一测点各测回小角值较差不应超过2″。

⑧用三角网前方交会法观测增设工作基点(或测点)的横向水平位移时应用$DJ_1$级经纬仪和全测回法且不少于4个测回，各项限差要求为：半测回归零差±6′，二倍视准差的互差±8″，各测回的测回差±5″。

⑨有条件时，可采用大气激光准直法观测横向水平位移。设施的设计、安设及观测，按照《土石坡安全监测技术规范》(SL 60—94)执行。

⑩表面纵向水平位移观测，一般用铟钢尺测量或用普通钢尺加改正系数，其中误差不大于0.2 mm。有条件时，可用光电测距仪测量。

## 第四节　膨胀岩(土)渠道安全监测仪器设备埋设的技术要求

膨胀岩(土)渠道的安全监测仪器设备安装埋设的土建工程包括填筑钻孔、开挖、整平、灌浆等。仪器埋设、安装有各种不同的要求，而且常有一些特殊要求，施工标准和工艺比较高，所以土建时要严格遵照设计要求。

放样前，应根据放样精度、现场作业条件和仪器状况选择合理的放样方法，正确定位、定向。

安全监测工程的施工程序可分为总体程序和工艺程序，具体包括施工准备、土建工程施工、临建工程施工、材料设备加工、仪器设备检验率定、仪器组装与电缆连接、仪器设备安装埋设、观测电缆走线工程的施工、终端及自动化系统的安装调试、观测资料的整理分析、施工期观测与反馈、施工竣工图与施工报告编写、工程验收等，质量与安全控制贯穿在每个工序及各个环节中。

### 一、技术准备

技术准备的目的是了解设计意图、布置和技术规程，以便满足设计要求，达到设计的目的。技术准备的主要内容具体有：

(1)阅读和熟悉监测工程设计文件、报告及各项技术规程、设计意图和实施技术方法与标准。

(2)施工人员技术培训是设计交底的过程。通过培训使工作人员了解技术方法和技术标准，确保施工质量。

(3)研究现场条件，监测工程的施工是与其他工程交叉进行的，仪器安装埋设施工既要达到实际要求，又要克服恶劣环境的影响，避免干扰。因此，仪器安装埋设前，对现场条件要进行全面的分析研究，提出具体措施，在施工中还要随时进行研究和调整。

## 二、材料设备的准备

仪器安装埋设施工的主要材料设备见表5-1。

**表5-1　仪器安装埋设施工的主要材料设备**

| 项目 | 内容 | 说明 |
|---|---|---|
| 土建设备 | 钻孔和清基开挖机具；<br>灌浆机具与混凝土施工机具；<br>材料设备运输机具 | 在岩土体内部安装埋设仪器时，需要钻孔、凿石、切槽和灌浆回填，机具的型号根据工程需要确定 |
| 仪器安装设备、工具 | 仪器组装工具；<br>工作人员登高设备及安全装置；<br>仪器起吊机具和运输机具；<br>零配件加工，如传感器安装架及保护装置等 | 根据现场条件和仪器设备情况加以选用；<br>安装仪器要借助一些附件，这些附件有厂家带的，大多数情况是根据设计要求和现场实际情况自行设计加工；<br>登高和起吊设备应根据地面或地下工程现场条件选择灵活多用的设备 |
| 材料 | 电缆和电缆连接与保护材料；<br>灌浆回填材料；<br>零配件加工材料、电缆走线材料和脚手架材料；<br>零星材料、电缆接线材料及零配件加工材料等 | 电缆应按设计长度和仪器类型选购；<br>零星材料需配备齐全，避免仪器安装因缺一件小材料而影响施工进度和质量 |
| 办公系统 | 计算机、打印机及有关软件；<br>各种仪器专用记录表；<br>文具、纸张等 | 计算机软件包括办公系统、数据库和分析系统；<br>记录表应使用标准表格 |
| 测试系统 | 有关的二次仪表；<br>仪器检验率定设备、仪表；<br>仪器维修工具；<br>测量仪表工具；<br>有关参数测点设备、工具 | 二次仪表是与使用的传感器配套的读数仪；<br>岩土、回填材料和其他材料检验时的材料参数测定设备、工具 |

## 三、仪器的检验率定

仪器安装埋设前应按规程规范的规定进行率定或组装，率定合格后方可使用。

仪器设备组装率定技术：

(1)应写明率定时使用的工具和仪器，率定时的接压量分级数、循环次数、选定方法及要求，率定后的计算和对仪器质量判断的标准。

(2)仪器的电缆连接包括对电缆本身的要求、芯数、连接方式、接线前后的检查方式和质量标准。

(3)仪器附件要求包括设计加工的原则，要考虑尺寸的大小要求，使用材料达到的性能。

(4)仪器设备安装埋设技术规程。仪器的安装埋设要求写明安装埋设现场应具备的条件，埋设时的注意事项(特别是能发生质量安全事故问题)、埋设步骤、工艺要求和标准、环境要求、工具材料及附件要求、仪器保护及电缆连线的要求。

## 四、仪器编号

仪器编号是整个埋设过程中一项十分重要的工作，常常由于编号不当难以分辨每支仪器的种类和埋设位置，造成观测不便，资料整理麻烦，甚至发生错乱，为此应注意以下几点：

(1)仪器编号的原则：仪器编号应能区分仪器的种类，埋设位置力求简单明了，并与设计布置图一致，如果仪器编号为 $M_{1-2-3}$，它的含义是“M”为多点位移计，“1”是第 1 个断面，“2”是第 2 个孔，“3”是第 3 个测点。只要知道编码、编号的含义，一看编号就知道是什么仪器、在第几个断面及孔号和测点号。

(2)编号标准的位置：编号应注在电缆端头与二次仪表连接处附近。为了防备损害和丢失，宜同时标上两套编号标签备用。传感器上无编号时也应标注编号。

(3)仪器编号标签：仪器编号比较简单的方法是在有不干胶的标签纸上写好编号，贴在应贴的部位上，再用优质透明胶纸包扎加以保护，也可用电工铝制扎头，用钢码打上编号，绑在电缆上。用电缆打号机把编号打在电缆上更好，编号必须准确可靠、能长期保留。

钢弦式仪器常用多芯电缆，如某四点式位移计，只需用 1 根五芯电缆与 4 支传感器相连，这样除在电缆上注明仪器编号外，各芯线也要编号，也可用芯线的颜色来区分，最好按规律连接，如红、黑、白、绿分别连接 1、2、3、4 号仪器。

## 五、仪器安装埋设的土建施工要求

安全监测的土建施工包括临时设备施工、仪器安装埋设土建施工、电缆走线工程土建施工、观测站及保护设施土建施工。这些土建施工项目分别在有关项目中根据具体要求提出施工方法标准，但比一般工程高，而且细，这是仪器性能和观测精度的需要。所以，仪器埋设前应做好土建施工，验收合格后，才能安装埋设仪器。

## 六、安全监测电缆敷设的要求

电缆敷设时，应严格按照仪器安装埋设设计书中所拟定的仪器与观测站的连接系统图，电缆连接敷设技术要求和走线程序进行施工，因为仪器与电缆连接是保证监测仪器能长期运行的重要环节之一。尽管仪器经过各种测试而保证无任何的质量问题，但是若因电缆或连接接头有问题，仪器也不能长期正常地工作。所以，电缆与仪器的连接在安装前必须引起足够的重视。

**(一) 电缆质量的要求**

以差动电阻式仪器对电缆的要求为例，要求芯线电阻小、防水等。因此，要选购观测专用电缆，其橡胶外套具有耐酸、耐碱、防水、质地柔软等特点，芯线直径不小于0.2 mm，铜丝镀锡100 m，电阻小于1.5 Ω。电缆有两芯、三芯、四芯、五芯。使用前作浸水检查，检查时把电缆浸泡在水中，线端露出水面，不得受潮。浸泡12小时，线与水之间的绝缘值大于200 MΩ为合格。若电缆埋在高水压下，应在压力水中进行检查，用万用表测芯线有无折断，外皮有无破损(用打气筒向外皮内打气是否逸出气泡)，如与要求一致，电缆质量为合格。

**(二) 电缆线的连接**

仪器与电缆线的连接必须按要求进行。

(1) 电缆的长度：按仪器到观测网站实际需要的长度加上松弛的长度进行裁料，松弛长度根据电缆所经过的路线要求确定，一般松弛长度为实际长度的5%～15%。

(2) 剪线头：将造好的线端橡胶颜色皮剪除100 mm，电缆连接时对接芯线应留长度及电缆连接工艺如表5-2和图5-1所示。

**表5-2　电缆连接时对接芯线应留长度**　(单位：mm)

| 芯线颜色 | 仪器电缆接头线长 | 接长电缆头芯线长 |
|---|---|---|
| 黑 | 25 | 65(85) |
| 红 | 45 | 45(65) |
| 白 | 65 | 25(45) |
| 绿 | (85) | (25) |

注：当电缆为四芯时，应用括号内数据，五芯时依次加长。

把芯线剪成长度不等的线段，另一线的一端按相同颜色的长度相应剪短，各芯线连接之后长度一致，结点错开，切忌搭接处在一起。

(3) 接线。把钢丝的氧化层用砂布擦除，按同颜色互相搭接，铜丝相互插入、拧紧，涂上松香粉，放入已融化好的锡锅内摆动几下取出，使上锡处表面光滑无刺，如有刺应锉平。电缆连接工艺如图5-1所示。

(4) 包扎。用黄漆绸小条裹好焊接部位，再用高压绝缘胶带缠线一层，用木锉打毛电缆端部橡皮长约30 mm，用脱脂棉蘸酒精洗净后涂以适量的胶水将芯线并在一起，裹上高压绝缘胶带或硅橡胶带或宽度20 mm的生橡胶。裹时一圈一圈地依次进行，并用力拉长胶带，边拉边缠，使粗细一致，包扎体内不能留空气，总长度约180 mm，直径30 mm，比硫化器模子长2 mm，外径边也比硫化器长约2 mm为宜，为使胶带之间易胶合，缠前宜在胶带表面涂以汽油。

(5) 硫化。电缆接头硫化时，在硫化器模内均匀地撒上滑石粉，将裹扎好的电缆接头放入槽内，合上模槽，拧紧旋钮，合上电源加热，一边拧紧旋钮升温到155～160 ℃，恒温15 min，关闭电源，自然降温，冷却至80 ℃后方可脱模。

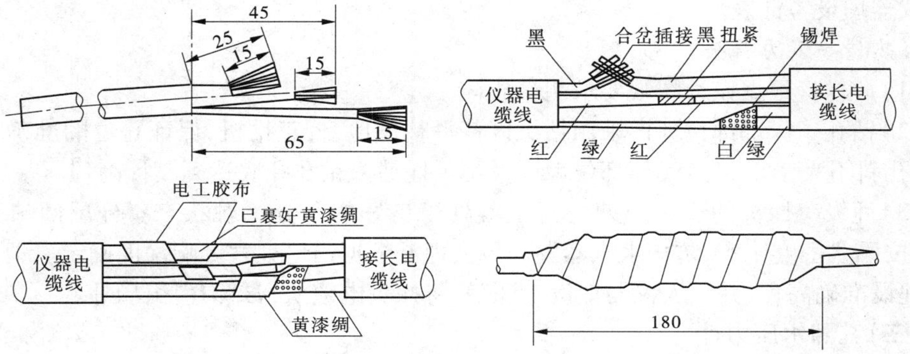


**图 5-1 电缆连接工艺** （单位：mm）

电缆连接也可以采用热缩材料代替硫化。目前热缩套管加热缩用以从中部向两端均匀地加热，使热缩管均匀地收缩，管内不留空气，热缩管紧密地与芯线结合。缠好高压绝缘胶带后，将预先套在电缆上的 $\phi18\sim\phi20$ 热缩套管移至缠胶带处加温热缩，热缩前在热缩管与电缆外皮搭接处涂上热熔胶。

(6)检查。接头扎好后测试一次，硫化过程中和结束后各测一次，如发现异常立即检查原因，如果断线应重新连接。

## 七、观测仪器的埋设技术要求

### (一)体积含水率探头

1. 放样

根据设计图纸要求测量放样。

2. 钻孔

深部部位埋设采用钻机设备，平整场地，校正钻机，保证孔位的准确性和垂直度，孔斜不大于0.5°。

浅部部位埋设采用手摇钻，钻孔孔底达到设计高程 10 cm 上层位，利用洛阳铲，按探头外径造孔。

3. 埋设

将含水率探头插入预定土层，分层回填开挖土料并压实，防止水汽蒸发。记录各含水率探头的埋设准确高程并记入仪器埋设考证表。含水率探头电缆从密封沟引出场外至数据采集箱。

### (二)基质吸力探头

1. 张力计探头

(1)放样。根据设计图纸要求测量放样。

(2)钻孔。钻孔设备采用手摇钻，埋设浅部部位利用洛阳铲，钻孔孔底应达到设计高程。

(3)埋设。张力计埋设时，要注意外露的真空表位置，注意陶瓷头塑料管与周边原状土接合紧密，使土壤水分可以根据张力计情况自由进出张力计。孔隙密封可采用黏性土，防止水汽蒸发。最大埋深根据当地大气影响深度确定。记录各探头的埋设准确高程，并记入仪器埋设考证表。

2. 热传导吸力探头

(1)放样。根据设计图纸要求测量放样。

(2)钻孔。深部部位埋设采用钻机设备平整场地，校正钻机，保证孔位的准确性和垂直度，孔斜不大于0.5°。浅部部位埋设采用手摇钻。钻孔孔底达到设计高程。

(3)埋设。探头的安装应使之与土壤处于良好的水分接触状态。分层回填开挖土料，并按原状密度压实，防止水汽蒸发。最大埋深根据当地大气影响深度确定。记录各探头的埋设准确高程，并记入仪器埋设考证表，将探头电缆从密封沟引出场外。

**(三)孔隙水压力计**

1. 放样

根据设计图纸要求测量放样。

2. 钻孔

钻孔设备就位，平整场地，校正钻机，以保证孔位的准确性和垂直度。清水钻进并下套管护壁，钻孔过程中随时测量孔斜，以确保孔斜不大于0.5°，直到钻孔孔底达到设计高程或层位，进行终孔的现场验收并作好记录，用清水将钻孔洗干净。

3. 埋设

埋设前先对每个探头进行室内标定，记录频率与压力的关系曲线。将孔隙水压力探头的透水石拧下放入水中浸泡24小时，测量仪器埋设前的模数值并记入记录表中，将仪器注满水后拧上透水石，外用砂袋包裹0.5~2 mm的标准砂，再将被砂袋包裹的仪器放入水中浸泡，测量浸泡后的仪器模数值，然后将仪器缓慢放入钻孔中。孔隙水压力计埋设时，一般应在埋设点附近适当取样，进行土的干密度级配等物理性质试验。必要时尚应适当取样进行有关土的力学性质试验。

在孔隙水压力计埋设高程上下50 cm范围内回填标准砂，形成孔隙水压力探头的反滤层，其余部分回填膨润土球，捣实后形成隔离层或密封层。测量埋设后的模数值并记入记录表中。

测定终孔孔顶高程，计算各孔隙水压力探头的埋设准确高程，并记入仪器埋设考证表。孔压探头电缆从密封沟以下引出场外，注意防止形成漏气通道。

填孔土球应由直径5~10 mm的不同粒径组成，应风干，不宜日晒、烧烤，封孔时需逐粒投入孔内，必要时可掺入10%~20%的同质土料，并逐层捣实。切忌大批量倾倒，以防架空，管口下1~2 m应用夯实法回填黏土。

**(四)土压力盒**

1. 放样

根据设计图纸要求测量放样。

2. 钻孔

深部部位埋设采用钻机设备平整场地、校正钻机，保证孔位的准确性和垂直度，孔斜不大于0.5°，结合手摇钻钻至设计高程。

浅部部位埋设采用开槽用人工或机械开挖至设计高程，沿水平方向和垂直方向人工刻槽，刻槽的宽度和厚度与土压力探头大小接近。

3. 埋设

深部部位埋设,加工固定杆,固定杆长度1.5 m,将探头固定在固定桁上端,利用钻机将固定杆压入岩土内,同时注意探头测量面与岩土接合紧密。

浅部部位埋设,除槽内浮土,将土压力探头埋入。

分层回填开挖土料并压实,记录各土压力探头的埋设准确高程,并记入仪器埋设考证表。土压力探头电缆从密封沟以下引出场外。

土压力计的埋设应特别注意减小埋设效应的影响。必须做好仪器基床面的制备、感应膜的保护和连接电缆的保护及其终端的连接,并确认、登记。

土压力计埋设时,一般在埋设点附近适当取样进行干密度、级配等土的物理性质试验,必要时尚应适当取样进行有关土的力学性质试验。

**(五)定点测斜计**

1. 放样

按设计图纸和技术要求测量放样。

2. 钻孔

钻孔设备就位,平整场地,校正钻机,以保证孔位的准确性和垂直度,钻孔过程中随时测量孔斜,以确保孔斜不大于1.5%,直到钻孔孔底达到设计高程或层位,钻孔孔底应穿透软土进入相对不动层,1 m以上进行终孔的现场验收并作好记录。

3. 埋设

振弦式固定测斜仪安装在测斜管内,间隔1.5 m,均匀分布。测斜管道的埋设主要技术要求:测斜管道下端一般应埋入岩基约2 m或覆盖层足够深(如应力包以下约2 m)处,接长管道时,应使导向槽严格对正,不得偏扭,每节管道的沉降段长度不大于10~15 cm,当不能满足预估的沉降量时应缩小每节管长,测斜管道的最大倾斜度不得大于1°,导向槽与欲测方位应用经纬仪严格对正。

对于钻孔埋设,要求钻孔直径不小于150 mm,倾斜度小于1°,钻孔回填应使回填料与孔周介质符合反滤及密度要求。

**(六)柔性位移计**

1. 放样

根据设计图纸要求测量放样。

2. 埋设

将柔性位移计两端夹持在土工格栅上,观测方向与土工格栅受力方向平行,做好保护工作,将电缆引出场外。

**(七)测缝计**

1. 放样

根据设计图纸要求测量放样。

2. 埋设

将测缝计两端固定在混凝土衬砌板接缝两侧,测缝计方向与混凝土衬砌板接缝方向垂直,做好保护层,电缆引出场外。

## (八)测斜管

1.放样

根据设计图纸要求测量放样。

2.钻孔

钻孔设备就位后,平整场地,校正钻机,以保证孔位的准确性和垂直度。钻孔过程中随时测量孔斜,以确保孔斜不大于1.5%,直至钻孔钻到底部的设计高程或层位,钻孔孔底应穿透软土进入相对不动层1 m以上。进行终孔的现场验收并作好记录。

3.安装埋设

测斜管分段连接,接头处用自攻螺钉固定,并确保测斜管在全长内保持顺直。测斜管下端一般埋入岩基约2 m或覆盖层足够深(如应力层以下约2 m)处;接长管道时,应使导向槽严格对正,不得偏扭,每节管道的沉降段长度不大于10~15 cm,当不能满足预估的沉降量时,应缩小每节管长,测斜管道的最大倾斜度不得大于1°。测斜管下到孔底后调整测斜导管内十字导槽方向与观测断面方向一致后,安装导管底盖,在孔底1 m深部位在测斜管外壁与孔壁之间回填水泥砂浆,其余部分回填膨润土球并使之密实。测定终孔管顶高程、管底高程及各测点的高程,并作记录。

4.孔口保护装置施工

按设计图纸及技术要求开挖孔口,保护装置的浇筑基坑,按设计尺寸加工混凝土模板。采用42.5级水泥及干净、级配良好的碎石和天然砂作混凝土的骨料。按水泥:砂:石=1:2:4的比例进行配料。混凝土浇筑时采用人工捣实,保证混凝土墩外表面平整、光滑,浇筑后的混凝土及时浇水养护,以确保混凝土的强度。在保护墩上做上醒目的警示标志和仪器的设计编号,待稳定后(约埋设完毕一周后)用测斜仪读取初值(每50 cm一个测点)。

## (九)表面沉降点

1.工作基点的设置要求

工作基点是用于沉降观测的基准点,它由钢管标芯和混凝土基座组成,布置在距渠坡200~300 m处,采用钻孔埋设,当钻孔深度相对硬层一定深度时,安装钢管,并用重锤将钢管牢牢地打入相对硬层中,然后向孔内回填混凝土和向钢管内回填水泥砂浆,边回填边捣实,直至填满。钻孔回填完成后,在钢管四周挖一个长、宽、深各为500 mm的方坑,并使钢管位于坑的中部,再用混凝土回填坑,使其成为基座。基座完成后在钢管安装标芯,当基座和钢管内的混凝土硬化后,并经过一段时间的稳定,再进行各基点的联测,并确定各观测断面基点的高程。

2.观测标点

观测标点用于观测渠坡某一部分的总体沉降变形,它由沉降板内观测管和外保护管组成,沉降板规格为600 mm×600 mm。埋设时,根据沉降板的规格挖坑,坑底平整并夯实,沉降板放置好后进行初始值的测量,分别测出沉降板高程、观测管高程和原始地面高程。

3.水准基点和观测点的埋设

(1)水准基点的埋设应以不受膨胀土胀缩变形影响为原则,宜埋设在邻近的基岩露头或非膨胀土层内。标点应按国家测量规范二等水准要求埋设正副点，并要求两点能一站联测校核。若邻近没有非膨胀土土层，可在多年的深水井壁上或在常年潮湿、保水条件良好的地段设置深埋式水准基点。为防止侧向胀缩变形对水准基点的影响，宜加设套管，使基点与周围土体隔开，并加强保湿措施。

(2)深埋式水准点不宜少于 3 个。每次变形观测时，应进行水准基点校核。水准基点离建筑物较远时，可在建筑物附近设置观测水准点，其深度不得浅于该地区的大气影响深度。

(3)观测点的布置应全面反映建筑物的变形情况，在砖混承重的房屋转角处、纵横墙交接处及横墙中部应设置观测点。在房屋转角附近宜加密，2 m 左右设一观测点，在承重内隔墙中部应设置内墙点，在室内地面中心及四周应设置地面观测点。

框架结构的房屋沿柱基或纵横轴线应设置观测点。烟囱、水塔、油罐等构筑物的观测点应沿周边对称设置。

(4)观测点的埋设可按建筑物的特点采用不同的类型。每栋建筑物可选择最敏感的 1 ~2 个剖面，适当增设观测点的观测项目，同时进行水平位移、基础转动、墙体倾斜和裂缝变化等项目的观测。

## 第五节　安全监测的质量控制

### 一、安全监测工程施工时的要求

(1)监测项目合同签订后，承包商在进场前应将进驻工地的人员情况报建设、监理单位审批，并按监理单位审批后的人员进场。

(2)监测项目承包单位驻工地人员中至少有一位是经过监理单位批准的专家，专家应具备至少 5 年安全监测仪器埋设、安装、观测、资料整理分析经验，并具有中级以上职称。

(3)监测项目承包单位应于该项目(单位)工程开工前 30 天，将施工实施计划报送监理单位审批，同时申请工程开工。实施计划应包括：①仪器布置及埋设详图(仪器埋设安装大样图及设备安装施工辅助性设计图等)；②施工进度计划及网络图；③施工方法及措施；④仪器设备、材料人员安排计划图等；⑤安全防护措施；⑥其他。上述计划一式两份，经监测项目负责人签署后送监理单位审批。

(4)监测项目承包单位收到监理单位审批的单位工程开工书后，按安全监测技术规程和设计要求进行仪器设备安装埋设前的准备工作。

(5)各单项工程开工前 20 天，监测项目承包单位应向监理单位递交分部工程开工申请单，需要钻孔的监测项目应同时递交监测仪器埋设钻孔开工申请单。

(6)监测项目承包单位在进行各类仪器检验、电缆连接时，应通知监理人员进行监理，当监理工程师认为有违反规范和操作规程时，应按监理工程师的意见进行修改。

(7)各项仪器安装前 10 天，监测承包商应将所安装仪器设备清单及检验结果(包括仪器制造厂家、说明书、仪器厂家参数和检验参数、防水性能、电缆连接等资料)一式三份，经承包单位负责人签署后报送监理单位审核。当监理单位认为不合格时，应按监理工程师的意见修改，重新检验或更换仪器。只有监理工程师审批后的仪器才能进行埋设安装，否则监理工程师拒绝验收。

(8)各类仪器设备埋设时，监理单位应要求承包单位提前2天向监理单位申请仪器埋设，并派人到现场进行监理。仪器埋设时，承包单位应填写清单并请监理工程师签字验收，验收后的清单作为结算付款的依据。仪器埋设安装过程中如有违反规程规范和设计图纸现象，监理工程师有权制止，施工单位应按监理工程师的意思修改，否则监理工程师拒绝验收。

(9)各类仪器安装埋设的参加人员必须是经过培训并取得上岗资格的人员，埋设时应佩戴上岗证，以备监理工程师抽查，仪器埋设安装时，至少应有一名专业监理工程师在场。

(10)仪器安装埋设后至移交前，承包单位应加强观测设施的维护和保养，保证各项安全监测设施的正常运行。

(11)监测仪器设备安装完毕后，承包单位应严格按安全技术规程规范中的观测频率进行观测，观测必须二人以上，且为培训后有上岗证资格的人员，观测人员应具有处理观测中出现的一般异常情况的能力，不得聘用临时工单独进行观测工作。

(12)施工单位应根据业主计划、监理单位的控制进度计划，结合施工进度必须在每年年前20天向监理单位送交下一年或下一季度的施工进度计划，每季度前10天、每月开始前5天送交下季度、下月的施工进度计划，并报当月计划完成情况，其内容包括：①当月完成的工程量(指按照仪器的数量)、下月的进度计划和预计完成的工程量；②主要仪器设备、材料供应计划和当月消耗情况；③当月在场人员数量和下月施工人员的计划；④其他需要说明的事项。

(13)审查批准施工计划是作为施工单位、施工承包单位申请开工(仓)许可证和申请支付的依据之一。

(14)单元工程的检查及开工(仓)签证是工程质量控制的最基本环节，是工程质量等级评定的基础。经施工单位、承包单位施工班组“自检(初检)”，施工队或专职质检员“复检”，施工承包单位质检机构“终检”后，送监理单位进行单元工程检验签证。单元工程检验签证的主要任务是检验单元工程(或工序)的质量并对工程质量进行评定，以及确定后续工程(或工序)能否开工(仓)。单元工程检查的主要成果是签发施工质量终检合格证及单元工程质量评定等级。

(15)现场施工设计安全监测工程按惯例设计图纸应由设计单位提供。一般供图程序是：设计单位将设计文件(图纸技术要求、修改设计通知等)送交建设单位(业主)，业主批转监理单位审查确认和会审，签字后送交施工单位施工。未经监理审查确认和签字并盖监理单位公章的图纸，施工单位不能作为施工依据，否则监理有权拒绝支付。

## 二、安全监测施工过程中的要求

(1)测点和土基上的基点底座埋入土层的深度不小于0.5 m。冰冻区应深入冰冻线以下，并应采取措施防止雨水冲刷、护坡块石挤压和人为碰撞。

(2)埋设时应保持立柱铅直,仪器基座水平,并使各测点强制对底盘中心位于视准线上,其偏差不得大于10 mm,底盘调整水平,倾斜度不得大于4′。

(3)测定膨胀岩(土)渠道中的位移,应采用坑式埋设方法,测定渠坡剪切位移多采用表面埋设方法,基床应平整与夯实。

## 第六节　安全监测现场观测技术要求与数据分析

安全监测现场观测技术主要包括仪器标定和初始读数、观测频度(即开挖前观测频度、开挖期观测频度、试验期观测频度)、观测精度、观测数据采集、传输方式、数据库管理、数据分析等。

### 一、仪器标定和初始读数

现场使用的所有观测仪器设备应做好观测前的仪器标定、初始读数等工作,对于土壤含水率、吸力等与被测土体密度关系较大的探头,应在现场埋设前进行率定,对于土压力盒等应力观测仪器,除在埋设前应进行标定外,试验完成、开挖回收后还应进行标定。不同的观测仪器分别在埋设前、埋设完成后和试验开始前均应做好各批段的初始读数工作,并记录当时的时间、气候和环境条件等。

监测设施和仪器的标定资料一般包括以下内容:

(1)安全监测系统设计、布置、埋设、竣工等概况的说明。

(2)观测设施及测点的平面布置图,标明各建筑物所有观测项目及设备的平面位置(不同项目、设备用不同的符号表报图)。

(3)观测设备及测点的剖面布置图。剖面应沿设置的纵横观测断面而剖出剖面数量,以能表明观测项目全部设备和测点的剖面位置及高程为原则;剖面图上应标明建筑物的轮廓尺寸和必要的地质情况。

(4)有关各水准基点、起测基点、工作基点、校核基点及各种观测设施,测点的平面坐标、高程、结构、安设情况、设置日期和测读起始值、基准值等文字和数据验证表。

(5)各种观测仪器的型号、规格、主要附件、购置日期、生产厂家及精度检定等资料。

(6)各种验证资料均应在设施(或测点)设置安装和仪器购进时进行精心测量和适时准确地记录。在初次整编时,应按工程实际观测项目对各项考证资料进行全面收集整理和审核。在以后各整编阶段,观测设施而后仪器有变化时,如校测高程改变、设施和设备检验维修、设备或仪表损坏、失效、报废、停测新增或改(扩)建等,均应重新填制相应的考证图表,并注明变更原因、内容、时间等有关情况以备查。

### 二、观测频度

根据观测断面的渠道开挖施工的边坡应力变化和变形情况,控制适当的观测频度,以满足能够捕捉到各观测物理量的特征(峰值、突变值)及保证观测曲线完整为原则进行观测,为膨胀岩(土)边坡失稳机理研究、防护和加固时机的选择提供依据,对变形(分层沉降、测斜和多点位移计)应力、含水率、孔隙、水压力、吸力等数据应根据试验目的和数据的特点选择合理的观测频度。

(1)开挖前观测:开挖前观测次数为1~2次。

(2)开挖期观测频度:开挖施工期间变形和土压力观测频度1次/天,随开挖施工进度随时加密观测频度。

(3)试验期观测频度可分为重点断面观测频度和一般断面观测频度。

①重点断面观测频度:降雨期间变形观测量,如测斜、沉降、膨胀等,要求每天观测1次含水率、吸力、土压力、降雨量,坡面径流采用全程观测。蒸发期间变形量每2~3天观测1次,含水率、吸力、土压力等每天观测1次并作记录。降雨前后取样进行含水率测量。

②一般断面观测频度:降雨期间变形观测量,如测斜、沉降(膨胀)等,每天观测1次;含水率、吸力、土压力等每天观测2次;降雨量、坡面径流随时观测。蒸发期间变形观测量,如测斜、沉降(膨胀)等,每天观测1次;含水率、吸力、土压力等,每天观测1次并记录。

根据观测数据的收验情况可调整观测频度,遇天气发生异常、监测数据突变,加强观测。

## 三、观测精度要求

(1)变形观测:①沉降±0.2 mm;②定点位移计±0.1 mm;③测斜30 m孔深最大误差小于7 mm。

(2)土压力:±0.1 kPa。

(3)含水量:±0.2%。

(4)孔隙水压力(吸力)观测:±0.1 kPa。

## 四、观测数据采集

### (一)采集方式

根据试验区段划分:观测项目、观测设备类型,观测数据采集主要有两种方式:①二次仪表人工读数;②记录仪自动采集。

(1)人工读数观测项目主要包括含水率、基质吸力(张力计)、水平位移、表面变形、降雨量、蒸发量、表面径流量等。

(2)自动采集观测项目主要包括基质吸力(热传导)、土压力、孔隙水压力、水平位移(定点测斜计、柔性位移计)、分缝变形(测缝计)、温度等。

二次仪表主要有三种:①ICT智能记录器,用于热传导率探头。②XPOS型振弦频率仪或8001型LC-1型单通道数据记录仪,用于土压力探头、孔隙水压力探头、定点测斜计探头等。③YH-6300记录仪,用于柔性位移计探头,测缝计探头。上述记录仪通道数、存储量均可增加、扩充。

### (二)传输方式

在渠坡顶部安装数据采集箱,将传感电缆通过管道集中接至采集箱内,各个区采集箱布置在渠坡顶部。

自动采集记录仪的观测数据通过RS232或RS485传入计算机内,人工观测数据采用人工输入。

**(三)数据库的管理、编制**

Microsft Access(※MDB)数据库根据不同观测项目建立相应数据库表,将观测数据按观测项目进行数据归类、统计、整理。其数据库主要包括:①基本资料数据库(仪器率定参数、埋设高程、初始值等);②表面标数据库;③水平位移数据库;④含水率、基质吸力数据库;⑤孔隙水压力、土压力、温度数据库;⑥柔性位移、测缝数据库。

## 五、监测资料的分析

监测资料的分析方法有比较法、作图法、特征值统计法和数学模型法四种。

**(一)比较法**

(1)比较各次检查资料,定性考察渠道膨胀岩(土)渠坡外观异常现象的部位变化规律和发展趋势。

(2)比较同类效应量观测值的变化规律或发展趋势,是否具有一致性和合理性。

(3)将监测成果与理论计算或模型试验成果相比较,观察其规律和趋势是否有一致性、合理性,并与工程的某些技术警戒值(膨胀岩(土)渠道在一定条件下的变形量、抗滑稳定安全系数、渗透压力、渗透量等方面的设计或试验的允许值,或经历时资料分析得出的推荐值)相比较,以判断工程的工作状态是否异常。

**(二)作图法**

(1)通过绘制各观测物理量的过程线及特征原因量下的效应量(如变形量等)过程线图,考察效应量随时间的变化规律特点及趋势。

(2)通过绘制各效应量的平面或剖面分布图,考察效应量随空间的分布情况和特点。

(3)通过绘制效应量与原因量的相关图,考虑效应量的主要影响因素及相关程度变化规律。

**(三)特征值统计法**

对各观测项目的物理量、历年的最大值和最小值、变幅、周期、年平均值及年变化率等进行统计分析,以考察各观测量之间在数量变化方面是否具有一致性、合理性,以及它们的重现性和稳定性等。

**(四)数学模型法**

建立描述效应量与原因量之间的数学模型,确定它们之间的定量关系,以检验或预测工程的观测效应量是否合理、异常和超限。对已有较长系列观测资料,一般宜采用统计学模型(回归分析),有条件时亦可采用确定性模型或混合模型。

## 六、资料分析内容

分析历次巡视检查资料,通过膨胀岩(土)渠道外观异常现象的部位变化规律和发展趋势,以定性判断与工程安危的可能联系。为加强定量观测和观测数据的全面分析提供依据,分析时应特别注意各阶段中膨胀岩(土)渠道边坡在变形和土压力、孔隙水压力、吸力等方面的主要表现。

分析效应量随时间的变化规律(利用观测值的过程线图或数学模型),尤其注意相同外因条件下的变化趋势和稳定性，以判断工程有无异常的主要原因，考察效应量与原因量相关关系的稳定性，预报效应量的发展趋势并判断其是否影响工程的安全运行。

分析效应量在空间分布上的情况和特点（利用观测值的各种分布图或数学模型），以寻求效应量异常的主要原因，考察效应量与原因量相关的稳定性，预报效应量的发展趋势并判断其是否影响工程的安全运行。

分析各效应观测量的特征值和异常值，并与相同条件下的设计值、试验值、模型预报值以及历年变化范围相比较，当观测效应量超出它们的技术警戒值时，应及时对工程进行相应的安全复核或专题证明。

## 七、分析报告

分析报告主要是根据监测资料的上述定性、定量分析成果，对膨胀岩（土）渠道段的工作状态作出综合评定，并为进一步追查原因加强安全管理和监测，乃至为采取防范措施提出指导性的意见，编制报告的内容应包括：

（1）工程概况及其安全监测系统的布置和工作情况概述。

（2）巡视检查情况和主要成果。

（3）监测资料整编、分析情况。

（4）渠道工作状态和存在问题的综合评估内容及其结论。

（5）对工程的安全管理、监测工作、运行调度意见及安全防范措施等方面的建议。

# 第六章　膨胀岩(土)段渠道工程质量检验方法和标准

为加强水利水电工程建设质量管理,保证工程施工质量,统一施工质量检验与评定方法,使施工质量检验与评定工作标准化、规范化。现根据“国务院南水北调工程建设委员会办公室”文件关于印发《渠道混凝土衬砌机械施工质量评定验收标准(试行)》(NSBD8—2007)及《南水北调中线一期工程渠道工程施工质量评定验收标准(试行)》(NSBD7—2007)的通知进行。

## 第一节　组织程序

根据工程项目划分的要求分别对单元工程施工、分部工程施工、单位工程施工的工程质量成立验收组织分别进行。

(1)单元工程施工质量评定:应在实体质量概念合格的基础上施工单位自行进行,并由终检人员签字后报监理单位复核,由监理工程师签证认可。

(2)分部工程施工质量评定:由施工单位质监部门自评等级,质检负责人签字盖公章后报监理单位预算复核,由总监理工程师审查签字盖公章。

(3)单位工程施工质量评定:由施工单位质监部门自评等级,质检负责人项目经理审查签字盖公章后报监理单位复核,由总监理工程师复查签字盖公章。

(4)监理单位在复核单位工程施工质量时,除应检查工程现场外,还应对施工原始记录、质量检验记录等资料进行查验,必要时可进行实体质量抽检。工程施工质量评定表中应明确记载监理单位对工程施工质量等级的复核意见。单位工程施工质量检验资料核查要填写好规定的表格。

(5)单位工程完工后,项目管理单位组织监理、设计、施工、管理运行等单位组成工程外观质量评定组进行外观质量等级的复核,参加人员应具有工程师及其以上的技术职称,评定组人员不少于5人且为单数。

(6)渠床整理作为重要隐蔽工程应在施工单位自评、监理单位复核合格后由监理单位组织项目管理、设计、施工等单位进行联合验收签证。

## 第二节　基本规定

### 一、项目划分

工程开工前,项目管理(或监理)单位应及时组织监理、设计、施工单位进行工程项目划分,并将项目划分情况书面报相应的质量监督机构确认。

(1)工程在实施过程中因工程实际情况需对项目划分进行调整时，项目管理(或监理)单位应重新报送质量监督机构进行确认。

(2)渠道工程项目划分单位工程、分部工程和单元工程三级。

(3)单位工程可根据签订的合同、招标标段或施工标段划分，长度宜控制在 5 km，超过 8 km 时，可分为两个单位工程。

(4)分部工程可根据施工部署、渠道长度划分，长度宜控制在 1 km 以内，并符合单元工程长度的整数倍。各标段分部工程长度宜保持一致。

(5)单元工程依据不同的设计结构、材料、施工方法、施工部署及长度划分。衬砌单元工程划分界限设在分缝处。

(6)在分部工程、单元工程长度划分时，尾部不足一个单位长度时，可采用如下办法处理：长度超过或等于单位长度一半的可作为独立分部(或单元)工程，长度不超过单位长度一半的，就近划入相邻分部(或单元)工程。

## 二、质量检验

(1)实验室应具有相应资质。工地实验室应由有资质的实验室授权作为其派出机构，其设备和人员的配备应与所承担的任务相适应，有健全的管理制度，并报相关质量监督机构备案。

(2)计量器具。实验室仪器、仪表在经县级以上人民政府计量行政部门认定的计量检定机构或其授权设置的计量检定机构进行定期检定，并具有有效的鉴定证书。

(3)检测人员应熟悉检测业务，了解被检测对象和所用仪器设备性能具有相关机构认可的专业培训，经考核合格，持证上岗。检测负责人应具有工程师及以上工程系列技术职称。

(4)工程质量检验项目的名称、数量和检验方法应符合《南水北调中线一期工程渠道工程施工质量评定验收标准(试行)》(NSBD7—2007)和国家有关行业现行技术标准的规定。

(5)工程质量检验的数据应真实可靠，检验记录及签证应完整齐全、书写规范、字迹清晰，并能及时准确反映工程施工质量。

(6)检验不合格和处理按以下规定进行：①原材料、中间产品一次抽样检验不合格时应按相关规定执行；②单元工程质量检验不合格时，应返工或按设计要求进行处理，并重新检验，评定合格后方可进行后续工程的施工；③混凝土、砂浆试件的检验综合评定不合格时，应委托有相应资质的水利工程质量检测单位对相应工程部位进行检验，如不合格由项目管理(或监理)单位组织有关单位提出处理意见。

## 三、质量评定标准

渠道工程施工质量等级可分为合格和优良两级。单元工程、分部工程、单位工程的质量等级标准如下。

### (一)单元工程施工质量等级标准

(1)合格标准。主控项目的检查结果符合质量标准，检测点合格率不小于90%，一般项目的检查结果基本符合质量标准,检测点合格率不小于70%。

(2)优良标准。主控项目和一般项目的检查结果全部符合质量标准,主控项目和一般项目的检测点合格率不小于90%。

(3)单元工程质量达不到合格标准时,应按要求处理合格后,才能进行验收和后续工程施工:①经返工全部重做的单元工程应重新评定质量等级;②经加固补强并经鉴定能达到设计要求时,其质量评为合格;③经鉴定和验算,施工质量达不到设计要求,但设计单位认为能够满足安全要求,项目法人认为能够满足使用功能要求的,可不加固补强,或经加固补强后盖板外形尺寸或造成永久性缺陷的,项目法人认为能基本满足设计要求,其质量可按合格处理,质量缺陷应备案。

**(二)分部工程施工质量等级标准**

(1)合格标准。①所含单元工程的质量全部合格,质量事故(或质量缺陷)已按要求处理,处理后质量经检验合格;②原材料:中间产品质量全部合格。

(2)优良标准。①所含单元工程质量全部合格,其中50%以上单元工程达到优良,主要单元工程、重要隐蔽工程及关键部位的单元工程质量优良,没有结构性缺陷且未发生过质量事故;②原材料:中间产品质量全部合格,其中混凝土拌和质量达到优良。

**(三)单位工程施工质量等级标准**

(1)合格标准。①所含分部工程质量全部合格;②质量事故(或质量缺陷)已按要求进行处理,处理后质量经检验合格;③外观质量得分率达到70%及以上;④单位工程施工质量检验资料基本齐全。

(2)优良标准。①所含分部工程质量全部合格,其中50%及以上达到优良,主要分部工程质量全部优良,且施工中未发生过较大质量事故;②质量事故(或质量缺陷)已按要求进行处理,处理后质量经检验合格;③外观质量得分率达到85%以上;④单位工程施工质量检验资料齐全。

## 第三节　各项目单元工程质量标准与检查方法

各项目单元工程的质量标准与检查方法,分别为渠床整理、土方开挖、土方填筑、砂砾石垫层铺设、岩质渠段开挖、渠基排水、聚苯乙烯、保温板铺设、土工膜铺设、衬砌混凝土、衬砌混凝土板外观质量、衬砌混凝土板伸缩缝施工、渠基排水、浆砌石等。

### 一、渠床整理

渠床整理质量标准和检查方法及检查数量见表6-1。

基本技术要求如下:

(1)渠床整理宜以施工验收长度100 m,并按渠道两坡和渠底分别作为一个单元工程。

(2)渠床整理前应对渠道断面尺寸进行检测。

(3)预留保护层开挖宜优先考虑采用削坡机或继续削坡。

(4)渠床整理质量检测方法如表6-1所示。

表 6-1 渠床整理质量标准和检查方法及检查数量

| 项次 | | 项目名称 | 质量标准 | 检查(测)方法 | 检查(测)数量 |
|---|---|---|---|---|---|
| 主控项目 | 1 | 削坡平整度 | 允许偏差：20 mm、2 m(拟铺设砂垫层)、10 mm/2 m(其他情况) | 用2 m直尺检查 | 每个单元检测不少于15个点 |
| | 2 | 补坡压实度 | 符合设计要求 | 取样试验，黏土用环刀法、灌水法，砂质土用灌砂法 | 每个单元检测5个断面，每个断面不少于3个点 |
| 一级项目 | 1 | 渠间线、底角线 | 允许偏差：0～+20 mm(直线段)<br>0～+50 mm(曲线段) | 全站仪 | 每个单元检测5个断面 |
| | 2 | 渠底、渠坡清理 | 各种杂草、树根、杂物、杂质土、弹簧土、浮土等按设计要求清理干净 | 现场观察 | 全数检查 |
| | 3 | 渠坡坍坡处理 | 对雨淋沟和坍坡，按设计要求厚度补坡后进行压实削坡 | 现场观察、测量 | 全数检查 |

## 二、土方开挖

土方开挖主控项目施工质量标准和检查方法及检查数量见表6-2。

表 6-2 土方开挖主控项目施工质量标准和检查方法及检查数量

| 项次 | 检验项目 | 质量标准 | 检查(测)方法 | 检查(测)数量 |
|---|---|---|---|---|
| 1 | 渗水处理 | 渠底及边坡渗水(含泉眼)妥善引排或封堵 | 观察、测量与查阅施工记录 | 全数检查 |
| 2 | 渠基压实 | 应符合设计要求 | 取样试验，黏性土采用环刀法、灌水法，砾质土采用灌砂法 | 每个压实层不少于3个点 |
| 3 | 渠底高程 | 允许偏差:0～-20 mm | 水准仪测量 | 每个单元测3个断面，每个断面不少于3个点 |

土方开挖一般项目施工质量标准和检查方法及检查数量见表6-3。

基本技术要求如下：

(1)土方开挖宜按施工验收长度100 m为一个单元工程。

(2)土方开挖施工应自上而下进行并分层检查和检测，同时应认真作好施工记录。

(3)开挖坡面应稳定无松动且不陡于设计坡度。

(4)预留保护层开挖时，应采用人工开挖，保护层厚度应符合设计要求。

(5)渠道断面尺寸检验项目应在开挖完成后进行检测。

**表6-3　土方开挖一般项目施工质量标准和检查方法及检查数量**

| 项次 | 检验项目 | 质量标准 | 检查(测)方法 | 检查(测)数量 |
|---|---|---|---|---|
| 1 | 不良地质土的处理 | 渠底及边坡渗水(含泉眼)妥善引排或封堵,建基面清洁无积水 | 观察、施工记录 | 全数检查 |
| 2 | 渠基处理 | 符合设计要求 | 观察、施工记录 | 全数检查 |
| 3 | 开挖预留保护层 | 开挖后不及时衬砌或回填时,预留保护层,厚度符合设计要求 | 观察、测量与施工记录 | 全数检查 |
| 4 | 成型后表面清理 | 表面无显著凹凸,无弹簧土,无松土,平整密实 | 试验报告、施工记录 | 全数检查 |
| 5 | 渠道边坡 | 不陡于设计要求 | 水准仪、全站仪测量 | 每个单元测不少于3个断面 |
| 6 | 渠顶宽度 | 允许偏差: ±50 mm | 尺量 | 每个单元测不少于3个断面 |
| 7 | 渠顶高程 | 允许偏差:0 ~ +50 mm | 水准仪测量 | 每个单元测3个断面,每个断面不少于3个点 |
| 8 | 渠底宽度 | 允许偏差:0 ~ +50 mm | 尺量、全站仪测量 | 每个单元测不少于3个断面 |
| 9 | 渠道开口宽度 | 允许偏差:0 ~ +80 mm | 全站仪测量 | 每个单元测不少于3个断面 |
| 10 | 中心线位置 | 允许偏差: ±20 mm | 全站仪测量 | 每个单元测不少于3个断面 |

## 三、土方填筑

土方填筑施工的质量标准和检查方法及检查数量见表6-4、表6-5。

基本技术要求如下:

(1)土方填筑宜按施工验收长度100 m为一个单元工程。

(2)土方填筑施工应自下而上分层进行,并分层检查和检测同时应认真作好施工记录。

(3)填筑作业应按水平层次铺填,不得顺坡填筑。分段作业面的最小长度应符合相关规范要求。

(4)当相邻作业面之间不可避免出现高差时，指标应符合相关规范规定。

(5)碾压参数应通过碾压试验确定。

(6)渠道断面尺寸检验项目应在填筑完成后进行。

**表 6-4　土方填筑一般项目施工质量标准和检查方法及检查数量**

| 项次 | 检查项目 | 质量标准 | 检查(测)方法 | 检查(测)数量 |
|---|---|---|---|---|
| 1 | 清基清理 | 基面表层树木、草皮、树根、垃圾、弃土、淤泥、腐殖质土、废渣、泥炭土等不合格土全部清除 | 观察、查阅施工记录(录像或摄影资料收集备查) | 全数检查 |
| 2 | 清基范围 | 清理边界符合设计要求，清除表土厚一般为 300 mm | 尺量或经纬仪测量 | 每个单元测不少于 3 个断面 |
| 3 | 不良地质土的处理 | 不合格土全部清除，对粉土、细砂、乱石、危岩、坡积物、残积物等处理应符合设计要求 | 观察、查阅施工记录 | 全数检查 |
| 4 | 基面处理 | 范围内的坑、槽、井等应按设计要求处理 | 观察、查阅施工记录 | 全数检查 |
| 5 | 层间结合面 | 表面刨毛 20 ~ 30 mm，无空白、风干现象，无撒入泥土、砂砾、杂物等，层面湿润均匀，无积水 | 观察、查阅施工记录 | 全数检查 |
| 6 | 铺土厚度 | 允许偏差：0 ~ −50 mm | 水准仪、尺量测量 | 每层测不少于 3 个点 |
| 7 | 铺填边线 | 允许偏差：人工作业 +100 ~ +200 mm，机械作业 +100 ~ +300 mm | 尺量、仪器测量 | 每层测不少于 3 个点 |
| 8 | 渠顶宽度 | 允许偏差：±50 mm | 尺量 | 每个单元测不少于 3 个断面 |
| 9 | 渠道边坡 | 不陡于设计要求 | 水准仪、全站仪测量 | 每个单元测不少于 3 个断面 |
| 10 | 渠顶高程 | 允许偏差：0 ~ +50 mm | 水准仪测量 | 每个单元各测 3 个断面，每个断面不少于 3 个点 |
| 11 | 渠底宽度 | 允许偏差：0 ~ +50 mm | 尺量、全站仪测量 | 每个单元测不少于 3 个断面 |
| 12 | 渠道开口宽度 | 允许偏差：0 ~ +80 mm | 全站仪测量 | 每个单元测不少于 3 个断面 |
| 13 | 中心线位置 | 允许偏差：±20 mm | 全站仪测量 | 每个单元测不少于 3 个断面 |

**表 6-5　土方填筑主控项目施工质量标准和检查方法及检查数量**

| 项次 | 检查项目 | 质量标准 | 检查(测)方法 | 检查(测)数量 |
| --- | --- | --- | --- | --- |
| 1 | 渗水处理 | 渠底及边坡渗水(含泉眼)妥善引排或封堵,建基面清洁无积水 | 观察、测量与施工记录 | 全数检查 |
| 2 | 土料 | 无不合格土,含水率适中,土质符合设计要求 | 观察、施工记录、土料试验报告 | 全数检查 |
| 3 | 填料压实 | 合格率≥95%,最小值≥0.98 倍 | 取样试验,黏性土宜采用环刀法、灌水法,砾质土采用灌砂法 | 黏性土 1 次/(100 ~ 200 $m^3$);砾质土 1 次/(200 ~ 400 $m^3$)。且每层不少于 3 个点 |
| 4 | 渠底高程 | 允许偏差:0 ~ −20 mm | 水准仪测量 | 每个单元测 3 个断面,每个断面不少于 3 个点 |

## 四、砂砾石垫层铺设

砂砾石垫层铺设项目施工质量标准和检查方法及检查数量见表 6-6。

**表 6-6　砂砾石垫层铺设项目施工质量标准和检查方法及检查数量**

| 项次 | | 项目名称 | 质量标准 | 检查(测)方法 | 检查(测)数量 |
| --- | --- | --- | --- | --- | --- |
| 主控项目 | 1 | 垫层压实 | 应符合设计要求 | 观察检查、现场实测(灌砂法) | 每个单元检测不少于 3 个点 |
| | 2 | 铺料厚度 | 允许偏差:0 ~ +20 mm | 水准仪测量、尺量 | 每个单元测 3 个断面,每个断面不少于 3 个点 |
| | 3 | 渠底高程 | 允许偏差:0 ~ −15 mm | 水准仪测量 | 每个单元测不少于 3 个断面 |
| 一级项目 | 1 | 渠底宽度 | 允许偏差:0 ~ +30 mm | 尺量、全站仪测量 | 每个单元测不少于 3 个断面 |
| | 2 | 渠道开口宽度 | 允许偏差:0 ~ +50 mm | 全站仪测量 | 每个单元测不少于 3 个断面 |
| | 3 | 渠道边坡 | 不陡于设计要求 | 水准仪、全站仪测量 | 每个单元测不少于 3 个断面 |
| | 4 | 砂砾料垫层平整度 | 表面平整度允许偏差:10 mm/2 m | 用 2 m 直尺检查 | 每个单元检测不少于 5 个断面,每个断面不少于 3 个点 |

基本技术要求如下:

(1)砂砾石垫层铺设验收长度为100 m,并按渠道两边坡和渠底分别作为一个单元工程。

(2)砂砾石垫层应符合设计要求,铺设应通过碾压试验确定碾压参数。

(3)砂砾石填筑铺料应均匀,表面平整,边线整齐。

## 五、岩质渠段开挖

岩质渠段开挖项目施工质量标准和检查方法及检查数量如表6-7、表6-8所示。

**表6-7 岩质渠段开挖一般项目施工质量标准和检查方法及检查数量**

| 项次 | 检查项目 | 质量标准 | 检查(测)办法 | 检查(测)数量 |
|---|---|---|---|---|
| 1 | 开挖坡面 | 稳定,无松动岩块,且不陡于设计坡度 | 观察、测量,查阅施工记录 | 全数检查 |
| 2 | 保护层开挖 | 浅孔、密孔、小药量 | 观察、测量,查阅施工记录 | 全数检查 |
| 3 | 建基面处理 | 建基面无松动岩块、起伏差符合设计要求,建基面清洁,无泥垢、油污等 | 观察、测量,查阅施工记录 | 全数检查 |
| 4 | 地质坑、孔处理 | 地质探孔、试坑等处理符合设计要求,地表积水已排除;坑、孔回填材料质量满足设计要求 | 观察、测量,查阅施工记录、取样试验等 | 全数检查 |
| 5 | 地质缺陷处理 | 符合设计要求 | 观察、测量,查阅施工记录 | 全数检查 |
| 6 | 渠道中心线 | 允许偏差:±20 mm | 全站仪测量 | 每个单元不少于3个点 |
| 7 | 渠顶宽度 | 允许偏差:0~+50 mm | 尺量 | 每个单元不少于3个点 |
| 8 | 起伏差 | 允许偏差:150 mm | 水准仪测量 | 每个单元测3个断面,每个断面不少于3个点 |
| 9 | 渠顶高程 | 允许偏差:0~+50 mm | 水准仪测量 | 每个单元测3个断面,每个断面不少于3点 |
| 10 | 渠底宽度 | 允许偏差:0~+100 mm | 尺量、全站仪测量 | 每个单元测不少于3个断面 |

表 6-8　岩质渠段开挖主控项目施工质量标准和检查方法及检查数量

| 项次 | 检查项目 | 质量标准 | 检查(测)方法 | 检查(测)数量 |
|---|---|---|---|---|
| 1 | 开挖断面 | 允许偏差:<br>0 ~ +100 mm | 观察、测量,查阅施工记录 | 每个单元测不少于 3 个断面 |
| 2 | 渠底高程 | 允许偏差:<br>0 ~ -100 mm | 水准仪测量 | 每个单元测 3 个断面,每个断面不少于 3 点(轴线和两边各一点) |

## 六、渠基排水

渠基排水项目施工质量标准和检查方法及检查数量如表 6-9、表 6-10 所示。

表 6-9　渠基排水主控项目施工质量标准和检查方法及检查数量

| 项次 | 检查项目 | 质量标准 | 检查(测)方法 | 检查(测)数量 |
|---|---|---|---|---|
| 1 | 井、槽底压实 | 应符合设计要求 | 观察检查、现场实测 | 每个单元不少于 3 点 |
| 2 | 安装位置 | 应符合设计要求 | 观察检查、现场实测 | |
| 3 | 集水管、排水器 | 管段联接正确、牢固 | 观察、查阅施工记录 | 全数检查 |

表 6-10　渠基排水一般项目施工质量标准和检查办法及检查数量

| 项次 | 检查项目 | 质量标准 | 检查(测)方法 | 检查(测)数量 |
|---|---|---|---|---|
| 1 | 基面处理 | 人工开挖,建基面原状土无扰动 | 观察,查阅施工记录 | 全数检查 |
| 2 | 垫层、反滤层 | 材料符合设计要求,分层均匀摊料,夯压密实 | 观察,查阅施工记录 | 全数检查 |
| 3 | 检查竖井、集水井(箱)浇筑 | 混凝土材料应符合设计要求,外壁周围的砂砾料回填密实 | 观察,查阅施工记录 | 全数检查 |
| 4 | 集水井(箱)长、宽、深 | 长、宽、深,允许偏差:±20 mm | 从定位中心线至纵横边拉线和尺量 | 每个井、箱不少于3个点 |
| 5 | 井、槽底高程 | | 水准仪测量 | 每个井、槽不少于3个点 |

基本技术要求如下:

(1)渠基排水设施按施工验收长度 100 m 为一个单元工程。

(2)排水设施施工应采用人工开挖,基石原状土无扰动,开挖后对基石检查和检测,认真作好施工记录。

(3)集水管、排水器应符合设计要求和现行有关标准的规定。

(4)排水设施的安装位置及倾斜度应符合设计要求。

(5)回填料施工工艺及压实指标应符合设计要求。

## 七、渠床砂砾料垫层

渠床砂砾料(粗砂)垫层填筑项目施工质量标准和检查方法及检查数量如表6-11、表6-12所示。

**表6-11 渠床砂砾料(粗砂)垫层填筑主控项目施工质量标准和检查方法及检查数量**

| 项次 | 检查项目 | 质量标准 | 检查(测)方法 | 检查(测)数量 |
| --- | --- | --- | --- | --- |
| 1 | 垫层压实 | 应符合设计要求 | 观察检查、现场实测 | 砾质土1次/(200~400 $m^3$),每个单元不少于3个点 |
| 2 | 铺料厚度 | 允许偏差:0~+20 mm | 水准仪测量、尺量 | 每个单元测3个断面,每个断面不少于3个点 |
| 3 | 渠底高程 | 允许偏差:0~-15 mm | 水准仪测量 | 每个单元测3个断面,每个断面不少于3个点 |

**表6-12 渠床砂砾料(粗砂)垫层填筑一般项目施工质量标准和检查方法及检查数量**

| 项次 | 检查项目 | 质量标准 | 检查(测)方法 | 检查(测)数量 |
| --- | --- | --- | --- | --- |
| 1 | 基面清理 | 表面平整、密实,无突起,虚土、浮尘等杂质物全部清理 | 观察检查,查阅施工记录 | 全数检查 |
| 2 | 渠底宽度 | 允许偏差:0~+30 mm | 尺量、全站仪测量 | 每个单元测不少于3个断面 |
| 3 | 渠道开口宽度 | 允许偏差:0~+50 mm | 全站仪测量 | 每个单元测不少于3个断面 |
| 4 | 渠道边坡 | 不陡于设计要求 | 水准仪、全站仪测量 | 每个单元测不少于3个断面 |

基本技术要求如下:

(1)垫层填筑宜按施工验收长度100 m为一个单元工程。

(2)基础面按要求进行清理,断面尺寸符合设计要求。

(3)砂砾、粗砂料应满足设计要求,并通过碾压试验确定碾压参数。

(4)填筑铺料应均匀,表面平整,边线整齐。

(5)渠道断面尺寸检测项目均在填筑完成后进行。

## 八、土工膜铺设

土工膜铺设质量标准和检查方法及检查数量见表6-13。

表 6-13 土工膜铺设质量标准和检查方法及检查数量

| 项次 | | 项目名称 | 质量标准 | 检查(测)方法 | 检查(测)数量 |
|---|---|---|---|---|---|
| 主控项目 | 1 | 搭接宽度 | 设计值 0 ~ +20 mm | 尺量 | 现场实测,每个单元检测 5 个搭接断面 |
| | 2 | 焊接质量 | 充气试验,气压 0.15 ~ 0.2 MPa,5 min 内无明显压降 | 充气测压装置 | 现场实测,每个单元检测不少于 3 个点 |
| 一般项目 | 1 | 土工膜铺设 | 铺膜时应自然松弛,与支持面贴实,不得褶皱、悬空,铺设后上端牢固定位 | 现场观察 | 每个单元检查不少于 5 个断面 |

基本技术要求如下:

(1)土工膜铺设宜以施工验收长度 100 m,并按渠道两边坡和渠底分别作为一个单元。

(2)土工膜的材质应符合设计要求。

(3)土工膜应自然松弛,与支持面贴实,不得出现褶皱、悬空现象。

(4)土工膜宜采用现场双缝焊接,并对焊缝质量抽样检验。

(5)铺膜后上下两端应牢固定位,衬砌施工中不允许出现下滑现象。

## 九、聚苯乙烯保温板铺设

聚苯乙烯保温板铺设的质量标准和检查方法及检查数量见表 6-14。

表 6-14 聚苯乙烯保温板铺设的质量标准和检查方法及检查数量

| 项次 | | 项目名称 | 质量标准 | 检查(测)方法 | 检查(测)数量 |
|---|---|---|---|---|---|
| 主控项目 | 1 | 聚苯乙烯铺设 | 铺设要整齐、平整、紧贴基面,不得出现局部悬空现象,不得在板上人为踩踏、放置重物 | 现场观察 | 每个单元检测 3 个断面 |
| | 2 | 聚苯乙烯厚度 | 允许偏差: ±1 mm | 尺量 | 每个单元检测 3 个断面,每个断面不少于 3 个点 |
| 一般项目 | 1 | 聚苯乙烯外观检查 | 无缺角、断裂、尺寸不够、局部凹凸现象 | 现场观察 | 全数检查 |
| | 2 | 聚苯乙烯板面清理 | 板面清洁,无土块、杂物等 | 现场观察 | 全数检查 |

基本技术要求如下:

(1)聚苯乙烯保温板铺设宜以验收长度 100 m,并按渠道两边坡及渠底分别为一个单元工程。

(2)聚苯乙烯板材质应符合设计要求。

(3)铺设前要认真检查、存在的缺角、断裂、尺寸不够、局部凹陷的板材不准使用。

(4)运输中应注意轻装轻卸,堆放整齐,压实污风和避免阳光暴晒,铺设后要保持板面洁净,不允许人为踏踩和在板面上放置重物。

(5)铺设应平整,不得出现缝隙、漏铺现象。

## 十、衬砌混凝土板

衬砌混凝土板外观质量标准和检查方法及检查数量,如表6-15所示。

**表6-15　衬砌混凝土板外观质量标准和检查方法及检查数量**

| 项次 | | 项目名称 | 质量标准 | | 检查(测)方法 | 检查(测)数量 |
|---|---|---|---|---|---|---|
| | | | 优良 | 标准 | | |
| 主控项目 | 1 | 渠底高程 | 允许偏差:-5~0 mm | 允许偏差:-10~0 mm | 水准仪 | 每个单元检测5个断面 |
| | 2 | 坡面平整度 | ≤5 mm/2 m | ≤8 mm/2 m | 用2 m直尺检查 | 每个单元检测5个断面,每个断面不少于5个点 |
| | 3 | 漏石 | 无漏石 | 局部少量,累计面积不超过5% | 现场观察 | 全数检查 |
| | 4 | 贯穿性裂缝 | 无贯穿性裂缝 | 经处理后符合设计要求 | 现场观察 | 全数检查 |
| 一般项目 | 1 | 渠道中心线 | 允许偏差:±20 mm(直线段)±50 mm(曲线段) | 允许偏差:±40 mm(直线段)±70 mm(曲线段) | 经纬仪、全站仪测量 | 每个单元不少于3个点 |
| | 2 | 衬砌顶高程 | 允许偏差:0~+20 mm | 允许偏差:0~+30 mm | 水准仪测量 | 每个单元各测3个断面 |
| | 3 | 衬砌顶开口宽度 | 允许偏差:0~+20 mm | 允许偏差:0~+40 mm | 全站仪测量 | 每个单元不少于3个断面 |
| | 4 | 渠道边坡 | 允许偏差:边坡系数±0.02 | 允许偏差:边坡系数±0.03 | 水准仪、全站仪测量 | 每个单元各测3个断面 |
| | 5 | 碰损掉边 | 无碰损掉边 | 重要部位不允许,其他部位轻微少量,经处理符合设计要求 | 现场观察 | 全数检查 |
| | 6 | 表面裂缝 | 无表面裂缝 | 局部有少量不规则干缩裂缝 | 现场观察 | 全数检查 |
| | 7 | 蜂窝、空洞 | 无蜂窝空洞 | 轻微少量、不连续,单个蜂窝空洞的最长边距不得超过0.1 m,深度小于最大粒径,经处理符合设计要求 | 现场观察 | 全数检查 |

## 十一、衬砌混凝土

衬砌混凝土施工质量标准和检查方法及检查数量，如表6-16所示。

**表6-16　衬砌混凝土施工质量标准和检查方法及检查数量**

| 项次 | | 项目名称 | 质量标准 | 检查(测)方法 | 检查(测)数量 |
|---|---|---|---|---|---|
| 主控项目 | 1 | 入仓混凝土 | 无不合格料入仓 | 观察检查、查阅施工记录，检查现场抽样试验报告 | 全数检查 |
| | 2 | 铺料平仓 | 铺料均匀，平仓齐平，无骨料集中现象 | 现场观察 | 全数检查 |
| | 3 | 混凝土振捣 | 留振时间合理、无漏振、振捣密实、表面出浆 | 现场观察 | 全数检查 |
| | 4 | 养护 | 终凝前喷雾养护，保持湿润连续养护不应少于28天 | 现场观察、查阅施工记录 | 全数检查 |
| | 5 | 厚度 | 允许偏差：设计值的+5%～+10% | 尺量 | 每个单元测5个断面，每个断面不少于3个点 |
| 一般项目 | 1 | 模板 | 符合模板设计要求 | 现场观察、查阅施工记录 | 全数检查 |
| | 2 | 混凝土浇筑温度 | 满足设计要求 | 现场观察、查阅施工记录 | 全数检查 |
| | 3 | 泌水、离析 | 无泌水、离析 | 现场观察 | 全数检查 |
| | 4 | 坍落度 | 配比值 | 现场观察 | 每4个小时检测1次 |

## 十二、预制混凝土板

预制混凝土板衬砌工程施工质量标准和检查方法及检查数量如表6-17、表6-18所示。

**表6-17　预制混凝土板衬砌主控项目施工质量标准和检查方法及检查数量**

| 项次 | 检查项目 | 质量标准 | 检查(测)方法 | 检查(测)数量 |
|---|---|---|---|---|
| 1 | 混凝土预制板 | 出厂合格证、进场检验报告齐全，厚度均匀，形状整齐，色泽一致，表面整洁平整 | 检查出厂合格证、检验报告和现场抽样试验报告 | 全数检查 |
| 2 | 预制板铺砌 | 平整、稳定，缝线规则 | 观察、查阅施工记录 | 全数检查 |
| 3 | 渠底高程 | 允许偏差：0～－10 mm | 水准仪测量 | 每个单元测3个断面，每个断面不少于3点 |

表 6-18　预制混凝土板衬砌一般项目施工质量标准和检查方法及检查数量

| 项次 | 检查项目 | 质量标准 | 检查(测)方法 | 检查(测)数量 |
| --- | --- | --- | --- | --- |
| 1 | 砂浆 | 按配合比准确称量,强度、稠度、密实度(空隙度)符合设计要求 | 观察、现场检查 | 每个单元检查 3 个断面,每个断面不少于 3 个点 |
| 2 | 勾缝 | 饱满密实,宽度一致,均匀平整 | 观察、现场观察 | 每个单元检查 3 个断面 |
| 3 | 衬砌表面平整度 | 允许偏差:8 mm/2 m | 用 2 m 直尺检查 | 每个单元测 3 个断面,每个断面不少于 3 个点 |
| 4 | 渠道中心线 | 允许偏差:±20 mm | 全站仪测量 | 纵、横断面每个单元 3 个点 |
| 5 | 衬砌顶高程 | 允许偏差:0 ~ +30 mm | 水准仪测量 | 每个单元各测 3 个断面,每个断面不少于 3 个点 |
| 6 | 衬砌顶开口宽度 | 允许偏差:0 ~ +30 mm | 全站仪测量 | 每个单元测 3 个断面,每个断面不少于 3 个点 |
| 7 | 渠底宽度 | 允许偏差:0 ~ +20 mm | 尺量、全站仪测量 | 每个单元不少于 3 个断面 |
| 8 | 渠道边坡 | 符合设计要求 | 水准仪、全站仪测量 | 每个单元各测 3 个断面,每个断面不少于 3 个点 |

基本技术要求如下:

(1)预制混凝土板衬砌工程按施工验收长度 100 m 为一个单元工程。

(2)砂浆拌和设备宜选用有电子算量的强制式拌和设备。

## 十三、常规现浇混凝土板

常规现浇混凝土板衬砌工程施工质量标准和检查方法及检查数量如表 6-19、表 6-20 所示。

**表 6-19　现浇混凝土板衬砌主控项目施工质量标准和检查方法及检查数量**

| 项次 | 检查项目 | 质量标准 | 检查(测)方法 | 检查(测)数量 |
|---|---|---|---|---|
| 1 | 砂料垫层 | 砂料符合设计要求,铺料厚度均匀,密实平整 | 观察检查、查阅施工记录,检查现场抽样试验报告 | 全数检查 |
| 2 | 入仓混凝土 | 无不合格料入仓 | 观察检查、查阅施工记录,检查现场抽样试验报告 | 全数检查 |
| 3 | 混凝土振捣 | 留振时间合理、无漏振,振捣密实、表面出浆 | 观察检查、查阅施工记录 | 全数检查 |
| 4 | 混凝土厚度 | 允许偏差:<br>-5 ~ +10 mm | 尺量 | 每个单元测5个断面,每个断面不少于3个点 |
| 5 | 渠底高程 | 允许偏差:<br>0 ~ -10 mm | 水准仪测量 | 每个单元测3个断面,每个断面不少于3个点 |
| 6 | 衬砌表面平整度 | 允许偏差:8 mm/2 m | 用2 m直尺检查 | 每个单元测3个断面,每个断面不少于3个点 |

**表 6-20　现浇混凝土板衬砌一般项目施工质量标准和检查方法及检查数量**

| 项次 | 检查项目 | 质量标准 | 检查(测)方法 | 检查(测)数量 |
|---|---|---|---|---|
| 1 | 垫层基面 | 厚度均匀、平整,密实度应符合设计要求,验收合格 | 观察检查、查阅施工记录 | 全数检查 |
| 2 | 模板 | 应符合设计要求 | 观察检查、查阅施工记录 | 全数检查 |
| 3 | 混凝土浇筑温度 | 应符合设计要求 | 观察检查、查阅施工记录 | 全数检查 |
| 4 | 蜂窝 | 轻微、少量,不连续,当面积不超过 0.02 $m^2$ | 观察检查、查阅施工记录 | 全数检查 |
| 5 | 碰损掉边 | 重要部位不允许,其他部位轻微、少量,经处理符合设计要求 | 观察检查、查阅施工记录 | 全数检查 |
| 6 | 表面裂缝 | 局部有少量不规则干缩裂纹 | 观察检查、查阅施工记录 | 全数检查 |
| 7 | 渠道中心线 | 允许偏差: ±20 mm | 全站仪测量 | 纵、横断面每个单元不少于3点 |

续表 6-20

| 项次 | 检查项目 | 质量标准 | 检查(测)方法 | 检查(测)数量 |
|---|---|---|---|---|
| 8 | 衬砌顶高程 | 允许偏差:0～+30 mm | 水准仪测量 | 每个单元各测3个断面,每个断面不少于3个点 |
| 9 | 衬砌顶开口宽度 | 允许偏差:0～+30 mm | 全站仪测量 | 每个单元不少于测3个断面 |
| 10 | 渠底宽度 | 允许偏差:0～+20 mm | 尺量、全站仪测量 | 每个单元不少于测3个断面 |
| 11 | 渠道边坡 | 符合设计要求 | 水准仪、全站仪测量 | 每个单元各测3个断面,每个断面不少于3个点 |

基本技术要求如下:

(1)现浇混凝土衬砌宜按施工验收长度100 m或连接段为一个单元工程。

(2)混凝土拌和设备宜选用有电子称量的强制式拌和设备。

(3)混凝土振捣应密实、无漏振、无架空现象,初凝面应及时进行压光处理。

## 十四、衬砌块石

浆砌块石工程施工质量标准和检查方法及检查数量,如表6-21、表6-22所示。

表6-21　浆砌块石主控项目施工质量标准和检查方法及检查数量

| 项次 | 检查项目 | 质量标准 | 检查(测)方法 | 检查(测)数量 |
|---|---|---|---|---|
| 1 | 砌料 | 规格、材质应符合设计要求,无泥垢、油渍等污物 | 观察、查阅施工记录 | 全数检查 |
| 2 | 砌筑 | 内外搭砌、上下错缝,安砌稳固 | 观察、查阅施工记录 | 全数检查 |
| 3 | 砌石顶和底高程 | 允许偏差:±20 mm | 水准仪测量 | 每个单元测3个断面,每个断面不少于3个点 |

表6-22　浆砌块石一般项目施工质量标准和检查方法及检查数量

| 项次 | 检查项目 | 质量标准 | 检查(测)方法 | 检查(测)数量 |
|---|---|---|---|---|
| 1 | 砂石垫层填筑 | 厚度均匀,碾压密实,无漏压、欠压,层面平整清洁 | 观察检查、查阅施工记录 | 每个单元检查不少于3个点 |
| 2 | 砂浆摊铺 | 砂浆原材料应符合设计要求,均匀、平整,无尖棱硬物 | 观察检查、查阅施工记录 | 每个单元检查不少于3个点 |

续表 6-22

| 项次 | 检查项目 | 质量标准 | 检查(测)方法 | 检查(测)数量 |
| --- | --- | --- | --- | --- |
| 3 | 砌缝 | 饱满密实,均匀平整 | 观察检查、查阅施工记录 | 每个单元检查不少于3点 |
| 4 | 砂浆抹面平整度 | 允许偏差:12 mm/2 m | 用2 m直尺检查 | 每个单元测3个断面,每个断面不少于3个点 |
| 5 | 中心线 | 允许偏差:0～±30 mm | 全站仪测量 | 每个单元测3个断面,每个断面不少于3个点 |
| 6 | 砌石顶开口宽度 | 允许偏差:0～±30 mm | 全站仪测量 | 每个单元测3个断面,每个断面不少于3个点 |
| 7 | 砌石底开口宽度 | 允许偏差:0～±30 mm | 全站仪测量 | 每个单元测3个断面,每个断面不少于3个点 |

基本技术要求如下:

(1)浆砌块石宜按施工验收长度100 m为一个单元工程。

(2)块石的材质、规格应符合设计要求。

(3)砂浆拌和设备宜选用有电子称量的拌和设备,砂浆摊铺均匀、砌筑平稳坚固。

## 十五、伸缩(沉降)缝处理

伸缩(沉降)缝处理工程施工质量标准和检查方法及检查数量如表6-23、表6-24所示。

**表6-23　伸缩(沉降)缝处理主控项目施工质量标准和检查方法及检查数量**

| 项次 | 检查项目 | 质量标准 | 检查(测)方法 | 检查(测)数量 |
| --- | --- | --- | --- | --- |
| 1 | 伸缩(沉降)缝嵌缝材料 | 符合设计要求和现行有关标准的规定 | 检查出厂合格证、质量检验报告和现场抽样试验报告 | 全数检查 |
| 2 | 闭孔泡沫板填缝 | 表面清洁、边角整齐、厚度均匀、铺设平整、牢固可靠、填充密实 | 观察、查阅施工记录 | 全数检查 |
| 3 | 聚硫密封胶填塞 | 表面清洁,填塞密实、稳固 | 观察、查阅施工记录 | 全数检查 |
| 4 | 伸缩缝清理 | 填充前,伸缩缝内的灰末及松动混凝土余渣等杂物清理干净 | 观察检查、查阅施工记录 | 全数检查 |
| 5 | 充填、灌缝材料 | 充填、灌缝材料性能符合设计要求;密封胶应达到规定的质量要求,填充密实、牢固可靠 | 检查出厂合格证、质量检验报告和现场抽样试验报告 | 全数检查 |

**表 6-24　伸缩(沉降)缝处理一般项目施工质量标准和检查方法及检查数量**

| 项次 | 检查项目 | 质量标准 | 检查(测)方法 | 检查(测)数量 |
|---|---|---|---|---|
| 1 | 密封胶 | 材料符合设计要求、填充密实、平整干燥、黏接牢固 | 观察、查阅施工记录,现场抽样试验报告 | 全数检查 |
| 2 | 伸缩板 | 材料符合设计要求 | 观察、查阅施工记录,现场抽样试验报告 | 全数检查 |
| 3 | 伸缩缝深度 | 允许偏差:±5 mm | 观察、尺量 | 每个单元检查不少于10个点 |
| 4 | 板厚 | 允许偏差:设计值的 −5% ~ +20% | 尺量 | 每个单元检查不少于10个点 |
| 5 | 伸缩缝间距 | 符合设计要求 | 尺量 | 每个单元检查不少于10个点 |
| 6 | 伸缩缝宽度 | 允许偏差:±3 mm | 观察、尺量 | 每个单元检查不少于10个点 |

基本技术要求如下:

(1)伸缩缝、沉降缝处理宜按施工验收长度500 m为一个单元工程。

(2)伸缩缝、沉降缝处理施工应将缝内杂物清理干净,保持干燥。

(3)嵌缝施工要仔细,填压密实、均匀,注意嵌缝材料与整个渠面的一致性。

(4)密封胶填充应饱满、黏接牢固、表面干燥平整。

## 十六、路基土石方填筑

路基土石方填筑工程质量标准和检测方法及检查数量,如表6-25、表6-26所示。

**表 6-25　路基土石方填筑一般项目施工质量标准和检查方法及检查数量**

| 项次 | 检查项目 | 质量标准 | 检查(测)方法 | 检查(测)数量 |
|---|---|---|---|---|
| 1 | 基面清理和处理 | 清除地表植被、杂物、积水、淤泥和表土,特殊地质地段按设计要求进行处理 | 观察、现场抽查、查阅施工记录(包括录像或摄影资料) | 全数检查 |
| 2 | 铺料 | 土料分层、铺料厚度均匀,表面平整,边线整齐;石料逐层水平摆放平稳,边砌边铺 | 观察、现场抽查、查阅施工记录 | 全数检查 |
| 3 | 碾压 | 碾压密实,无漏压、欠压 | 观察、现场抽查、查阅施工记录 | 全数检查 |

续表 6-25

| 项次 | 检查项目 | 质量标准 | 检查(测)方法 | 检查(测)数量 |
| --- | --- | --- | --- | --- |
| 4 | 外观 | 路基表面平整,边线直顺,曲线圆滑;路基边坡面平顺、稳定,不得亏坡 | 观察、现场抽查、查阅施工记录 | 全数检查 |
| 5 | 排水沟 | 布置应符合设计要求 | 观察、现场抽查、查阅施工记录 | 全数检查 |
| 6 | 中线偏位 | 允许偏差:±100 mm | 经纬仪测量 | 每 200 m 不少于 4 处 |
| 7 | 宽度 | 允许偏差:±30 mm | 尺量 | 每 200 m 不少于 4 处 |
| 8 | 平整度 | 允许偏差:20 mm/3 m | 用 3 m 直尺量 | 每 200 m 不少于 4 处 |
| 9 | 纵断面高程 | 允许偏差:+10 ~ -20 mm | 水准仪测量 | 每 200 m 不少于 4 处 |

**表 6-26　路基土石方填筑主控项目施工质量标准和检查方法及检查数量**

| 项次 | 检查项目 | 质量标准 | 检查(测)方法 | 检查(测)数量 |
| --- | --- | --- | --- | --- |
| 1 | 基底处理 | 基底平整、压实应满足设计要求 | 观察、现场抽查、查阅施工记录、检验报告(包括录像或摄影资料) | 全数检查 |
| 2 | 路基 | 填料应符合设计要求 | 观察、现场抽查、查阅施工记录、检验报告 | 全数检查 |
| 3 | 路基压实 | 分层检测应符合设计要求 | 根据不同路面按照《土工试验规程》(SL 237—1999)采用密度法 | 每 200 m 每个压实层不少于测 4 处 |

基本技术要求如下:

(1)土方路基和石方路基填筑宜按施工验收长度 1 000 m 为一个单元工程。

(2)路基压实度应分层检测,路基其他检查、检测项目均在路基顶面进行检查测定。

(3)施工临时排水系统应与设计排水沟系统结合,避免路基附近积水。

(4)路基填料应经调查、试验后合理选用,应符合规范设计要求。

## 十七、石灰土基层和底基层填筑

石灰土基层和底基层填筑工程施工质量标准和检查方法及检查数量,如表 6-27、表 6-28所示。

表 6-27 石灰土基层和底基层填筑主控项目施工质量标准和检查方法及检查数量

| 项次 | 检查项目 | 质量标准 | 检查(测)方法 | 检查(测)数量 |
| --- | --- | --- | --- | --- |
| 1 | 基层 | 碾压密实,平整、干燥、清洁 | 观察、现场抽查、查阅施工记录 | 全数检查 |
| 2 | 压实度(%) | 应不低于设计要求 | 按照《土工试验规程》(SL 237—1999)采用密度法 | 每 200 m 车道不少于 2 处 |
| 3 | 强度 | 应不低于设计要求 | 按照《公路路面基层施工技术规范》(JTJ 034—2000) | 检查 |
| 4 | 厚度 | 允许偏差:底基层:0 ~ −30 mm<br>基层:0 ~ −20 mm | 采用挖检或钻取芯样测定 | 每 200 m 车道不少于 2 处 |

表 6-28 石灰土基层和底基层填筑一般项目施工质量标准和检查方法及检查数量

| 项次 | 检查项目 | 质量标准 | 检查(测)方法 | 检查(测)数量 |
| --- | --- | --- | --- | --- |
| 1 | 土质、石灰 | 材料应符合设计要求,混合料应均匀一致,含水率最佳 | 观察、现场抽查、查阅施工记录 | 全数检查 |
| 2 | 摊铺 | 均匀、平整,无粗细料分离 | 观察、现场抽查、查阅施工记录 | 全数检查 |
| 3 | 养护 | 保湿、养生期符合规范要求 | 观察、现场抽查、查阅施工记录 | 全数检查 |
| 4 | 外观 | 表面平整密实,无坑洼、无明显离析,施工接茬平整、稳定 | 观察、现场抽查、查阅施工记录 | 全数检查 |
| 5 | 平整度 | 允许偏差:底基层为 15 mm/3 m<br>基层为 12 mm/3 m | 用 3 m 直尺测量 | 每 200 m 不少于 4 处 |
| 6 | 纵断高程 | 允许偏差:底基层为 +5 ~ −20 mm<br>基层为 +5 ~ −15 mm | 水准仪测量 | 每 200 m 不少于 4 个断面 |
| 7 | 宽度 | 允许偏差:±30 mm | 尺量 | 每 200 m 不少于 4 处 |
| 8 | 横坡 | 允许偏差:±0.5% | 水准仪测量 | 每 200 m 不少于 4 个断面 |

基本技术要求如下:

(1)石灰土基层和底基层填筑按照施工验收长度 200 m 为一个单元工程。

(2)石灰、土质应符合设计要求,土块应经粉碎,块灰应经充分消解才能使用。

(3)石灰和土的用量应按设计要求控制准确,未消解生石灰块应剔除。

(4)应选用重型压路机碾压。

## 十八、碎石路面铺设

碎石路面铺设工程施工质量标准和检查方法及检查数量,如表 6-29,表 6-30 所示。

**表 6-29 碎石路面铺设主控项目施工质量标准和检查方法及检查数量**

| 项次 | 检查项目 | 质量标准 | 检查(测)方法 | 检查(测)数量 |
|---|---|---|---|---|
| 1 | 碎石材料 | 坚韧、无杂质 | 观察、现场抽查、查阅进场检验报告 | 全数检查 |
| 2 | 底基层压实度 | 应不低于设计要求 | 按照《土工试验规程》(SL 237—1999)采用密度法 | 每 200 m 每车道不少于 2 处 |
| 3 | 基层压实度 | 应不低于设计要求 | 按照《土工试验规程》(SL 237—1999)采用密度法 | 每 200 m 每车道不少于 2 处 |
| 4 | 铺料厚度 | 允许偏差:底基层为 0 ~ −30 mm<br>基层为 0 ~ −20 mm | 采用挖检或钻取芯样测定 | 每 200 m 每车道不少于 2 处 |

**表 6-30 碎石路面铺设一般项目施工质量标准和检查方法及检查数量**

| 项次 | 检查项目 | 质量标准 | 检查(测)方法 | 检查(测)数量 |
|---|---|---|---|---|
| 1 | 碎石 | 级配应符合设计要求,混合料拌和均匀,无明显离析,摊铺平整,碾压应先轻后重,平整密实 | 观察、现场抽查、查阅施工记录 | 全数检查 |
| 2 | 外观 | 边线整齐、无松散 | 观察、现场抽查、查阅施工记录 | 全数检查 |
| 3 | 平整度 | 允许偏差:底基层为 15 mm/3 m<br>基层为 12 mm/3 m | 用 3 m 直尺量 | 每 200 m 不少于 4 处 |
| 4 | 纵断高程 | 允许偏差:底基层为 +5 ~ −20 mm<br>基层为 +5 ~ −15 mm | 水准仪测量 | 每 200 m 不少于 4 个断面 |
| 5 | 宽度 | 允许偏差:±30 mm | 尺量 | 每 200 m 不少于 4 处 |
| 6 | 横坡 | 允许偏差:±0.5% | 水准仪测量 | 每 200 m 不少于 4 个断面 |

基本技术要求如下:

(1)碎石路面铺设按施工验收长度 200 m 为一个单元工程。

(2)应选用质地坚韧、无杂质的碎石、砂砾、石屑或砂,级配应符合设计要求。

(3)配料应准确,混合料拌和均匀,无明显离析现象。

(4)碾压应遵循先轻后重的原则,洒水碾压至要求的密实度。

## 十九、机械化混凝土

机械化混凝土衬砌施工质量标准和检查方法及检查数量如表 6-31、表 6-32 所示。

**表 6-31　机械化混凝土衬砌主控项目施工质量标准和检查方法及检查数量**

| 项次 | 检查项目 | 质量标准 | 检查(测)方法 | 检查(测)数量 |
|---|---|---|---|---|
| 1 | 入仓混凝土 | 无不合格料入仓 | 观察检查、查阅施工记录,检查现场抽样试验报告 | 全数检查 |
| 2 | 混凝土振捣 | 留振时间合理、无漏振,振捣密实、表面出浆 | 观察检查、查阅施工记录 | 全数检查 |
| 3 | 养护 | 终凝前应喷雾养护,保持湿润,连续养护不应少于 28 天 | 观察检查、查阅施工记录 | 全数检查 |
| 4 | 混凝土厚度 | 允许偏差: -5 ~ +10 mm | 尺量 | 每个单元测 5 个断面,每个断面不少于 3 个点 |
| 5 | 渠底高程 | 允许偏差:0 ~ -10 mm | 水准仪测量 | 每个单元测 3 个断面,每个断面不少于 3 个点 |
| 6 | 贯穿性裂缝 | 不允许,裂缝经处理符合设计要求 | 观察检查 | 全数检查 |

**表 6-32　机械化混凝土衬砌一般项目施工质量标准和检查方法及检查数量**

| 项次 | 检查项目 | 质量标准 | 检查(测)方法 | 检查(测)数量 |
|---|---|---|---|---|
| 1 | 垫层基面 | 厚度均匀、平整,密实度应符合设计要求,验收合格 | 观察检查、查阅施工记录 | 全数检查 |
| 2 | 模板 | 应符合设计要求 | 观察检查、查阅施工记录 | 全数检查 |
| 3 | 混凝土浇筑温度 | 应符合设计要求 | 观察检查、查阅施工记录 | 全数检查 |
| 4 | 蜂窝 | 轻微、少量,不连续,单个蜂窝、空洞的最长边距不得超过 0.1 m,深度不超过骨料最大粒径,经处理符合设计要求 | 观察检查、查阅施工记录 | 全数检查 |
| 5 | 碰损掉边 | 重要部位不允许,其他部位轻微、少量,经处理符合设计要求 | 观察检查、查阅施工记录 | 全数检查 |

续表 6-32

| 项次 | 检查项目 | 质量标准 | 检查(测)方法 | 检查(测)数量 |
|---|---|---|---|---|
| 6 | 表面裂缝 | 局部有少量不规则干缩裂纹 | 观察检查、查阅施工记录 | 全数检查 |
| 7 | 衬砌表面平整度 | 允许偏差:8 mm/2 m | 用 2 m 直尺检查 | 每个单元测 3 个断面,每个断面不少于 3 点 |
| 8 | 渠道中心线 | 直线段允许偏差: ±20 mm;曲线段允许偏差: ±50 mm | 全站仪测量 | 纵、横断面每个单元不少于 3 个点 |
| 9 | 衬砌顶高程 | 允许偏差:0 ~ +30 mm | 水准仪测量 | 每个单元各测 3 个断面,每个断面不少于 3 个点 |
| 10 | 衬砌顶开口宽度 | 允许偏差:0 ~ +30 mm | 全站仪测量 | 每个单元不少于 3 个断面 |
| 11 | 渠底宽度 | 允许偏差:0 ~ +20 mm | 尺量、全站仪测量 | 每个单元不少于 3 个断面 |
| 12 | 渠道边坡 | 允许偏差:边坡系数 ±0.02 | 水准仪、全站仪测量 | 每个单元各测 3 个断面,每个断面不少于 3 个点 |

基本技术要求如下:

(1)机械化混凝土衬砌宜按施工验收长度 100 m 为一个单元工程。

(2)衬砌机基准线应根据布设的导线控制桩、设计断面尺寸和衬砌机技术参数确定。

(3)混凝土配合比应适合混凝土衬砌施工机械化的技术要求。

(4)通过生产性施工试验,确定衬砌机的适宜工作参数和辅助机械、机具的种类和数量,以及制订施工组织方案和施工工艺流程。

(5)采用皮带输送机布料时,应保持各料仓的料量均匀。

(6)衬砌机宜匀速连续衬砌,应控制扰动碾压时间,对出现的质量缺陷应及时人工填补混凝土原浆,重新振动碾压。

(7)初凝前应及时进行压光处理,并及时进行养护。

(8)在衬砌混凝土抗压强度达到 1 ~5 MPa 时才能进行伸缩缝切割。

## 二十、沥青路面铺设

沥青路面铺设的施工质量标准和检查方法及检查数量如表 6-33、表 6-34 所示。

表 6-33 沥青路面铺设一般项目施工质量标准和检查方法及检查数量

| 项次 | 检查项目 | 质量标准 | 检查(测)方法 | 检查(测)数量 |
|---|---|---|---|---|
| 1 | 混合料 | 拌和浇洒均匀,无明显离析;摊铺平整、无露白 | 观察、现场抽查、查阅施工记录 | 全数检查 |
| 2 | 嵌缝料 | 趁热撒铺、扫布均匀、压实平整 | 观察、现场抽查、查阅施工记录 | 全数检查 |
| 3 | 外观 | 平整密实、无松散、油包、油丁、泛油;表面无明显碾压轮迹;无积水、漏水现象 | 观察、现场抽查、查阅施工记录 | 全数检查 |
| 4 | 平整度 | 允许偏差:IRI(m/km)7.5 | 平整度仪测量 | 每 100 m 计算 IRI |
| 5 | 纵横高程 | 允许偏差:±20 mm | 水准仪测量 | 每 200 m 不少于 4 个断面 |
| 6 | 宽度 | 允许偏差:±30 mm | 尺量 | 每 200 m 不少于 4 处 |
| 7 | 中线平面偏位 | 允许偏差:±30 mm | 经纬仪测量 | 每 200 m 不少于 4 点 |
| 8 | 横坡 | 允许偏差:±0.5% | 水准仪测量 | 每 200 m 不少于 4 个断面 |

表 6-34 沥青路面铺设主控项目施工质量标准和检查方法及检查数量

| 项次 | 检查项目 | 质量标准 | 检查(测)方法 | 检查(测)数量 |
|---|---|---|---|---|
| 1 | 碎石层 | 平整坚实、嵌挤稳定、平整、无杂质 | 观察、现场抽查、查阅施工记录 | 全数检查 |
| 2 | 沥青 | 材料应符合设计要求 | 观察、现场抽查、查阅出厂合格证、进场检验报告 | 全数检查 |
| 3 | 铺料厚度 | 允许偏差:0～-10 mm | 采用挖检或钻取芯样测定 | 每 200 m 每车道不少于 1 个点 |

基本技术要求如下:

(1)沥青路面铺设宜按施工验收长度 200 m 为一个单元工程。

(2)沥青材料各项指标和石料的质量、规格、用量应符合设计要求和施工规范的规定。

(3)沥青喷洒应均匀,无露白,不得污染其他建筑物。

(4)嵌缝料不得有重叠现象,压实平整。

## 二十一、混凝土路面铺设

混凝土路面铺设施工质量标准和检查方法及检查数量如表6-35、表6-36所示。

**表6-35　混凝土路面铺设主控项目施工质量标准和检查方法及检查数量**

| 项次 | 检查项目 | 质量标准 | 检查(测)方法 | 检查(测)数量 |
|---|---|---|---|---|
| 1 | 水泥 | 符合国家标准,配合比应现场试验确定 | 观察、现场抽查、查阅出厂合格证、查阅进场检验报告 | 全数检查 |
| 2 | 弯拉强度 | 在合格标准之内 | 标准小梁法或钻芯劈裂法 | 每工作班制作1~3组 |
| 3 | 板厚度 | 允许偏差:0~－10 mm | 采用挖检或钻取芯样测定 | 每200 m每车道不少于2处 |

**表6-36　混凝土路面铺设一般项目施工质量标准和检查方法及检查数量**

| 项次 | 检查项目 | 质量标准 | 检查(测)方法 | 检查(测)数量 |
|---|---|---|---|---|
| 1 | 接缝 | 位置、规格、尺寸、填缝料应符合设计要求 | 观察、现场抽查 | 全数检查 |
| 2 | 外观 | 混凝土板表面的脱皮、印痕、裂纹和缺边掉角面积不超过受检面积的0.3% | 观察、现场抽查、查阅施工记录 | 全数检查 |
| 3 | 平整度 | 允许偏差:IRI(m/km)3.2 | 平整度仪测量 | 每100 m计算IRI |
| 4 | 高程 | 允许偏差:±15 mm | 水准仪测量 | 每200 m不少于4个断面 |
| 5 | 宽度 | 允许偏差:±20 mm | 尺量 | 每200 m不少于4处 |
| 6 | 中线平面偏位 | 允许偏差:±20 mm | 经纬仪测量 | 每200 m不少于4点 |
| 7 | 横坡 | 允许偏差:±0.25% | 水准仪测量 | 每200 m不少于4个断面 |

基本技术要求如下:

(1)水泥路面铺设宜按施工验收长度200 m为一个单元工程。

(2)基层质量应符合规定要求,并进行弯沉测定,演算的基层整体模量应满足设计要求。

(3)水泥强度、物理性能和化学成分应符合国家标准及有关规范的规定。

(4)粗细骨料、水、外掺剂及接缝填缝料应符合设计要求。

(5)水泥路面铺筑后应按施工规范要求养生。

## 二十二、泥结碎(砾)石路面

泥结碎(砾)石路面铺设施工质量标准和检查方法及检查数量如表6-37、表6-38所示。

**表6-37 泥结碎(砾)石路面铺设主控项目施工质量标准和检查方法及检查数量**

| 项次 | 检查项目 | 质量标准 | 检查(测)方法 | 检查(测)数量 |
|---|---|---|---|---|
| 1 | 基层 | 密实、平整、干燥、清洁 | 观察、现场抽查、查阅施工记录 | 全数检查 |
| 2 | 压实度 | 不低于设计要求 | 按照《土工试验规程》(SL 237—1999)采用密度法 | 每200 m每车道不少于2处 |
| 3 | 厚度 | 允许偏差:0～-30 mm | 采用挖检或钻芯取样测定 | 每200 m每车道不少于1处 |
| 4 | 强度 | 应符合设计要求 | 取样 | 每2 000 $m^2$或工作班制备1组试件 |

**表6-38 泥结碎(砾)石路面铺设一般项目施工质量标准和检查方法及检查数量**

| 项次 | 检查项目 | 质量标准 | 检查(测)方法 | 检查(测)数量 |
|---|---|---|---|---|
| 1 | 混合料 | 水泥、矿料级配应符合设计要求,拌和应均匀一致,含水量最佳 | 观察、现场抽查、查阅施工记录,进场检验报告 | 全数检查 |
| 2 | 摊铺 | 均匀、平整,无粗细料离析,碾压应符合设计要求 | 观察、现场抽查、查阅施工记录 | 全数检查 |
| 3 | 外观 | 表面平整密实,无坑洼、无明显离析;施工接茬平整、稳定 | 观察、现场抽查、查阅施工记录 | 全数检查 |
| 4 | 平整度 | 允许偏差:底基层为15 mm/3 m<br>基层为12 mm/3 m | 用3 m直尺 | 每200 m不少于4处 |
| 5 | 纵断高程 | 允许偏差:底基层为+5～-20 mm<br>基层为+5～-15 mm | 水准仪测量 | 每200 m不少于4个断面 |
| 6 | 宽度 | 允许偏差:±30 mm | 尺量 | 每200 m不少于4处 |
| 7 | 横坡 | 允许偏差:底基层为±0.5%<br>基层为±0.5% | 水准仪测量 | 每200 m不少于4个断面 |

基本技术要求如下：

(1)泥结碎(砾)石路面铺设宜按施工验收长度200 m为一个单元工程。

(2)基层应碾硬度密实,表面干燥、清洁、无浮土,平整度和路拱度应符合要求。

(3)碎(砾)石料应选择质坚、无杂质的石料或级配好的砂砾料。

(4)水泥用量和矿料级配应按设计控制准确。路拌深度应达到层底。

(5)用重型压路机碾压至要求的压实度。

## 二十三、封顶板铺筑、路缘石(警示柱)埋设

封顶板铺筑、路缘石(警示柱)埋设施工质量标准和检查方法及检查数量如表6-39、表6-40所示。

**表6-39　封顶板、路缘石(警示柱)埋设主控项目施工质量标准和检查方法及检查数量**

| 项次 | 检查项目 | 质量标准 | 检查(测)方法 | 检查(测)数量 |
|---|---|---|---|---|
| 1 | 封顶板、路缘石、警示柱 | 出厂合格证、进场检验报告齐全,且外观周正、形状整齐,色泽一致,表面清洁平整,无破损 | 观察、现场抽查、查阅出厂合格证、进场检验报告 | 全数检查 |
| 2 | 封顶板下土工膜 | 材质证明、进场检验报告齐全,表面无破损、孔洞、缺陷 | 观察、现场抽查、查阅出厂合格证、进场检验报告 | 全数检查 |
| 3 | 入仓混凝土 | 无不合格料入仓 | 观察检查、查阅施工记录,检查现场抽样试验报告 | 全数检查 |
| 4 | 顶面高程 | 允许偏差：±10 mm | 水准仪测量 | 每200 m不少于4个断面 |

**表6-40　封顶板、路缘石埋设一般项目施工质量标准和检查方法及检查数量**

| 项次 | 检查项目 | 质量标准 | 检查(测)方法 | 检查(测)数量 |
|---|---|---|---|---|
| 1 | 封顶板、路缘石铺砌 | 安砌稳固,顶面平整,线条直顺 | 观察、现场抽查、查阅施工记录 | 全数检查 |
| 2 | 勾缝 | 勾缝密实均匀、无杂物污染 | 观察、现场抽查、查阅施工记录 | 全数检查 |
| 3 | 外观 | 表面平整,排水沟口整齐、通畅、无阻水现象 | 观察、现场抽查、查阅施工记录 | 全数检查 |
| 4 | 土工膜焊缝搭接宽度 | 允许偏差：±20 mm | 尺量 | 每200 m检测不少于4个点 |
| 5 | 相邻两块高差 | 允许偏差：±3 mm | 尺量 | 每200 m检测不少于4个点 |

基本技术要求如下：

(1)封顶板铺筑、路缘石(警示柱)埋设宜按施工验收长度 1 000 m 为一个单元工程。

(2)预制顶板、路缘石、警示柱的质量应符合设计要求。

(3)现浇封顶板原材料应符合设计要求。

(4)混凝土拌和设备宜选用电子称量的拌和设备。

(5)路缘石、警示柱埋设稳固,顶面平整,缝宽均匀,勾缝密实,线条直顺。

## 二十四、混凝土框格防护

混凝土框格防护施工质量标准和检查方法及检查数量如表 6-41、表 6-42 所示。

**表 6-41　混凝土框格防护主控项目施工质量标准和检查方法及检查数量**

| 项次 | 检查项目 | 质量标准 | 检查(测)方法 | 检查(测)数量 |
|---|---|---|---|---|
| 1 | 预制混凝土框格 | 出厂合格证、进场检验报告齐全,外观厚度均匀,形状整齐,色泽一致,表面清洁平整 | 观察、现场抽查、查阅出厂合格证、进场检验报告 | 全数检查 |
| 2 | 土工布材料 | 表面无破损、孔洞和缺陷 | 观察 | 全数检查 |
| 3 | 排水沟高程 | 允许偏差: ±10 mm | 水准仪测量 | 每个单元不少于 3 点 |

**表 6-42　混凝土框格防护一般项目施工质量标准和检查方法及检查数量**

| 项次 | 检查项目 | 质量标准 | 检查(测)方法 | 检查(测)数量 |
|---|---|---|---|---|
| 1 | 坡面清理 | 坡面平整、坚实,杂物清除干净 | 观察、现场抽查、查阅施工记录 | 全数检查 |
| 2 | 排水沟 | 位置应符合设计要求,砌筑内外搭砌、上下错缝,安砌稳固 | 观察、现场抽查、查阅施工记录 | 全数检查 |
| 3 | 土工布铺设 | 松紧适度、无皱褶、无破损、平顺、边铺边埋 | 观察、现场抽查、查阅施工记录 | 全数检查 |
| 4 | 框格埋设 | 牢固、坚实,平整美观 | 观察、现场抽查、查阅施工记录 | 全数检查 |
| 5 | 植草土料 | 土质、肥料、草籽、草根摊铺平整 | 观察、现场抽查、查阅施工记录 | 全数检查 |

基本技术要求如下：

(1)混凝土框格防护宜按施工验收长度 500 m 为一个单元工程。

(2)混凝土框格材料质量应符合设计要求,排水系统布置应符合设计要求。

(3)土工布铺设平整,无破损、孔洞缺陷,内外边坡外观应平整、线条顺直。

## 二十五、防护(洪)堤填筑

防护(洪)堤填筑工程质量标准和检测方法及检查数量如表6-43、表6-44所示。

**表6-43 防护(洪)堤填筑主控项目施工质量标准和检查方法及检查数量**

| 项次 | 检查项目 | 质量标准 | 检查(测)方法 | 检查(测)数量 |
| --- | --- | --- | --- | --- |
| 1 | 筑堤土料 | 应符合设计要求 | 观察、现场抽查、查阅施工记录 | 全数检查 |
| 2 | 压实指标 | 应符合设计要求 | 采用《土工试验规程》(SL 237—1999)规定的试验方法检查 | 每层不少于3点 |
| 3 | 堤顶高程 | 允许偏差:±30 mm | 水准仪测量 | 每个单元测3个断面,每个断面不少于3点 |

**表6-44 防护(洪)堤填筑一般项目施工质量标准和检查方法及检查数量**

| 项次 | 检查项目 | 质量标准 | 检查(测)方法 | 检查(测)数量 |
| --- | --- | --- | --- | --- |
| 1 | 基面清理和处理 | 表层没有不合格土,地表植被、积水、淤泥和浮土等杂物全部清除,特殊地质地段按设计要求进行处理 | 观察、现场抽查、查阅施工记录(包括录像或摄影资料) | 全数检查 |
| 2 | 铺料 | 厚度均匀,表面平整,边线整齐 | 观察、现场抽查、查阅施工记录 | 全数检查 |
| 3 | 碾压 | 碾压密实,无漏压、欠压,层面平整、清洁,无浮渣,无杂物 | 观察、现场抽查、查阅施工记录 | 全数检查 |
| 4 | 堤基清理范围(长、宽) | 清理边界超过设计边线300 mm | 尺量、经纬仪测量 | 每个单元测2个断面,每个断面不少于3点 |
| 5 | 堤顶宽度 | 允许偏差:±50 mm | 尺量 | 每个单元测不少于3个断面 |
| 6 | 堤轴线位置 | 允许偏差:±100 mm | 经纬仪测量 | 每个单元不少于2个点 |

基本技术要求如下:

(1)防护(洪)堤填筑宜按施工验收长度500 m为一个单元工程。

(2)防护(洪)堤基面不合格土、杂物应全部清理干净,特殊地质地段按设计要求进行处理。

(3)填筑料应符合设计要求,无不合格土填筑。压实度分层检测,应符合设计要求。

## 二十六、截水沟衬砌

截水沟衬砌工程施工质量标准和检查方法及检查数量如表6-45、表6-46所示。

表6-45 截水沟衬砌主控项目施工质量标准和检查方法及检查数量

| 项次 | 检查项目 | 质量标准 | 检查(测)方法 | 检查(测)数量 |
|---|---|---|---|---|
| 1 | 预制块石 | 材质应符合设计要求 | 现场抽查进场检验报告 | 全数检查 |
| 2 | 浆砌石铺砌 | 平整、稳定,缝线规则 | 观察、现场抽查、查阅施工记录 | 全数检查 |
| 3 | 截水沟底高程 | 应符合设计要求 | 水准仪测量 | 每个单元不少于6个点 |

表6-46 截水沟衬砌一般项目施工质量标准和检查方法及检查数量

| 项次 | 检查项目 | 质量标准 | 检查(测)方法 | 检查(测)数量 |
|---|---|---|---|---|
| 1 | 截水沟基面清理 | 基面各种杂物、不合格土全部清除,对不良地质地段按设计要求处理 | 观察、现场抽查、查阅施工记录 | 全数检查 |
| 2 | 截水沟开挖 | 人工开挖,建基面以下的原状土无扰动,沟底及边坡开挖面平顺 | 观察、现场抽查、查阅施工记录 | 全数检查 |
| 3 | 碎石垫层厚 | 允许偏差:±20 mm | 尺量、水准仪测量 | 每个单元测不少于3个断面 |
| 4 | 截水沟底宽 | 允许偏差:±30 mm | 尺量、经纬仪测量 | 每个单元测不少于3个断面 |
| 5 | 截水沟坡度 | 应符合设计要求 | 水准仪测量 | 每个单元测不少于3个断面 |

基本技术要求如下:

(1)截水沟衬砌宜按施工验收长度1 000 m为一个单元工程。

(2)截水沟基面无不合格土,杂物已清除,特殊地质地段按设计要求进行处理。

(3)石块材料质量符合设计要求。

(4)砂浆应采用电子称量的拌和设备。

## 二十七、隔离网工程

隔离网工程施工质量标准和检查方法及检查数量如表6-47、表6-48所示。

表 6-47　隔离网主控项目施工质量标准和检查方法及检查数量

| 项次 | 检查项目 | 质量标准 | 检查(测)方法 | 检查(测)数量 |
| --- | --- | --- | --- | --- |
| 1 | 栏杆 | 出厂合格证、进场检验报告齐全，杆直厚度均匀，表面清洁 | 现场抽查进场检验报告 | 全数检查 |
| 2 | 栏杆埋设 | 牢固、坚实 | 观察、现场抽查、查阅施工记录 | 全数检查 |

表 6-48　隔离网一般项目施工质量标准和检查方法及检查数量

| 项次 | 检查项目 | 质量标准 | 检查(测)方法 | 检查(测)数量 |
| --- | --- | --- | --- | --- |
| 1 | 回填土 | 应符合设计要求 | 观察、现场抽查、查阅施工记录 | 全数检查 |
| 2 | 网栏外观 | 顺直、平整、美观 | 观察、现场抽查、查阅施工记录 | 全数检查 |
| 3 | 隔离网栏杆间距 | 允许偏差：±200 mm | 尺量 | 每个单元不少于 3 点 |

基本技术要求如下：

(1)隔离网宜按施工验收长度 1 000 m 为一个单元工程。

(2)隔离网处理应符合设计要求。

(3)预制混凝土栏杆质量应符合设计要求。

## 二十八、草皮护坡工程

草皮护坡工程施工质量标准和检查方法及检查数量如表 6-49、表 6-50 所示。

表 6-49　草皮护坡主控项目施工质量标准和检查方法及检查数量

| 项次 | 检查项目 | 质量标准 | 检查(测)方法 | 检查(测)数量 |
| --- | --- | --- | --- | --- |
| 1 | 坡(底)面清理 | 基面各种杂物、不合格土全部清除 | 观察、现场抽查、查阅施工记录 | 全数检查 |
| 2 | 喷灌设施安装 | 应符合设计要求 | 观察、现场抽查、查阅施工记录 | 全数检查 |
| 3 | 填土 | 允许偏差：±20 mm | 观察、现场抽查、查阅施工记录 | 全数检查 |

表 6-50　草皮护坡一般项目施工质量标准和检查方法及数量

| 项次 | 检查项目 | 质量标准 | 检查(测)方法 | 检查(测)数量 |
|---|---|---|---|---|
| 1 | 草皮规格 | 应符合设计要求 | 观察、现场抽查 | 全数检查 |
| 2 | 草皮覆盖率 | ≥95% | 目测 | 每 1 km 测不少于 200 m |
| 3 | 铺植 | 平整、均匀、美观 | 观察、现场抽查、查阅出厂合格证、进场检验报告 | 全数检查 |

基本技术要求如下：

(1)草皮护坡宜按施工验收长度 500 m 为一个单元工程。

(2)草皮覆盖应符合设计要求,草皮种植面应无杂草、地面修整坚实、平整。

(3)喷灌设施布置安装应符合设计要求。

## 第四节　水泥土施工质量控制

### 一、质量控制要求

水泥土施工应重点控制原材料、碾压工艺和压实效果三个环节。原材料严格按照有关指标进行控制,要求掺拌量最大粒径≤50 mm(筛分),水泥为 P·O 32.5 级普通硅酸盐水泥,经检测质量合格。严格控制水泥土的配合比,水泥掺量按土重的6%计,含水率为最优含水率+(1% ~2%)。

施工时严格按照技术规程施工。严格控制压实层厚为 40 cm,每层碾压后在中下部取样,自检合格并经现场监理认可后进入下一道工序施工。处理层的压实效果按照表 6-51所规定的指标控制。

表 6-51　处理层的压实质量控制标准

| 材料 | 最大粒径(mm) | 填筑含水率 | 压实度(%) | 最大干密度($g/cm^3$) | 压实层厚(cm) |
|---|---|---|---|---|---|
| 泥灰岩 | ≤50 | 最优含水率+(1% ~2%) | ≥98 | 2.04 | 40 |

### 二、质量评定

水泥土填筑工程质量控制要点如表 6-52 所示。

表 6-52　水泥土填筑工程质量控制要点

| 序号 | 检验项目 | 质量标准 |
|---|---|---|
| 1 | 土料 | 最大粒径≤50 mm(筛分),水泥掺量为土重的6%,填筑含水率为最优含水率+(1%~2%) |
| 2 | 填料压实 | 压实度≥98% |
| 3 | 基层清理 | 基面表层树木、草皮、树根、垃圾、弃土、淤泥、腐殖质土、废渣、泥炭土等不合格土全部清除 |
| 4 | 不良地质土的处理 | 不合格土全部清除,对粉土、细砂、乱石、危岩、坡积物、残积物等处理应符合设计要求 |
| 5 | 层间结合面 | 表面刨毛20~30 mm,无空白、无风干现象,无撒入泥土、砂砾、杂物等,层面湿润均匀,无积水 |
| 6 | 铺土厚度 | 铺土厚度45 cm,压实厚度40 cm |

# 第五节　膨胀土与构造物相互作用的物理模型试验

## 一、模型试验内容

为研究深层浸水条件下膨胀土地基变形规律及其对构造物的影响,在内部尺寸为10 m×2.5 m×4.1 m(长×宽×高)的模型槽里进行了大型模型试验。试验布置了静止挡墙、可动挡墙、桩基础等构造物,进行了含水率、表面隆起、深层隆起、挡墙水平位移、挡墙土压力、地基承载力、桩基承载力、桩基胀切力等测试。模型主要工作内容见表6-53。

表 6-53　模型主要工作内容

| 模型尺寸(长×宽×高,cm) | 750×250×360 | 250×250×360 |
|---|---|---|
| 干密度($g/cm^3$) | 1.45 | 1.6 |
| 膨胀土用量(t) | 114.5 | 42.1 |
| 膨胀土含水率测试(个) | 2 | 2 |
| 表面隆起测试(点) | 20 | 12 |
| 深层隆起测试(根) | 3 | 1 |
| 桩顶隆起测试(根) | 2 | 2 |
| 可动挡墙土压力测试(点) | 4 | |
| 静止挡墙土压力测试(点) | 9 | 9 |
| 桩身轴力测试(根) | 2 | 2 |
| 地基静载试验(组次) | 浸水前后各1 | 浸水前后各1 |
| 浸水前单桩静载试验(组次) | 浸水前后各1 | 浸水前后各1 |

## 二、模型试验方法

### (一)土料填筑

试验用膨胀土取自南京汤山的灰白色膨胀土,其主要性质指标见表6-54。土料经过烘干、粉碎,含水率约为17%。将模型槽分隔成两个区,其中一区长7.5 m,填筑土层干密度$\rho_d = 1.45\ g/cm^3$;另一区长2.5 m,填筑土层干密度$\rho_d = 1.6\ g/cm^3$。土料分层填筑,每层控制压实后的厚度为20 cm。根据每层土的干密度和体积,计算出所需土料质量,松铺好,采用振动碾进行碾压夯实。根据模型布置情况,在相应位置埋设仪器。填土高度为3.6 m。

**表6-54　膨胀土的主要性质指标**

| 液限(%) | 塑限(%) | 自由膨胀率(%) | 最大干密度($g/cm^3$) | 最优含水率(%) |
|---|---|---|---|---|
| 102 | 46 | 140 | 1.77 | 15.5 |

| $\omega_0 = 17\%, \rho_d = 1.45\ g/cm^3$ | | $\omega_0 = 17\%, \rho_d = 1.6\ g/cm^3$ | |
|---|---|---|---|
| 无荷膨胀率(%) | 膨胀力(kPa) | 无荷膨胀率(%) | 膨胀力(kPa) |
| 7.8 | 463 | 11.9 | 701 |

### (二)仪器布置和测试

试验模拟膨胀土深层浸水,共设置了25根浸水管,4根沉降管亦做浸水管。浸水管采用PVC管,在管上密布出水小孔,管外包土工滤膜。浸水管主要布置在模型槽槽壁和中部,垂直埋设于土中。试验埋设了4个TDR含水率计,$\rho_d = 1.45\ g/cm^3$区和$\rho_d = 1.6\ g/cm^3$区各2个,距浸水管的最近距离分别为40 cm和60 cm。

土体表面隆起测量布置了8个断面测量断面,每个断面4个测点,共32个测点。其中,$\rho_d = 1.45\ g/cm^3$区5个断面,$\rho_d = 1.6\ g/cm^3$区3个断面。土体表面隆起采用直钢尺测量,将土体表面整平,其上放置15 cm×15 cm平板,把钢尺垂直固定在平板上,在钢尺上端设置1个可使钢尺上下滑动的固定参照点。

模型试验中布置了4根深层沉降管(S1~S4),其中$\rho_d = 1.45\ g/cm^3$区3根,$\rho_d = 1.6\ g/cm^3$区1根,测量膨胀土地基深层隆起。在$\rho_d = 1.45\ g/cm^3$区中,采用钢筋混凝土块来增加基底压力,基底尺寸为1 m×1 m,S1、S2、S3的基底压力分别为0、12 kPa、24 kPa。每根沉降管设10个沉降环,环间距约为20 cm,采用电磁式沉降仪测量。

为了研究膨胀土浸水膨胀时作用于挡土结构物上的膨胀压力,模型试验中布置了三个土压力测试断面,其中$\rho_d = 1.45\ g/cm^3$区设两个断面,一个断面在可动挡墙上,4个测点,沿深度分布,间距50 cm;另一个断面在静止挡墙上,9个测点,沿深度分布,间距40 cm。$\rho_d = 1.6\ g/cm^3$区设一个断面,在不动挡墙上,9个测点,沿深度分布,间距40 cm。土压力测试采用钢弦式土压力计进行测量。

试验布置了4根桩(Z1~Z4),$\rho_d = 1.45\ g/cm^3$区和$\rho_d = 1.6\ g/cm^3$区各2根。桩采用外径50 mm、壁厚5 mm的铝合金管模拟,桩底开口以模拟摩擦桩,桩侧黏粉砂以模拟侧壁摩阻力。每根桩贴有12组电阻电变片,测量桩身轴力,间距为25 cm或50 cm。电阻应变片贴成全桥电路,温度互为补偿,并可消除弯曲影响。电阻应变片选用基底为3 mm×5 mm、电阻值为120(±0.1%)Ω、具有一定防水性的聚氨酯精密级应变片。应变片测试灵敏系数为2,最大应变为2%。用502胶水粘贴,703胶水防水。试验前对桩上的电阻应变片进行了标定,线性关系良好。

承载力试验采用分级加荷,每级荷载增量为预计极限荷载的1/12~1/8。每级荷载稳定1 h,每10 min测读一次数。试验设备主要有:①反力系统——堆载式;②加荷系统——油压千斤顶;③量测系统——荷载采用荷载传感器测量,沉降采用激光位移传感器测量,用以测量荷载、沉降、桩身轴力。

## 第六节　标准吸湿含水率的试验装置与方法

第一种试验装置为盛有溴化钠饱和溶液的干燥器。该装置的最大优点是湿度可以准确地控制,而试验温度则由室温控制。室内安装两台双制式空调即可解决室内温度控制问题。地下室是比较理想的试验场所,因为这样布置可以使实验室的温度比较容易控制。但由于土粒对水的吸附靠布朗运动平衡,因此试验平衡时间相对较长。

第二种试验装置采用恒温恒湿箱。这种恒温恒湿箱在生物、化学和医学领域有着广泛的应用。将土样放置在恒温恒湿箱中,将恒温恒湿箱设置成标准温度(20~25 ℃)和标准湿度(60%±2%),土样恒重的含水率即为最大吸湿含水率。为了加快试验进度,可在恒温恒湿箱中增加空气对流装置。这种试验装置的最大优点是试验温度和湿度能够比较精确地控制,标准吸湿含水率的测定变得非常简单。其缺点是试验设备比较昂贵。

第三种试验装置如图6-1所示。这是一种全新的试验装置,包含恒温恒湿箱、试样放置箱、循环泵、真空泵和阀门,各部件通过管路相连。恒温恒湿箱在(25±2)℃温度下能形成相对湿度为60%±2%的恒湿空间,通过循环泵保证试样放置箱的温度、湿度环境与恒温恒湿箱一致,与第二种装置在水蒸气的布朗运动自然得到平衡含水率相比,功率可提高3倍以上,而且该装置结构简单、成本低廉,在一般土工实验室中容易实现。

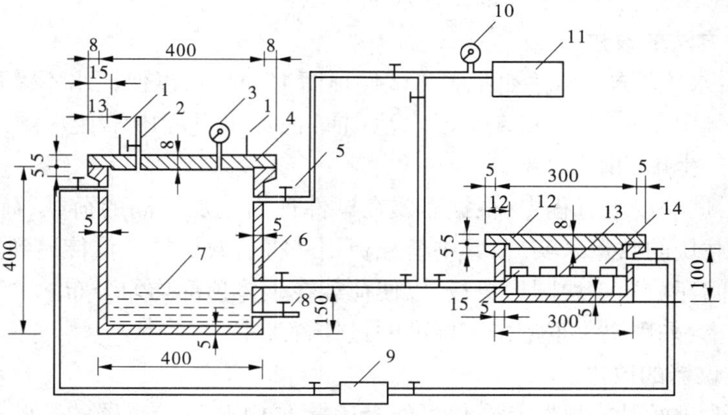


1—手柄;2—进气阀;3—湿度计;4—恒湿箱盖板;5—真空压力阀;6—恒湿箱;
7—饱和盐溶液;8—排水阀;9—循环泵;10—真空压力表;11—真空泵;12—试样放置盒盖板;
13—多孔搁板;14—试样放置盒;15—试样

**图6-1　标准吸湿含水率试验装置**　(单位:mm)

## 第七节　改进的 CBR 试验方法及其应用

### 一、改进的 CBR 试验方法

国际上一些岩土工作者(如以色列的 Jacob Uzan,台湾的杨树荣等)在室内测定黏性土的静回弹模量时,对试样准备、浸水方式、模拟土体现场含水率变化等试验条件与方法,做了一些更符合路基土实际工作状况的改进,并提出,为准确测定黏性土的回弹模量,试验中要特别注意两点:一是要准确把握路基工作时的含水率,即平衡含水率(EMC),该值通常大于施工时最佳含水率(OMC),并要按照此含水率来模拟土体含水率变化范围进行模量测定;二是重型击实土样的泡水需采用在击实筒侧向留孔浸水来实现,这样可让水由试件侧面自由且均匀地渗入,达到湿度变化均匀并实现试件充分饱水的目的。这种做法符合路基的实际工作状况,完全可以引用于膨胀土的 CBR 改进试验,因为这两种试验的目的都是测定土体的强度指标。

膨胀土路堤物理处治技术的核心是采取有效的封闭包盖法,它是将膨胀土填筑于下路堤堤芯,其上部填筑强度较大的非膨胀性土或粗粒土,顶部还设有不透水的路面结构层,边坡两侧辅以足够厚度的非膨胀性土、化学改良膨胀土或土工合成材料加筋包边层。这种结构的道路路基,降雨对膨胀土下路堤不会产生直接影响,水分只可能从两侧入渗。在这种情况下,标准试验方法采用的试件上部浸水方式与实际路堤将可能出现的情况并不相符。因此,改进 CBR 试验方法使之尽量模拟路基实际工作情况是必要的,即用侧向浸水方式代替标准试验中的上部浸水方式。同时,考虑到采用物理处治方法后膨胀土在路堤中的填筑部位,上部有较大的上覆压力作用,在试件泡水时,应考虑这种因素,增大上覆压力,尽可能使之与真实的状态相一致。另外,制备 CBR 试件时,也应按照工地施工实际采用的湿法重型击实标准来确定其含水率。

#### (一)试验方法的改进

浸水方式:水位不超过试件顶面(离试件顶面 15 mm),以保证水不漫过试件,原来的上部浸水改为侧向浸水,并注意在给浸水池(桶)内加水过程中不让水溅入试件顶部,以免对上部土层产生影响。

上覆压力:试件浸水过程中,根据需要在试件顶面施加不同的荷载,荷载大小通过荷载板和调整荷载块的数量来实现,其中荷载板用来将荷载块的重量传递到土体顶部,在荷载板和土体之间还放置一块圆形垫板,以便荷载在土体顶部均匀分布。

制件含水率:采用湿法重型击实标准的最佳含水率。

#### (二)试验仪器的改进

试验仪器改进的基本思路是在尽可能沿用标准 CBR 试验仪器的基础上改进,以满足改进试验方法的需要。改进的 CBR 试验装置示意图见图 6-2。主要改进如下:

(1)试筒。为实现对击实试件的侧向浸水,在标准 CBR 试验试筒壁上钻出一定数量的透水孔,使水能通过这些透水孔向试件内部渗入,从而实现侧向浸水条件。选用的透水孔直径为 3 ~6 mm,沿筒壁均匀分布:68 行、11 列,共 724 个。透水孔孔径不能太大,以免

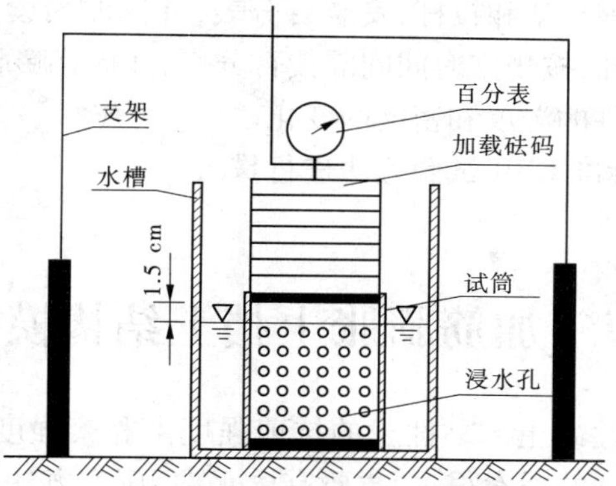

图 6-2　改进的 CBR 试验装置示意图

在击实过程中因土中细颗粒受到冲击,挤破滤纸由透水孔漏出,影响试件的干密度。

(2)支架。由于上部荷载块的施加,标准的 CBR 测试装置将无法进行 CBR 试件浸水膨胀量的测试。因此,应设置专用整体式膨胀量测定支架,满足对不同上覆压力多个试件同时测试的需要。

(3)加载砝码。膨胀土填筑的堤芯位于下路堤,其上部路堤高度还有 1.5 m,采用非膨胀性黏土或粗粒土填筑,再加上顶部的路面结构(厚 70～80 cm),经简单换算可知,作用在膨胀土堤芯顶面上的荷载可达 40 kPa,填筑在下部的膨胀土所受到的荷载会更大。在浸水过程中,采用在试件上部施加不同加载砝码,每个砝码质量为 10 kg,如上部荷载选定为 40 kPa,共需加载砝码 7 块。

(4)滤纸。击实时,先在试筒内侧垫一层滤纸,可起到两个作用:一是避免细土颗粒在落锤的冲击下从小孔中挤出,造成试件质量变化(干密度减小);二是利用滤纸本身所具有的吸湿作用,可使整个试件沿高度浸水更为均匀。试验所用滤纸为定性滤纸,规格为 50 cm×50 cm,将它均匀裁成四条,每条长 50 cm,宽 12.5 cm,其长略大于试筒周长,宽能将透水孔全部覆盖,并可使套筒和试筒夹住滤纸的多余部分,避免击实过程中因冲击力作用使滤纸发生移动导致土颗粒由透水孔挤出。

**(三)试验操作步骤**

(1)通过湿法重型击实试验求得土样的最大干密度和最佳含水率。

(2)备料。将土样风干(必要时可在 50 ℃烘箱内烘干),用木锤捣碎并过 5 mm 筛孔。

(3)闷料。按最佳含水率制备 3 个试件。操作时应注意加水用量、拌和均匀、密闭后的浸润时间(24 h),并准确测定每个试件浸润后的含水率。

(4)击实前的准备。试筒称重后将其固定在底板上,安放滤纸,使之覆盖筒壁上的透水孔。放下垫块并压住滤纸部边缘使其紧贴试筒壁,在垫块上放一张圆形滤纸,安上套环,夹住滤纸上部边缘使其固定。

(5)击实。采用标准重型击实方法。

(6)卸下套环,用直刮刀沿试筒顶修平击实的试件并削去多余滤纸,表面不平整处用细料修补。取出垫块,称取试筒和试件的质量。

(7)泡水测膨胀量。将一张圆形滤纸置于修好的试件表面,并依次安装多孔底板、荷载板及所需荷载块。调整支架和拉杆,安装百分表,并读取初读数。向水桶内放水,使水位刚好淹没最上排透水孔,按规定时间间隔读百分表,并计算膨胀量。泡水 4 d,卸载后静置 15 min,称量,计算试件的湿度和密度的变化。

(8)贯入试验。按标准 CBR 试验方法进行贯入。

(9)结果整理。

## 第八节 加筋膨胀土挡土结构模拟试验

膨胀土是一种高塑性黏土。黏性土的抗剪强度由黏聚强度分量和摩擦强度分量组成。影响黏性土抗剪强度的因素很多,主要有含水率、压实方法、龄期及由此引起的土的不同结构形态等。黏性土抗剪强度对水表现出不同程度的湿软性。黏性土与加筋材料的摩擦强度由填土颗粒间的摩擦阻力、填土颗粒与加筋材料间的摩擦阻力和填料与加筋材料胶结界面的黏聚力组成。影响黏性土与加筋材料的摩擦强度的因素较多,主要有填土压实度、填土含水率、剪切速率等。填筑黏土的压实效果受压实土料、压实方法、压实功能及压实含水率等的影响。膨胀土是一种特殊黏土,因此当考虑用膨胀土作为加筋填料时,不得不考虑填筑密实度和含水率对加筋土体的影响。

随着国民经济的发展和交通量的不断增大,车辆荷载也逐渐变大,其值超过了设计时的交通荷载。荷载的增大,一方面导致了加筋土支挡结构水平土压力的增加,致使墙面发生附加的水平位移;另一方面使墙后填土进一步压缩密实,产生更大的工后沉降。重复荷载的作用是路面设计中主要考虑的问题,因为汽车荷载是重复荷载。不仅荷载的作用形式,而且荷载作用的大小、位置也会影响支挡结构的变形,综合以上因素,加载时采用不同的荷载水平反复加载,如果在前一级荷载水平下支挡结构没有破坏就继续加下一级荷载水平,直至结构破坏。加筋膨胀土支挡结构在表面荷载作用和浸水条件下,会产生沉降和侧向变形,在试验中采用大量程百分表测量。为了更清楚地了解加筋膨胀土支挡结构内部在表面荷载作用和浸水条件下的受力特性及含水率变化,在内部分别布设了土压力盒和含水率探头,测量侧向、竖向土压力和含水率的变化。

模型箱长 1.2 m × 宽 0.7 m × 高 1.5 m。箱底、一个侧面、一个端面用竹胶板固定在角钢上,为了减小内壁摩擦阻力,内贴镀锌铁皮;另一个侧面用钢化有机玻璃固定于角钢上,通过水平设置于加筋土层中的彩塑纸,透过有机玻璃面,用于观察模型试验中路堤中土体的变形情况;另一个端面在挡墙模型试验中用于安装墙面板,而在路堤模型试验中用于形成边坡,顶面用于施加模拟的交通荷载。

试验采用的加载设备和加载方式如下:在路堤或挡墙填土顶面放一块圆形的刚性板,直径为 55 cm,在刚性板上安装千斤顶、传感器配测力计。由模型箱的反力架提供反力,由千斤顶分级施加法向荷载。加载时采用不同的荷载水平(60 kN、100 kN、150 kN…),先逐级加载到第一级荷载水平(60 kN),再逐级卸载,每级荷载 10 kN,如果挡土结构没有破坏,再加载到下一个荷载水平(100 kN、150 kN…)每次稳定到每个百分表读数不再变化时再加下一级荷载,从百分表读数中测出不同的侧面累计变形量和沉降量,直至在最后一级荷载作用下挡墙表面沉降变形突然增大达到破坏,如图 6-3、图 6-4 所示。

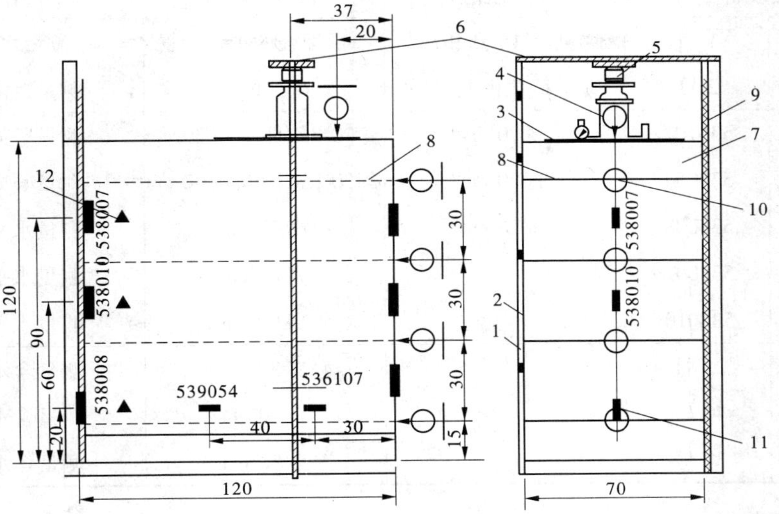


1—钢木组合箱;2—有机玻璃;3—加载板;4—千斤顶;5—传感器;6—反力架;
7—回填土;8—土工格栅;9—镀锌铁皮;10—百分表;11—土压力盒;12—含水率探头

**图 6-3　挡墙模型示意图**　（单位:cm）

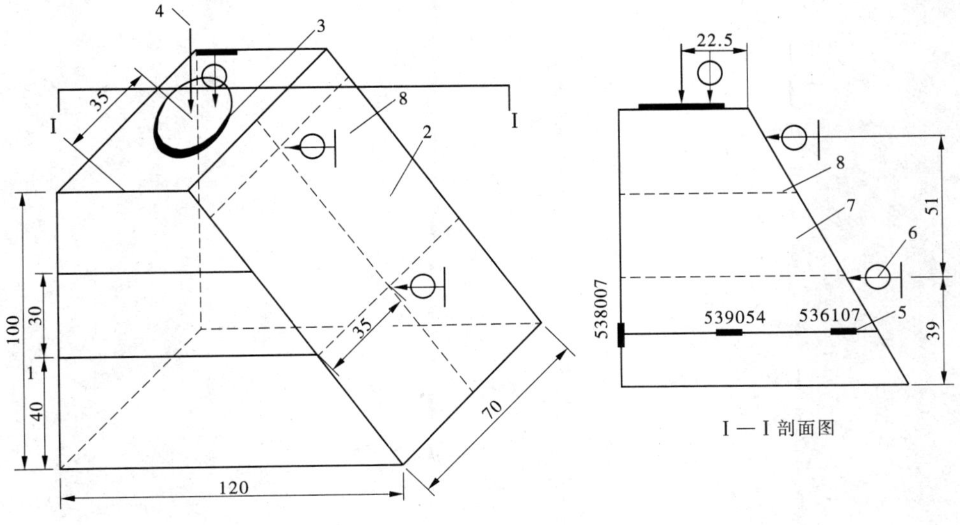


1—钢木组合面;2—有机玻璃面;3—加载板;4—荷载;5—土压力盒;6—百分表;7—回填土;8—土工格栅

**图 6-4　路堤模型示意图**　（尺寸单位:cm）

模型试验测量元件的埋设位置见表 6-55。

表 6-55　模型试验测量元件的埋设位置

| 仪器设备 | | 加筋土路堤 | 加筋土挡墙 | 作用 |
|---|---|---|---|---|
| 百分表 | 1 号 | 高 0.4*H*、0.9*H* | 每层面板的中间位置 | 测量水平变形 |
| | 2 号 | 荷载板上 | 荷载板上 | 测量沉降或膨胀 |
| 土压力盒 | 536107 | 高 20 cm | 高 20 cm,距面板 30 cm | 测量竖向土压力 |
| | 539054 | 高 20 cm | 高 20 cm,距面板 70 cm | 测量竖向土压力 |
| | 538008 | 高 20 cm | 高 20 cm | 测量水平土压力 |
| | 538007 | | 高 60 cm | 测量水平土压力 |
| | 538010 | | 高 90 cm | 测量水平土压力 |
| 精密土壤水分探测器 | 25 号 | | 高 30 cm | 测量含水率变化 |
| | 40 号 | | 高 60 cm | 测量含水率变化 |
| | 30 号 | | 高 90 cm | 测量含水率变化 |

其中,大量程百分表量程为 50 mm,精度为 0.01 mm;土压力盒型号为 JMZC-300,振弦频率为 800 ~3 000 Hz,振弦频率精度为 ±0.3 Hz,测量的压力范围为 0 ~5 000 kN,压力测量的精度为 ±1 kN。